高等学校计算机基础教育规划教材

信息技术基础与应用

罗先文 主编

丁华锋 肖兴江 徐军 杜治国 参编

清华大学出版社

北 京

内容简介

本书是根据大学教育的人才培养新要求，结合信息技术的最新发展趋势和研究成果，以及教育技术在教学改革中的应用现状和水平，对教学内容、体系结构做了重大修改后编写而成。本书主要介绍信息技术的相关理论知识，实际操作内容有配套的《信息技术基础与应用实践教程》，采用理论和实践分别介绍，有利于教师的教学和学生的学习、上机操作。

本书的作者都是多年从事计算机教学，具有较为丰富经验的一线教学教师，较好地保证了教材的编写质量和内容的完整性。全书共分 10 章，第 1 章介绍信息技术基础，第 2 章介绍计算机基础知识，第 3 章介绍计算机硬件基础，第 4 章介绍计算机软件基础，第 5 章介绍数据库系统基础，第 6 章介绍多媒体技术基础，第 7 章介绍数据通信与计算机网络，第 8 章介绍局域网技术，第 9 章介绍互联网技术，第 10 章介绍计算机信息系统安全。

本书从大学信息教学的全局出发，以培养学生信息素养和实际操作能力为目的，内容新颖、概念清楚、技术实用、叙述清晰。为了提高读者的实际操作能力和应试能力，本书还配有专门的实践指导书。

本书适合作为大学本科、专科的信息基础课程教材，也适合作为学习计算机技术的读者的培训教材或自学参考书。

图书在版编目(CIP)数据

信息技术基础与应用 / 罗先文主编. —北京：清华大学出版社，2014(2021.2重印)
高等学校计算机基础教育规划教材
ISBN 978-7-302-33456-9

Ⅰ. ①信… Ⅱ. ①罗… Ⅲ. ①电子计算机－高等学校－教材 Ⅳ. ①TP3

中国版本图书馆 CIP 数据核字(2013)第 188512 号

责任编辑：汪汉友
封面设计：傅瑞学
责任校对：李建庄
责任印制：刘海龙

出版发行：清华大学出版社
网　　址：http://www.tup.com.cn，http://www.wqbook.com
地　　址：北京清华大学学研大厦 A 座　　**邮　　编：**100084
社 总 机：010-62770175　　**邮　　购：**010-83470235
投稿与读者服务：010-62776969，c-service@tup.tsinghua.edu.cn
质 量 反 馈：010-62772015，zhiliang@tup.tsinghua.edu.cn
课 件 下 载：http://www.tup.com.cn，010-83470236
印 装 者：三河市铭诚印务有限公司
经　　销：全国新华书店
开　　本：185mm×260mm　　**印　　张：**17　　**字　　数：**426 千字
版　　次：2014 年 1 月第 1 版　　**印　　次：**2021 年 2 月第11次印刷
定　　价：44.50 元

产品编号：052147-02

前言

随着社会的发展和计算机科学技术的进步，信息技术的应用已经渗透到社会的各行各业，掌握信息技术应用技能已经成为大学生的基本素质之一。大学新生在高中阶段已经不同程度地接受过信息技术教育，这是我们大学信息技术教育面临的新形势。基于此原因，我们把作为大学教育的信息技术课教材分为了《信息技术基础与应用》和《信息技术基础与应用实践教程》两本来编写，本书主要介绍信息基本理论知识，主要包括信息技术基础、计算机基础知识、计算机硬件基础、计算机软件基础、Windows 基础、多媒体技术基础、网络技术和 Internet 基础、计算机信息系统安全等，用于课堂教学。《信息技术基础与应用实践教程》主要用于实验教学，介绍 Office 2010 中的 Word、Excel、PowerPoint 3 个软件及流行网页设计工具的具体操作方法和步骤。

本教材的编写，跟踪了信息技术发展的趋势，充分反映本学科领域的最新科技成果；通过对教学内容的基础性、科学性和前瞻性的研究，实现教学与科研的有效结合，体现以基本理论为主体，构建支持学生终身学习的基础；以加强人才培养的针对性、应用性、实践性为重点，调整学生的知识结构，体现当前高等教育改革发展的新形势、新目标和新要求。目标是使学生较全面、系统地掌握计算机软、硬件基础技术与网络技术的基本概念，了解软件设计与信息处理的基本过程，掌握典型计算机系统的基本工作原理，具备安装、设置与操作计算环境的能力，具有较强的信息系统安全与社会责任意识，为后续信息技术课程的学习打下坚实的基础。

本套教材组织结构合理、内容新颖、实践性强，既注重基础理论又突出实用性。主教材的作用是使学生掌握信息技术的基本理论和基础知识，实验教程通过指导学生实践，使学生掌握信息技术的基本应用技能，培养学生的动手能力和综合应用能力。教材内容的组织深入浅出、循序渐进，注意选用各种类型且内容丰富的应用实例，方便读者学习。

本书共分 10 章，主要内容包括信息技术基础、计算机基础知识、计算机硬件、计算机软件、数据库系统基础、多媒体技术基础、数据通信与计算机网络、局域网技术、互联网技术、计算机信息系统安全等。本书在教学中既可以作为整体进行学习，也可以按模块分单元进行教学。

本书由西南大学信息管理系的教师集体编写完成。第 2、3 章由罗先文编写，第 3、4 章由肖兴江编写，第 5、6 章由丁华锋编写、第 7、8 章由徐军编写，第 9、10 章由杜治国编写，全书由罗先文副教授统稿。

在本书的编写过程中还得到了西南大学信息管理系其他教师的大力支持。此外，在教材编写过程中参考了许多著作和网站的内容，在此一并表示感谢。同时向在本书的编写过程中曾给予过热情帮助和支持的各位同仁表示诚挚的谢意。

由于编写时间仓促，作者水平有限，书中难免有错误和不妥之处，恳请各位读者和专家批评指正，以便及时修正。

作　者

2013 年 12 月

目录

第1章

信息社会

人类社会已由工业社会全面进入信息社会。在信息化时代中,信息是一种与材料和能源一样重要的资源。以开发和利用信息资源为目的的信息技术的发展彻底改变了人们工作、学习和生活的方式。在这一改变中,其主要动力就是以计算机(Computer)技术为核心的现代信息技术的飞速发展和广泛应用。它与通信(Communication)技术和控制(Control)技术合称为3C技术。无论是从信息的获取和存储、加工、传输和发布来看,计算机是名副其实的信息处理机,是信息社会的重要支柱。

1.1 信息的概念

1.1.1 什么是信息

人们到处在谈论信息,人们越来越多地听到"信息"这个词汇。人类现在进入了一个信息化社会。借助信息高速公路,人们将要迎接一个信息爆炸的新时代。

那么什么是信息?

广义上讲,信息就是消息。信息是对客观事物存在形式及其运动状态的描述。一切存在都有信息。对人类而言,人的五官生来就是为了感受信息的,它们是信息的接收器,它们所感受到的一切,都是信息。然而,大量的信息是人们的五官不能直接感受的,人类正通过各种手段,发明各种仪器来感知它们,发现它们。

不过,人们一般说到的信息多指信息的交流。信息本来就是可以交流的,如果不能交流,信息就没有用处了。信息还可以被储存和使用。人们所读过的书,所听到的音乐,所看到的事物,所想到或者做过的事情,这些都是信息。

信息同物质、能源一样重要,是人类生存和社会发展的三大基本资源之一。可以说信息不仅维系着社会的生存和发展,而且在不断地推动着社会和经济的发展。

数据是信息的载体。数值、文字、语言、图形、图像、视频等都是不同形式的数据。

信息与数据是不同的概念,尽管人们有时把这两个词混淆使用,但信息是有意义的,而数据没有。例如,当测得姚明身高是2米29,这2米29单独出来就是数据,它本身是没有意义,2米29是什么意思?是柜子高度还是门的高度?当数据经过某种形式处理、描述或与其他数据比较时，便赋予了意义。例如，姚明是身高 2 米 29 的篮球中锋，这才是信息，信息是有意义的。

1.1.2 信息分类

信息有许多种分类方法。人们一般把它分为宇宙信息、地球自然信息和人类社会信息 3 类。

(1) 宇宙信息：是指在宇宙空间，恒星不断发出的各种电磁波信息和行星通过反射发出的信息，形成了直接传播的信息和反射传播的信息。

(2) 地球自然信息：是指地球上的生物为繁衍生存而表现出来的各种行动和形态，生物运动的各种信息以及无生命物质运动的信息。

(3) 人类社会信息：是指人类通过手势、眼神、语言、文字、图表、图形和图像等所表示的关于客观世界的间接信息。

1.1.3 信息特征

信息具有以下特征。

(1) 可度量。信息可采用某种度量单位进行度量，并进行信息编码。如现代计算机使用的二进制。

(2) 可识别。信息可采取直观识别、比较识别和间接识别等多种方式来把握。

(3) 可转换。信息可以从一种形态转换为另一种形态。如自然信息可转换为语言、文字和图像等形态，也可转换为电磁波信号或计算机代码。

(4) 可存储。信息可以存储。大脑就是一个天然信息存储器。人类发明的文字、摄影、录音、录像以及计算机存储器等都可以进行信息存储。

(5) 可处理。人脑就是最佳的信息处理器。人脑的思维功能可以进行决策、设计、研究、写作、改进、发明、创造等多种信息处理活动。计算机也具有信息处理功能。

(6) 可传递。信息的传递是与物质和能量的传递同时进行的。语言、表情、动作、报刊、书籍、广播、电视、电话等是人类常用的信息传递方式。

(7) 可再生。信息经过处理后，可以其他形式或方式再生成信息。输入计算机的各种数据文字等信息，可用显示、打印、绘图等方式再生成信息。

(8) 可压缩。信息可以进行压缩，可以用不同的信息量来描述同一事物。人们常常用尽可能少的信息量描述一件事物主要特征。

(9) 可利用。信息具有一定的实效性和可利用性。

(10) 可共享。信息具有扩散性，因此可共享。

1.1.4 信息的形态

在当代，由于科学技术的发展，信息一般表现为 4 种形态：数据、文本、声音和图像。

(1) 数据。数据通常被人们理解为“数字”，这不算错，但不全面。从信息科学的角度来考察，数据是指电子计算机能够生成和处理的所有事实、数字、文字、符号等。当文本、声音、图像在计算机里被简化成“0”和“1”的原始单位时，它们便成了数据。人们储存在“数据库”里的信息，自然也不仅仅是一些“数字”。尽管数据先于电子计算机存在，但是，导致信息经济出现的正是计算机处理数据的这种独特能力。

(2) 文本。文本是指书写的语言——“书面语”，以表示它同“口头语”的区别。从技术上说，口头语言只是声音的一种形式。文本可以用手写，也可以用机器印刷出来。虽然电子计算机可以代替人们写字，但手写的文字永远具有魅力，不可忽视。在人类目前所处的经济阶段，鉴于电子计算机已经学会识别手写的文字，一旦需要，它还能为协议、合同等“验明正身”。

(3) 声音。声音是指人们用耳朵听到的信息，在目前的经济阶段，人们听到的基本上是两种信息——说话的声音和音乐。无线电、电话、唱片、录音机等，都是人们用来处理这种信息的工具。

(4) 图像。图像是指人们能用眼睛看见的信息。它们可以是黑白的，也可以是彩色的。它们可以是照片，也可能是图画。它们可以是艺术的，也可以是纪实的。它们可以是一些表述或描述、印象或表示——只要能被人们看见就行。经过扫描的一页文本和数据的图像，也被视为一个单独的图像——虽然新的程序能再次改变这些图像。复印机、传真机、打印机、扫描机是 4 种不同的，但基本上又是发挥类似功能的机器，所以很可能会在将来的某个时候合而为一。当然，从技术处理难度来说，在静态的图像和动态的图像、自然的图像和绘制的图像之间，仍存在着很大的差别。

在当代，每一种形态的信息都发生了技术上的重大变化：从大量非立体声到立体声的音乐，从黑白电视机到彩色电视机，从手拣铅字到电子排版，等等。同时，文本、数据、声音、图像还能相互转化。一张图画可能相当于 1000 个字，并由 10 万个点组成。“点”又可能是数字、文字或符号。乐谱上的乐曲之所以能被乐师演奏，是因为技术工作者把像点一样的图像转化成了声音。秘书记录别人口授的语言，则是把声音变成文字。当数字化了的信息被输入计算机或从计算机中被输出，数字又可以用来表示上述这些形态中的任何一种或所有的形态。于是，过去曾被视为毫不相干的行业——计算机、通信、电视、出版等，现在却又成了“亲戚”。

1.1.5 信息的功能

信息的功能同信息的形态密不可分，并往往融合在一起。打个比方，信息的形态是指信息“是什么模样”，而信息的功能是指信息通过它的形态，“能干什么”。从基本意义上说，信息能通过它的 4 种形态中的一种形态，“捕捉”到环境中存在的信息——占有它，再把它表示出来，就如同算盘占有了会计师掌握的数字而生成账本一样。同理，打字机占有了作者写出的文字而生成书籍，录音机占有了吉他发出的声音而生成录音带，照片则占有了风景的图像而生成图画。简而言之，生成信息就是把已知的信息用一种易于理解的形式发送出去或接收过来，也就是把信息数字化，将其整理成“二进位制”。一旦信息被数字化——变成 0 和 1，所有形态的信息在以后的 3 种功能中都能加以处理，就好像它们根本就是一码事一样。当照片被分解（“读”）成数字时，图中的每一个点都被赋予一定的值，然后，照片便能通过电话或卫星发送出去或接收过来。数字录音带（DAT）在把声音存进去以后，也要经过类似的处理。

1.1.6 信息的特点

（1）信息具有不灭性。信息不像物体和能量，物质是不灭的，能量也是不灭的，其形式可以转化，但信息的不灭性同它们不一样。一个杯子被打碎了，构成杯子的陶瓷其原子、分子没有变，但已不成为一个杯子。又如能量，人们可以把电能变成热能，但变成热能后电能已经没有了。而信息的不灭性是一条信息产生后，其载体可以变换，可以被毁掉如一本书、一张光盘，但信息本身并没有被消灭，所以，信息的不灭性是信息的一个很大的特点。

（2）信息可以廉价复制，可以广泛传播。信息的复制不像物体的复制，一条信息复制成100万条信息，费用十分低廉。尽管信息的创造可能需要很大的投入，但复制只需要载体的成本，可以大量地复制，广泛地传播。

（3）信息的价值有很强烈的时效性。一条信息在某一时刻价值非常高，但过了这一时刻，可能一点价值也没有。现在的金融信息，在需要知道的时候，会非常有价值，但过了这一时刻，这一信息就会毫无价值。又如战争时的信息，敌方的信息在某一时刻有非常重要的价值，可以决定战争或战役的胜负，但过了这一时刻，这一信息就变得毫无用处。所以说，相当部分信息有非常强的时效性。

1.1.7 信息的应用

信息技术的迅猛发展，使得它在人类社会的各个领域都得到了广泛而深入的应用，并产生了深刻的影响。

1. 在获取信息方面的应用

在日常生活中，人们除了利用口、眼、鼻、耳、肤等感官采集信息之外，还采用了如测震仪和天文望远镜等先进的仪器设备采集信息。这些信息采集技术，包括信息识别、信息提取、信息检测等技术，称为“传感技术”，它可以扩展人类所有感觉器官的传感功能。

由于光学技术和电子技术的发展，人们可以借助放大镜、显微镜、望远镜、照相机、摄影机、侦察卫星、扫描仪等看清楚微小的、遥远的或高速运动的物体；电话机、收音机、CD唱机以及超声波和次声波等测量仪可以看作是人的听觉器官的延伸；湿度表、温度表以及各种测量振动、压力的仪表可以看作是人的皮肤温度感觉和压力感觉功能的延伸。

目前，科学家已经研制出许多应用现代感测技术的装置，不仅能替代人的感觉器官捕获各种信息，而且能捕获人的感官不能感知到的信息。通过现代感测技术捕获的信息是精确的数据，便于计算机进行处理。

传感技术、测量技术与通信技术相结合而产生的遥感技术，更使人感知信息的能力得到进一步的加强。

人们还发明了信息识别技术(包括文字识别、语音识别和图形识别等),利用它们实现声音识别、手写输入、指纹识别等功能。

2. 在传递和交流信息方面的应用

在人类社会的发展中,信息的传递和交流发挥了重要作用。在古代,人类曾用烽火狼烟、击鼓飞鸿、飞马传书等原始方法来进行信息的传递和交流,这些方式只能传递十分简单的信息,而且很难进行远距离传送,信息也不一定准确;随着邮政行业的发展,人们开始用邮寄的方式传递信息,大量的信件得到传送,但是速度较慢,依赖于交通的发展;而现代社会则是用电报、电话、电视、广播、电子邮件等通信手段来表达、传递和交流信息。

随着计算机与网络技术的迅猛发展,信息技术发生了根本性的变化,它把人类社会带入了信息时代,人们通过计算机可以处理与传递大量复杂的信息,可以同时传递文字、声音、图像、动画等多媒体信息,具有很强的交互性。

3. 在处理和控制信息方面的应用

信息处理包括对信息的编码、压缩、加密等。在对信息进行处理的基础上,还可形成一些新的更深层次的决策信息,这称为信息的"再生"。电子计算机就是信息处理机,信息的处理与再生都有赖于现代电子计算机的超凡功能。计算机和网络技术等信息处理技术能帮助人类更好地存储信息、检索信息、加工信息和再生信息。

在生产工艺方面,人们利用计算机技术实现自动化控制管理,大大提高了生产效率和产品质量。在家用电器方面,人们还利用计算机技术对机器的正常运转进行管理,甚至还有人开始尝试结合网络技术实现对家电的远程控制及智能化管理。信息技术的应用,已经渗透到人们的日常生活乃至所有的社会领域。

现代信息技术的发展,已经大大缩小了世界的距离,信息的传递和交流变得相当的容易,人们的地球真正变成了"地球村",信息技术正在彻底改变着人们的工作方式、交往方式和生存方式,并从根本上改变并推动着人类社会向前发展。

1.2 信息技术的发展

在现代社会,信息技术不断发展和进步,人们的学习和生活等方面也随之发生了重大变化,高新技术产业成为世界关注的重要领域。但是,信息技术的过去、现在以及未来又会是怎样的呢?

1.2.1 信息技术的历史

人类社会发展至今,正在进行第五次信息技术革命。

第一次信息技术革命是语言的使用。语言的产生是历史上最伟大的信息技术革命,其意义不亚于人类开始制造工具和人工取火。

第二次信息技术革命是文字的创造。为了长期存储信息,如记数、记事等,就要创造一些符号代表语言,经过多少年代的发展,这些符号逐渐演变成文字,使人类活动得以记录下来。

第三次信息技术革命是印刷的发明。例如中国古代四大发明中的造纸术和印刷技术,使得人类文明传播得更远更广。

第四次信息技术革命是电报、电话、广播、电视的发明和普及应用。

第五次信息技术革命始于20世纪60年代,其标志是电子计算机的普及应用及计算机与现代通信技术的有机结合。

1.2.2 信息技术的发展趋势

(1) 高速、大容量：速度越来越高、容量越来越大,无论是通信还是计算机发展都是如此。

(2) 综合化：包括业务综合以及网络综合。

(3) 数字化：数字设备设计非常简单,便于大规模生产,可大大降低成本。现在数字化发展非常迅速,各种说法也很多,如数字化世界、数字化地球等。而数字化最主要的优点就是便于大规模生产和便于综合这两大方面。

(4) 个人化：即可移动性和全球性。一个人在世界任何一个地方都可以拥有同样的通信手段,可以利用同样的信息资源和信息加工处理的手段。

在当今这样一个“信息爆炸”的时代,信息量越来越大,特别是多媒体技术的发展,各种文字、图形、声音、动画在全球范围内传播。为了解决信息传递过程中“车多路窄”的拥挤现象,在1993年,美国就率先提出了建立信息高速公路的设想,信息高速公路已成为当今世界的热门话题。信息高速公路改变了产业结构,信息产业成为了世界各国不得不重视和发展的“龙头产业”。

在不久的将来,人们可以舒适地坐在家中,通过网络就可以上班办公;学生坐在家里就可以听课,享受高质量的远程学习和远程教育;电子商务的兴起和大力发展,人们在网上可以购买自己喜爱的商品,可以进行大宗的商品交易;病了的话,可以通过各种传感仪器,把自己身体的信息传送到数字医院进行诊治;人们也可以足不出户,尽知天下;未来“虚拟现实”技术的发展,人们更会有身临其境的感觉……

所谓信息高速公路,是指利用大容量、高速率的光纤作为传播媒体,建立起覆盖全国乃至全世界范围的光纤网络,通过计算机系统、电视、电话和传真等通信手段,把全国或全世界的学校、医院、企业和民用住宅等联结起来,使教师、学生、医生、家长和企事业所有人员能随时得到他们所需要的信息。

信息应用技术是针对种种实用目的,如信息管理、信息控制、信息决策而发展起来的具体的技术群类。如工厂的自动化、办公自动化、家庭自动化、人工智能和互联通信技术等。信息技术在社会的各个领域得到广泛的应用,显示出强大的生命力。纵观人类科技发展的历程,还没有一项技术像信息技术一样对人类社会产生如此巨大的影响。

1.2.3 未来信息技术的发展趋势

展望未来,信息技术将得到更深、更广、更快的发展,其发展趋势可以概括为高速度、数字化、网络化、宽频带、智能化、多媒体化等。

(1) 数字化。当信息被数字化并经由数字网络流通时，一个拥有无数可能性的全新世界便由此揭开序幕。大量信息可以被压缩，并以光速进行传输，数字传输的信息品质又比模拟传输的品质要好得多。许多种信息形态能够被结合、被创造，例如多媒体文件。

(2) 多媒体化。多媒体技术将文字、声音、图形、图像、视频等信息媒体与计算机集成在一起，使计算机的应用由单纯的文字处理进入文、图、声、影集成处理。

(3) 高速、宽频带网络化。今日的 Internet 已经能够传输多媒体信息，但仍然被认为是一条低容量频宽的网络路径。下一代的 Internet 技术(Internet 2)的传输速率将可以达到 2.4GBps。

(4) 智能化。直到今日，不仅是信息处理装置本身几乎没有智慧，作为传输信息的网络也几乎没有智能。对于大多数人而言，只是为了找有限的信息，却要在网络上耗费许多时间，在超媒体的世界里，“软件代理”可以替人们在网络上漫游取得所需的信息。

1.3 计算机与信息社会

1.3.1 计算机文化的主要特征

计算机文化(Computer Literacy)的概念是在计算机被广泛应用的背景下，于 1981 年召开的第三次世界计算机教育会议上，首次被提出来的。从教育的角度来看，“文化”是知识的代名词，受教育者的计算机知识水平，也是文化水平的反映。在人类不能离开计算机的时代，不懂计算机知识的人被称为“机盲”。计算机的使用者为了能够与计算机交流，就必须懂得计算机使用的语言，而高级语言的发明使得程序设计从少数专家的技术活动变成了众多普通使用者能够掌握的文化知识。

然而“文化”的内涵又远比“知识”要深刻得多，计算机的发展随之而来的普遍应用，对人类社会的各个领域都产生了不可估量的影响。在人类社会发展的历史进程中，语言、文字和印刷术长期作为传播信息的主要手段，帮助人类产生和传播信息，创造了人类不同时期的文化，推动了人类社会的文明与进步。因此语言的产生、文字的使用和印刷术的发明被称之为人类文化史的三次信息革命。今天，新的信息革命是以计算机为中心，以计算机技术与通信技术相结合为标志的，意义更加深远的第四次信息革命。

计算机文化与传统文化不同，它具有自己的特征，这些特征主要表现在以下几方面。

(1) 信息处理是计算机文化的核心。计算机实际上是一种自动的信息处理机。

(2) 信息表现形式的多样性体现了计算机文化的丰富内涵。各种文本、语音、音乐、图像、图形表示的信息在计算机中进行处理时必须转化为数字化的数据。

(3) 信息处理由过程控制，是程序的执行过程。用户要求计算机处理问题的过程是由过程控制“自动”完成的。

(4)“网络计算”是最近几年发展起来的计算机文化的重要特征，计算机网络化是计算机发展的必然趋势，是工业时代走向信息时代的重要标志。

1.3.2 计算机文化与法律、道德

随着计算机在应用领域的深入和计算机网络的普及，今天计算机已经超出了作为某种特殊机器的功能，而是给人类带来了一种新的文化，新的生活方式。比如说以前人们获取信息要通过报纸、书籍、录音、录像这些媒体，而现在网络电子报纸、电子书籍、网络虚拟图书馆日益成熟，相信在不远的未来，人类获取信息的主要手段可能全转向通过计算机和网络来获取。在计算机给人类带来极大便利的同时，它也不可避免地造成了一些社会问题，同时在这样新的生活方式下也对人们提出了一些道德规范要求。面对这些已经存在的或将要发生的问题时应该有所了解，以便更好地应用它，同时免受其害。下面分门别类地介绍一下这方面的情况。

1. 计算机犯罪

计算机犯罪是指利用计算机作为犯罪工具进行的犯罪活动。比如说利用计算机网络窃取国家机密，盗取他人信用卡密码，传播复制黄色作品等。计算机犯罪有其不同于其他犯罪的特点。

(1) 犯罪人员知识水平高。有些犯罪人员单就专业知识水平来讲可以称得上是专家。

(2) 犯罪手段较隐蔽。它不同于其他犯罪，计算机犯罪者可能通过网络在千里之外而不是在现场实施犯罪。计算机犯罪在计算机及网络应用刚刚普及还并不成熟时，确实是一个令人头疼的问题，但随着网络应用技术的日趋成熟，人们对它的防范能力日益增强。例如在美国利用计算机犯罪的案例较多，但引起政府重视的大案却基本上无一漏网。但由于网络操作的隐蔽性，仍然驱使一些对计算机知识一知半解的好事者去做一些徒劳的尝试。这就好像今天有些人以为通过电话骚扰他人而不会被查获一样可笑。虽然计算机网络的操作有一定的隐蔽性，但用户做的每一步操作在计算机内都是有记录的。另外像现在的一些网络安全应用，如防火墙技术等可以轻易地认证用户的来源。尽管有时可以使用一些更隐蔽的手段，但在网络上反查出操作者的身份已不是什么难事。所以了解到这些以后，那些对计算机刚刚入门的人们不要在好奇心的驱使下再做这些徒劳的尝试，应该把精力投入到健康有益的学习中去。

2. 计算机病毒

现在普通的 PC 用户比较关心、也比较担忧的问题就是计算机病毒了。有些人谈"毒"色变，因为害怕染上病毒以至于连一些正常的信息交换都不敢做。

计算机病毒实际上是一种功能较特殊的计算机程序，它一旦运行，便取得系统控制权，同时把自己复制到存储介质(如内存、硬盘，软盘)中去。被复制的病毒程序可能会通过软盘或网络散布到其他计算机上，这样计算机病毒便传播开了。

计算机病毒的危害是巨大的。例如，1988 年 11 月 2 日，美国的 ARPANET 网受到病毒攻击，一夜之间，全国约 6200 台 VAX 系列小型机及 Sun 工作站都染上了病毒。网络连接的计算机不断进行病毒复制，并通过电子邮件将病毒提供给与之相连的网络，不断扩散，从而造成网络瘫痪。当夜，美国国防部成立了一个应急中心，协同全国数千名电子

计算机专家进行网络消毒工作。直到11月4日下午,病毒扩散的事态才得以平息。据统计,这次病毒侵害造成的直接经济损失达数百万美元,对各大研究中心研究工作的影响则难以用美元来估算。人们甚至对当时正在进行的总统大选的结果提出质疑(后经宣布,进行选票统计的计算机未与染毒网络相连,该风波才得以平息)。

具有讽刺意味的是,该病毒的制造者正是当年 Bell 实验室的一名优秀程序员、KMP 查找算法的发明人之一。该病毒巧妙地利用了 Berkeley UNIX 4.3 的 3 个小漏洞夺取运行控制权并进入网络。

继此次病毒大发作之后,计算机病毒大规模入侵的案例不胜枚举。这一切使人们开始认识到,计算机系统的安全性与共享性是一对矛盾。如何使计算机有效抵御病毒入侵已提到计算机用户的议事日程上来。

3. 注意个人道德规范和心理调整

由于计算机的广泛应用和 Internet 的普及,使得现代社会中人的生活和学习与计算机紧密相连。但长时间使用计算机和网络,如果不注意防范,会给人的心理造成一定的偏差。所以,特别是青少年,正处在生长发育时期,一定要分清计算机和网络的虚拟世界与人们真实的现实世界之间的区别,不要迷失在计算机和网络的虚拟世界中。在网络上则要养成良好的习惯,不要做违反公共道德和法律的事情,同时也要注意保护自己,不要被网络所伤害。

1.3.3 计算机文化与社会信息化

本节从社会发展的角度,讨论计算机文化对未来社会的影响,并且联系我国的国情,阐明在国内普及计算机文化的重要意义。

1. 从工业化到信息化

蒸汽机的发明,揭开了世界工业化的序幕。从18世纪60年代到20世纪50年代的两个世纪,是人类社会从农业社会向工业社会过渡的时期。一场由动力革命开端,以机电技术为核心的工业革命,向社会提供了蒸汽机、电动机等动力机械和各种工作母机,不仅减轻了体力劳动,而且大幅度提高了生产率,为社会创造了前所未有的物质文明。与此同时,电力的普遍利用促进了电报、电话、广播等技术的发明与应用,使信息的交流与传播速度更快、范围更广。

20世纪50年代,工业化时代达到了鼎盛时期。但是,高度的工业发展也带来了能源和材料的过度消耗与环境的严重污染,出现了工业技术本身难以克服的矛盾。社会呼唤新的生产力,以保持经济的继续增长。

早在1906年,人类就发明了电子管,这是电子技术的萌芽。1946年发明了计算机,从20世纪50年代到60年代,晶体管计算机和中、小集成电路计算机相继问世,信息技术有了较大的发展。但当时计算机的应用还不普遍,即使在工业发达国家,信息工业的产值也远远落后于钢铁工业,汽车工业等传统产业的产值。大规模集成电路的使用,使信息技术出现了新的飞跃。在1970年的世界能源危机中,许多传统产业产量下降,唯有信息产业独领风骚,以年均20%～25%的增长率持续上升,终于在1990年初在美国跃居第一大产业。上述事实，使人们认识到世界已进入一个新时代——信息化时代。美国科学院将这场变革称为信息革命或第二次产业革命，以区别于18世纪下半叶开始的工业革命或第一次产业革命。

如果说工业革命是以能源开发为中心，用动力机和工作机代替人的体力劳动，推动了农业社会向工业社会的过渡，信息革命将是以信息利用为中心，通过改进信息的处理和传播，用计算机来辅助人的脑力劳动，促进工业社会向信息社会的演变。近几年来美国提出的"NII国家信息基础设施行动日程"(1993年9月)，欧洲议会公布的"欧洲通向信息社会之路行动计划"(1994年7月)，以及西方七国集团(美、日、加、法、德、英、意)首脑会议通过的11项GII示范计划(1995年2月)，把全球的社会信息化正式提上了各国政府的议事日程。

2. 信息社会的特征

(1) 信息成为重要的战略资源。在工业社会，能源和材料是最重要的资源。信息技术的发展，使人们日益认识到信息在促进经济发展中的重要作用，把信息当作一种重要的战略资源。一个企业不实现信息化，就很难增加生产，提高与其他企业的竞争能力；一个国家如果缺乏信息资源，又不重视提高信息的利用和交换能力，只能是一个贫穷落后的国家。

(2) 信息业上升为最重要的产业。1977年，美国学者M. U. Portat就提出一种宏观经济结构理论，将信息业与工业、农业、服务业并列为四大产业。信息业不能代替工业生产汽车，也不能代替农业生产粮食。但它是发展国民经济的"倍增器"，能够产生明显的经济效益与社会效益。20世纪80年代以来，信息业高速发展，在发达国家的增长率一般达到国民经济总产值增长率的3～5倍。我国在"八五"期间，电子工业年平均递增27%，电信业年平均递增40%以上，分别为同期国民经济总产值增长率的2～3倍。可以预期，在信息社会中，信息业将成为全世界最大的产业。

(3) 信息网络成为社会的基础设施。信息化不单是让计算机进入普通家庭，更重要的是将信息网络联通到千家万户。如果说供电网、交通网和通信网都是工业社会中不可少的基础设施，那么信息网的覆盖率和利用率，理所当然地将成为衡量信息社会是否成熟的标志。美国政府计划在20年内为NII投资4000亿美元，并且企业界的投资将多倍于此数，足见这一基础设施的建设规模。

3. 我国社会的信息化

我国于1954年提出过渡时期的总路线，确定了实现工业化的目标和途径。1958年，第一台电子计算机在我国诞生。1964年制成了晶体管计算机，1971年又研制出集成电路计算机。改革开放以来，政府对发展计算机技术十分重视。1983年，科学院和国防科技大学相继研制成每秒千万次的757型计算机和每秒1亿次的银河计算机，进一步丰富了研制大型机和巨型机的经验。

邓小平在1984年的一次题词"开发信息资源，服务四化建设"，是国家领导人首次从信息化的高度对经济建设提出的新要求。1993年，国务院重新组建了电子信息系统推广办公室，明确提出了"工业化与信息化并举，用信息化加速工业化"的建设方针，而不是先搞工业化，后搞信息化。"八五"、"九五"期间，我国计算机的装机数量由1990年的50万台增长到2000年的1000万台；传统产业的改造向深、广发展，建材、冶金、化工、机械等工业炉窑广泛采用计算机控制，CAD和MIS的普及率显著提高：以“三金”工程为代表的一系列重大信息工程开始实施；信息服务业初具规模，全国应用技术队伍有100多万人。

今天，我国正处于信息化建设和计算机应用大发展的重要时期。按照国家“九五”计划和2010年远景目标纲要，我国的信息化建设在近期内的目标与任务应该包括以下几个方面。

(1) 继续实施“金系列”工程，促进国家信息基础设施的建设，与国际接轨。基本建成“金桥”、“金关”、“金卡”、“金税”等工程并投入运行，“金企”、“金农”、“金卫”等工程也开始实施。

(2) 加强对传统产业的改造力度，使之向综合化、集成化、智能化的方向发展。大型骨干企业基本实现企业信息化；主要产品用计算机辅助设计，生产过程和生产线采用计算机控制，企业用计算机网络进行综合管理；80%的大型商业企业和30%～40%的中、小企业普及计算机管理，初步实现管理现代化；机械制造业的CAD普及率达到70%以上，在主要设计单位要实现“甩掉图板”；全国70%的工业炉窑用计算机进行节能控制，年节电1000亿度。

(3) 加快信息技术和信息服务业的发展，扶持软件服务业、系统集成业、数据库及信息咨询等信息服务业的发展，把电子信息产业建设成国民经济的支柱产业之一，使之在国民经济整体中占有重要的地位。

(4) 普及计算机教育，提高全民族的计算机文化。实现信息化最终要靠人才。只有为实施信息化建设和应用信息化设施培养出足够数量的人才，信息化才有确切的保证。

4. 普及计算机文化

文化是一种历史现象，也是一定社会阶段政治和经济的反映。在信息社会前，人类经历了狩猎社会、农业社会、工业社会等阶段，每个阶段都有与之相适应的文化。大体上说，狩猎文化和农业文化反映的是人对大自然的斗争，记录了人类谋求生存的奋斗；工业文化反映的是人对大自然的开发，记录了人类谋求发展的斗争；而计算机文化所反映的，将是人对自身智力的开发，通过人脑和计算机的高度融合，将要为人类创造出更加灿烂辉煌的文明。

今天，PC的普及加快了人们工作和生活的节奏，网络的运行大大缩短了世界的距离，多媒体技术的应用，使人们的生活更加丰富多彩。随着信息网络进入政府、企业、学校、医院和家庭，计算机文化已经并且将继续渗透到工作、学习、医疗、购物、娱乐、新闻等领域。在计算机文化的影响下，人类的生活正在经历着前所未有的巨大变化。适者生存，不了解计算机文化，就不能在信息社会施展身手，左右逢源。

第2章

计算机基础知识

计算机是20世纪人类历史上最重大的科学技术发明之一。计算机的出现,不但使人类的技术进步开始向自动化过渡,扩展了人类的智力,而且使人类使用机器代替人的部分脑力劳动的愿望也成为现实。计算机为人类发展科学技术、创造文化提供了极其先进的工具;为人类智力解放的时代揭开了序幕。现在,计算机技术的应用已经广泛的渗透到各行各业中,对人类社会的生产方式、生活方式、工作方式以及学习方式都产生了极其深刻的影响。人们生活在物质世界,也面对着信息的世界,信息高速公路,数字电视、机器人医生等高新产品,其中都有着计算机核心技术支持,计算机已不再只与计算有关,它决定着人们信息社会中数字化生存。计算机已经把人类带入了一个全新的信息化时代。

2.1 计算机概述

电子计算机之父 John von Neumann(1903—1957)对于计算机有如下定义:

计算机是一种在存储的指令集控制下,接受输入、处理数据、存储数据并产生输出的多用途设备。

计算机(Computer)是一种能接收和存储信息,并按照存储在其内部的程序(这些程序是人们意志的体现)对输入的信息进行加工、处理,然后把处理结果输出的高度自动化的电子设备。

计算机是一种能按照事先存储的程序,自动、高速进行大量数值计算和各种信息处理的现代化智能电子装置。

对上述定义要强调如下两点:

(1) 计算机不仅是一个计算工具,而且还是一个信息处理机。

(2) 计算机不同于其他任何机器,它能存储程序,并按程序的引导自动存取和处理数据,输出人们所期望的信息。

计算机(Computer 或 Calculation Machine)是总称,一般在学术性或正式场合使用。在通常用语中,计算机一般指电子计算机中用的个人计算机。计算机是一种能够按照指令对各种数据和信息进行自动加工和处理的电子设备。它由多个零配件组成, 如中央处理器、主板、内存、电源、显卡等。接收、处理和提供数据的一种装置,通常由输入输出设备、存储器、运算和逻辑部件以及控制器组成。

2.1.1 计算机的产生与发展

虽然现代计算机的发展历史仅有六十多年的时间,但是计算工具的产生与发展历史却要漫长得多。众多科学家和工程师都为计算工具及计算机的发展做出了不懈的努力。在这段历史中,既有成功的经验,也有失败的教训。回顾、了解和学习这段历史,有许多宝贵的经验教训值得借鉴和学习。

1. 早期的计算工具

需求是发明之母,计算工具和计算技术是伴随人类实践的需要逐步发展起来的。人类初期是采用两只手的10个手指计数。后来慢慢学会用垒石和在绳子上打结的方式来计数。古人曰:“运筹于帷幄之中,决胜于千里之外。”筹策又叫算筹,我国早在春秋战国时期有了筹算法的记载,它是中国古代最早普遍采用的一种计算工具。中国南北朝时期的数学家祖冲之(429—500年),借用算筹作为计算工具,成功地将圆周率计算到小数点后的第七位。中国古代发明的珠算盘,最早出现在唐朝时期,在计算机普及之前,是一种广泛使用的日常计算工具。直到今天,它仍然是许多人钟爱的“计算机”。对世界数学的发展产生了重要的影响。

近代,人类开始使用对数计算尺、手摇式计算机、机械计算机和机电计算机等计算工具。

17世纪初,计算工具在西方呈现出较快的发展,首先创立对数概念英国数学家纳皮尔(John Napier,1550—1617),发明了一种工具,即后来被人们称为“纳皮算筹”的器具。

1624年,英国数学家威廉·奥特雷德(William Oughtred,1575—1660)发明了圆盘型对数计算尺,后改进成两根相互滑动的直尺状。在工程计算领域计算尺不仅能做加减乘除、乘方、开方,甚至可以计算三角函数、指数和对数,它一直使用到袖珍计算器面世为止。

1642年,年仅19岁的法国数学家帕斯卡(Blaise Pascal,1623—1662)发明出机械计算机,如图2.1所示,称为Pascaline。帕斯卡设计的计算机是由一系列齿轮组成而用发条作为动力的装置,这种机器只能够做6位加法和减法。被称为“人类有史以来第一台计算机”。1971年,瑞士计算机科学家尼克莱斯.沃尔思(Niklaus Wirth,1934年至今)为了纪念他,将自己发明的一种计算机的高级语言命名为Pascal。

1822年,英国数学家查尔斯·巴贝奇(Charles Babbage,1792—1871)整整用了10年的时间,完成了第一台差分机,如图2.2所示。可以处理3个不同的5位数,计算精度达到6位小数。同时间接指出了计算机的5个部分,同时产生世界上第一个程序员——爱达·奥古斯塔(Ada Augusta,1815—1852)。1975年,美国国防部开发出的一种高级语言后来命名为Ada语言,就是为了纪念爱达。

图 2.1　帕斯卡计算器

图 2.2　差分机

1886 年，美国统计学家赫尔曼·霍勒瑞斯(Herman Hollerith，1860—1929)用电磁继电器代替一部分机械元件，制成了第一台机电穿孔卡系统——制表机。这台机器参与了 1890 年美国人口普查工作，结果仅仅用了 6 周的时间就得出了准确的数据。后来，1896 年霍勒瑞斯创建了制表机公司(Tabulating Machine Company，TMC)，1911 年 TMC 公司与另外两家公司合并，成立了 CTR 公司。1924 年 CTR 公司更名为国际商业机器公司(International Business Machines Corporation，IBM)，这就是长期占据大型计算机制造业霸主地位的 IBM 公司的由来。

1941 年，德国工程师康拉德·朱斯(Konrad Zuse，1910—1995)研制成功全部采用继电器的计算机 Z-3，这是世界上第一台完全由程序控制的机电计算机。Z-3 不仅全部采用继电器，同时采用了浮点记数法、二进制运算、带有数字存储地址的指令格式等。

1944 年，美国哈佛大学教授霍华德·艾肯(Howard Aiken，1900—1973)在读过巴贝奇和艾达关于分析机的设计笔记后，深受启发，提出用机电的方法来实现分析机的想法。在 IBM 公司的资助下，设计的机电计算机 Mark-Ⅰ研制成功并在哈佛大学投入运行。Mark-Ⅰ的另外一个名称是哈佛-IBM 自动序列控制计算机。

艾肯等人制造的机电计算机的主要部件是普通继电器。制造继电器计算机是计算机工具发展历史上的必要的科学尝试，为早期电子计算机的设计制造积累了经验，为现代电子计算机的发展奠定了理论和实践的基础。

2. 现代计算机发展的关键人物

现代计算机孕育于英国、诞生于美国、并成长遍布于全世界。所谓“现代”是指利用先进的电子技术代替机械或机电技术。现代计算机经历了六十多年的发展(从 1945 年至今)，其中最重要的代表人物是英国科学家图灵(见图 2.3)和美籍匈牙利科学家冯·诺依曼(见图 2.4)，他们为现代计算机科学奠定了基础。

(1) 图灵和图灵机。阿兰·麦席森·图灵(Alan Mathison Turing，1912—1954)，英国数学家、逻辑学家，1912 年 6 月 23 日出生于伦敦，计算机理论的奠基人，他被视为计算机之父。1931 年图灵进入剑桥大学国王学院，毕业后到美国普林斯顿大学攻读博士学位，二战爆发后回到剑桥。

图 2.3　图灵(1912—1954)

图 2.4　冯·诺依曼(1903—1957)

图灵对现代计算机的主要贡献有两个：

① 建立图灵机(Turing Machine)理论模型；

② 提出定义机器智能的图灵测试(Turing Test)。

1936 年图灵发表了一篇论文：《论可计算的数及其在密码问题的应用》，首次提出逻辑机的通用模型。现在人们就把这个模型机称为图灵机，缩写为 TM。TM 由一个处理器 P、一个读写头 W/P 和一条存储带 M 组成。

1950 年他发表了另一篇著名论文：《计算机器与智能》。指出如果一台机器对于质问的响应与人类做出的响应完全无法区别，那么这台机器就具有智能。这一论断称为图灵测试，它奠定了人工智能理论的基础。

必须强调指出，图灵并不只是一位纯粹抽象的数学家，他还是一位擅长电子技术的工程专家，二次大战期间，他是英国破译密码小组的主要成员。他设计制造的破译机 Bombe 实质就是一台采用继电器的高速计算装置。图灵以独特的思想创造的破译机，多次成功破译德国法西斯的密码电文。

为纪念图灵的理论成就，1966 年美国计算机协会(Association for Computer Machinery，ACM)专门设立了图灵奖(Turing Award)，图灵奖是计算机界最负盛名的奖项，有"计算机界诺贝尔奖"之称。目前图灵奖由 Intel 公司和 Google 公司赞助，奖金为 250 000 美元。至 2012 年已有 59 位各国第一流的计算机科学家获得此项殊荣，成为计算机学术界的最高成就奖。

(2) 冯·诺依曼。冯·诺依曼(John von Neumann)计算机体系结构的奠基人。1903 年出生，1921 年至 1925 年他先后在柏林和苏黎世学习化学，1926 年获得苏黎世化学工程文凭和布达佩斯数学博士证书。1930 年他以客座讲师身份到美国普林斯顿大学讲学，次年应聘为普林斯顿大学教授。

冯·诺依曼介入 ENIAC 的工作是偶然的。他到达莫尔学院计算机研究实验室看了研制中的计算机之后，提的第一个问题就是这台计算机的逻辑装置和结构，而这正是莫克利等人所谓判别真正的天才的标志。冯·诺依曼对 ENIAC 机不足之处进行认真分析，并讨论全新的存储程序的通用计算机方案。当军方要求比 ENIAC 性能更好的计算机时，他便提出 EDVAC(埃德瓦克)方案。

1946 年 6 月冯·诺依曼与戈德斯坦(H. Goldstine)等发表了《电子计算机装置逻辑

结构初探》的论文,成为 EDVAC 的设计基础。

1952 年完成了 EDVAC 机的建造工作,并投入运行,用于核武器的理论计算。

EDVAC 是电子离散变量计算机的缩写。它的主要改进有两点:一是为了充分发挥电子元件的高速性能而采用了二进制;二是把指令和数据都存储起来,让机器能自动地执行程序。由于它利用水银延时线作主存,用磁鼓作为辅存,其运算速度比 ENIAC 提高了 240 倍。

正是冯·诺依曼开创了现代计算机理论,其体系结构沿用至今,而且他早在 20 世纪 40 年代就已预见到计算机建模和仿真技术对当代计算机将产生的意义深远的影响。

3. 电子计算机的产生

到了 20 世纪 40 年代,随着社会的进步和发展,一方面由于近代科学技术的发展,对计算量、计算精度、计算速度的要求不断提高,原有的计算工具已经满足不了应用的需要,人们希望能有一种能从事复杂计算和控制的工具;另一方面,计算理论、电子学以及自动控制技术的发展,也为现代电子计算机的产生提供了可能。所以人类的需求和相关理论的研究发展促进了计算机工具的产生。于是在 20 世纪 40 年代中期诞生了第一代电子计算机。

1946 年 2 月 14 日,在美国宾夕法尼亚大学的莫尔电工学院诞生了世界上第一台电子数字计算机“埃尼阿克”(ENIAC,Electronic Numerical Integrator And Calculator,电子数字积分计算机),如图 2.5 所示。它采用穿孔卡输入输出数据,每分钟可以输入 125 张卡片,输出 100 张卡片。当时仅仅用于军事和科研工作,解决数学计算问题。

图 2.5 世界上第一台电子数字计算机

在 ENIAC 内部,总共安装了 17 468 只电子管,7200 个二极管,70 000 多只电阻器,10 000 多只电容器和 6000 只继电器,电路的焊接点多达 50 万个;在机器表面,则布满电表、电线和指示灯。机器被安装在一排 2.75m 高的金属柜里,占地面积为 170m^2 左右,总重量达到 30t。这台机器还不够完善,比如,它的耗电量超过 174kW;电子管平均每隔 7min 就要被烧坏一只,必须不停更换。尽管如此,ENIAC 的运算速度达到每秒 5000 次加法,可以在 3/1000s 时间内做完两个 10 位数乘法,远不如今天的一些高级袖珍计算器。一条炮弹的轨迹,20 秒就能被它算完,比炮弹本身的飞行速度还要快。虽然它还比不上今天最普通的一台微型计算机,但在当时它已是运算速度的绝对冠军,并且其运算的精确度和准确度也是史无前例的。以圆周率(π)的计算为例,英国的威廉·山克斯(William·Shanks),他耗费了 15 年的光阴,在 1874 年算出了圆周率的小数点后 707 位。而使用 ENIAC 进行计算,仅用了 40s 就达到了这个记录,还发现山克斯的计算中,第 528 位开始是错误的。

ENIAC 奠定了电子计算机的发展基础,在计算机发展历史上具有划时代的意义,它的问世标志着电子计算机时代的到来。它的诞生为人类开辟了一个崭新的信息时代,使得人类社会发生了巨大的变化。当年第一台计算机出现时,只有少数的十几个受过专门训练的技术人员能够使用。而现代社会中几乎人人都会一些计算机的使用技术，而且计算机在人们的生活中几乎无处不在。在短短的几十年里，计算机技术迅猛发展，计算机不仅可以进行科学计算，还可以对文字、图像和声音等多种信息进行处理。

4. 计算机的发展

自从第一台电子数字计算机 ENIAC 问世以来短短的几十年间，计算机的发展突飞猛进。主要电子器件相继使用了真空电子管，晶体管，中、小规模集成电路和大规模、超大规模集成电路，引起计算机的几次更新换代。每一次更新换代都使计算机的体积和耗电量大大减小，功能大大增强，应用领域进一步拓宽。特别是体积小、价格低、功能强的微型计算机的出现，使得计算机迅速普及，进入了办公室和家庭，在办公室自动化和多媒体应用方面发挥了很大的作用。根据计算机所采用的物理器件，一般把电子计算机的发展分成几个时期，也称为几代，分别代表了时间顺序发展过程。

第一代　电子管计算机(1946—1957 年)。这代计算机是采用电子管(如图 2.6 所示)作为逻辑元件，用阴极射线管或汞延迟线作为主存储器，外存主要使用纸带、卡片等，程序设计主要使用机器指令或符号指令，运算速度仅为几千次/秒。第一代电子计算机体积庞大，造价十分昂贵，主要用于军事领域的科学计算。其代表机型有典型机器有 ENIAC(1946 年)、EDVAC(1952 年)、IBM701(1952 年)等。

第二代　晶体管计算机(1958—1964 年)。这代计算机用晶体管(如图 2.7 所示)代替了电子管，主存储器均采用磁心存储器，磁鼓和磁盘开始用作主要的外存储器，程序设计使用了更接近于人类自然语言的高级程序设计语言，运算速度几十万次/秒。与第一代电子计算机相比，晶体管计算机体积庞小、省电、寿命长、可靠性大幅度提高。除了科学计算外，还用于数据处理和事务处理。其代表机型有 IBM 7094、CDC 7600。

图 2.6　电子管

图 2.7　晶体管

第三代　集成电路计算机(1965—1970 年)。集成电路(Integrated Circuit，IC)有时也称为芯片或微芯片，是一种半导体电子设备，由上千至数百万的微电阻、电容和晶体管组成。这代计算机采用集成电路块(如图 2.8 所示)代替了晶体管等分立元件，半导体存储器逐步取代了磁心存储器的主存储器地位，磁盘成了不可缺少的辅助存储器，计算机也进入了产品标准化、模块化、系列化的发展时期，计算机的管理、使用方式也由手工操作完全改变为自动管理，使计算机的使用效率显著提高。存储容量 1～4MB，运算速度几十万次至几百万次/秒。计算机体积进一步减小、可靠性大大提高。这一时期计算机开始应用于各个领域。其代表机型有 IBM 360 和 IBM 370。

第四代　大规模、超大规模集成电路计算机(1971 年至今)。这代计算机采用大规模和超大规模集成电路(如图 2.9 所示)。20 世纪 70 年代以后，计算机使用的集成电路迅速从中、小规模发展到大规模、超大规模的水平，大规模、超大规模集成电路应用的一个直接结果是微处理器和微型计算机的诞生。微处理器是将传统的运算器和控制器集成在一块大规模或超大规模集成电路芯片上作为中央处理单元(CPU)；以微处理器为核心，再加上存储器和接口等芯片以及输入输出设备便构成了微型计算机。计算机的体积更小，计算速度为几百万次至几百万亿次/秒。超大规模集成电路的发明，使电子计算机不断向着小型化、微型化、低功耗、智能化、系统化的方向更新换代。计算机发展阶段示意表如表 2.1 所示。

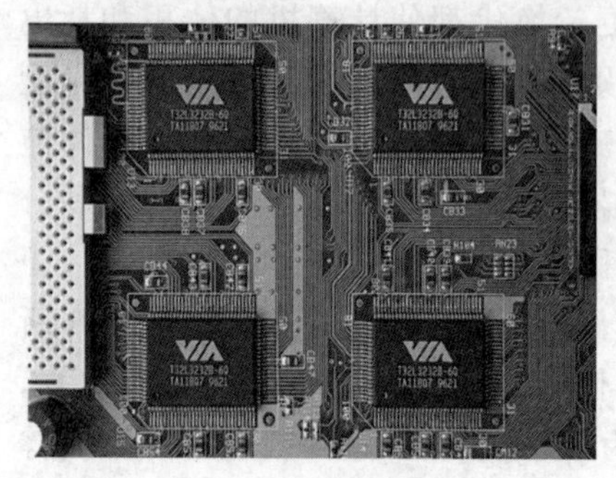
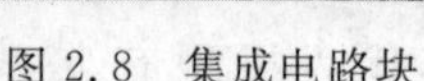

图 2.8　集成电路块

图 2.9　大规模和超大规模集成电路

表 2.1　计算机发展各阶段示意表

类别＼代别	第一代 1946—1957	第二代 1958—1964	第三代 1965—1970	第四代 1971 年至今
电子器件	电子管	晶体管	集成电路	大规模和超大规模集成电路
存储器	水银延迟线 磁鼓、磁芯	磁芯、磁鼓、磁盘、磁带	半导体存储器 磁盘、磁带	半导体存储器 磁盘、光盘
运算速度	5000 至几万	几十万至百万	百万至几百万	几百万至几亿
处理方式	机器语言	汇编语言 算法语言	操作系统　实时处理	分时处理 网络操作系统
应用领域	科学计算	数据处理	实时控制	各行各业
典型机种	ENIAC、EDVAC	IBM 7090、CDC 6600	IBM 360、PDP-II	VAX-II、IBM PC、Apple

第五代　新一代计算机。目前正在研究的新一代计算机主要是创新使用了新的基本元器件和非冯·诺依曼结构，这已成为新一代计算机的公认标志。日本第五代计算机系统研究计划，确立并行推理将是未来信息处理的核心。目前，研究的新一代计算机主要有生物计算机、纳米计算机、量子计算机光子计算机等。

(1) 生物计算机。生物计算机(分子计算机)的运算过程就是蛋白质分子与周围物理化学介质的相互作用过程。计算机的转换开关由酶来充当，而程序则在酶合成系统本身和蛋白质的结构中极其明显地表示出来。

20 世纪 70 年代，人们发现脱氧核糖核酸(DNA)处于不同状态时可以代表信息的有或无。DNA 分子中的遗传密码相当于存储的数据，DNA 分子间通过生化反应，从一种基因代码转变为另一种基因代码。反应前的基因代码相当于输入数据，反应后的基因代码相当于输出数据。如果能控制这一反应过程，那么就可以制作成功DNA计算机。

蛋白质分子比硅晶片上电子元件要小得多，彼此相距甚近，生物计算机完成一项运算，所需的时间仅为1×10^{-12}s，比人的思维速度快100万倍。DNA分子计算机具有惊人的存储容量，$1m^3$的DNA溶液，可存储1万亿的二进制数据。DNA计算机消耗的能量非常小，只有电子计算机的十亿分之一。由于生物芯片的原材料是蛋白质分子，所以生物计算机既有自我修复的功能，又可直接与生物活体相连。预计10～20年后，DNA计算机将进入实用阶段。

(2) 纳米计算机。目前计算机使用的硅芯片已经到达其物理极限，体积无法太小，通电和断电的频率无法再提高，耗电量也无法再减少，科学家认为，解决这个问题的途径是研制纳米晶体管。纳米(nm)是一个计量单位，$1nm=10^{-9}m$，大约是氢原子直径的10倍。纳米技术是从20世纪80年代初迅速发展起来的新的前沿科研领域，最终目标是人类按照自己的意志直接操纵单个原子，制造出具有特定功能的产品。采用这种纳米晶体管来制作纳米计算机，估计纳米计算机的运算速度将是现在的硅芯片计算机的1.5万倍，而且耗费的能量也要减少很多，而且其性能要比今天的计算机强大许多倍。

现在纳米技术正从MEMS(微电子机械系统)起步，把传感器、电动机和各种处理器都放在一个硅芯片上而构成一个系统。应用纳米技术研制的计算机内存芯片，其体积不过数百个原子大小，相当于人的头发丝直径的千分之一。纳米计算机不仅几乎不需要耗费任何能源，而且其性能要比今天的计算机强大许多倍。

目前，纳米计算机的研制已有一些鼓舞人心的消息，惠普实验室的科研人员已开始应用纳米技术研制芯片，一旦他们的研究获得成功，将为其他缩微计算机元件的研制和生产铺平道路，美国加利福尼亚大学伯克利分校以及斯坦福大学的科学家成功地将纳米碳管植入硅片中，这项研究的成功朝着制作超快速纳米计算机的方向前进了一步。

(3) 量子计算机。基于量子效应基础上开发的，它利用一种链状分子聚合物的特性来表示开与关的状态，利用激光脉冲来改变分子的状态，使信息沿着聚合物移动，从而进行运算。量子计算机中数据用量子位存储。由于量子叠加效应，一个量子位可以是0或1，也可以既存储0又存储1。因此一个量子位可以存储两个数据，同样数量的存储位，量子计算机的存储量比通常计算机大许多。同时量子计算机能够实行量子并行计算，其运算速度可能比目前个人计算机的Pentium Ⅲ晶片快10亿倍。目前正在开发中的量子计算机有3种类型：核磁共振(NMR)量子计算机、硅基半导体量子计算机、离子阱量子计算机。预计2030年将普及量子计算机。

(4) 光子计算机。全光数字计算机，以光子代替电子，光互连代替导线互连，光硬件代替计算机中的电子硬件，光运算代替电运算。

与电子计算机相比，光计算机的"无导线计算机"信息传递平行通道密度极大。一枚直径5分钱硬币大小的棱镜，它的通过能力超过全世界现有电话电缆的许多倍。光的并行、高速，天然地决定了光计算机的并行处理能力很强，具有超高速运算速度。超高速电子计算机只能在低温下工作，而光计算机在室温下即可开展工作。光计算机还具有与人脑相似的容错性。系统中某一元件损坏或出错时，并不影响最终的计算结果。

世界上第一台光计算机已由欧共体的英国、法国、比利时、前联邦德国、意大利的七十多名科学家研制成功，其运算速度比电子计算机快1000倍。科学家们预计，光计算机的进一步研制将成为21世纪高科技课题之一。

2.1.2 计算机的特点

计算机不同于以往任何计算工具，其主要特点如下。

1. 运算速度快

运算速度快是电子计算机最显著的特点。电子计算机每秒可以处理几百万条指令，电子计算机的运算速度已经可以达到每秒几十万次乃至几百万亿次。例如，日本数学家1988年使用高性能计算机只花了5小时27分，就把圆周率π值计算到小数点后20.1326亿位，这项纪录被载入《吉尼斯世界纪录大全》。

2. 计算精度高

在计算宇宙飞船的运行轨迹、登月方位时，需进行高精度的计算。可根据需要获得小数点后几兆亿位的精度。

3. 具有超强记忆和逻辑判断能力

记忆功能指的是计算机能够存储大量信息，供用户随时检索和查询。目前一般微型机都可以存储几十万、几百万、几千万到上亿个数据。计算机存储的数据量越大，可以记住的信息量也就越大。逻辑判断功能指的是计算机不仅能够进行算术运算，还能进行逻辑运算和实践推理。记忆功能、算术运算和逻辑运算相结合，使得计算机能够模仿人类的某些智能活动，成为人类脑力延伸的主要工具。

4. 实现自动控制并且具备人机交互功能

计算机有能自动运行并且具备人机交互功能，自动运行是把问题编成程序输入计算机中，发出运行指令后，计算机便在该程序控制下依次逐条执行，不再需要人工干预。计算机可以从浩如烟海的数据中找到需要的信息，这也是计算机能够进行自动处理的原因之一。人机交互则是在人想要干预时，采用人机对话形式，有针对性地解决问题。

5. 可靠性高

计算机可以连续无故障地运行几万、甚至几十万小时，也就是说，在稳定供电不间断的情况下，计算机连续工作几年甚至几十年，不会出现故障。

6. 跨地域信息资源共享

多个计算机借助于通信网络互连起来，可以超越地理界限，互发电子邮件，进行网上通信，共享远程信息和资源。

计算机具有超强的记忆能力、高速的处理能力、很高的计算精度和可靠的判断能力。人们进行的任何复杂的脑力劳动，如果可以分解成计算机可以执行的基本操作，并以计算机可以识别的形式表示出来，存放到计算机中，计算机就可以模仿人的一部分思维活动，代替人的部分脑力劳动，按照人们的意愿自动地工作，所以有人也把计算机称为"电脑"，以强调计算机在功能上和人脑有许多相似之处，例如人脑的记忆功能、计算功能、判断功能。计算机终究不是人脑，它也不可能完全代替人脑；但是说计算机不能模拟人脑的功能也是不对的，尽管计算机在很多方面远远比不上人脑，但它也有超越人脑的许多性能，人脑与计算机在许多方面有着互补作用。

2.1.3 计算机的分类

提起计算机来，人们都不陌生，但要问起计算机的分类，恐怕知道的人就不是那么多了。计算机种类很多，可以从不同的角度对计算机进行分类。下面介绍一下计算机分类。

1. 按计算机规模分类

(1) 巨型机。巨型机主要是从性能方面定义的。20世纪70年代，国际上以运算速度在每秒1000万次以上，存储容量在1000万位以上的计算机称为巨型机；也有人把运算速度超过每秒执行1000万条指令、主存储器容量达几兆字节的计算机作为巨型计算机。到了20世纪80年代，巨型机的标准则为运算速度每秒1亿次以上、字长达64位、主存储的容量达4～16MB的计算机。生产巨型机的公司有美国的Cray公司、IBM公司，日本的富士通公司、日立公司等。中国的银河计算机(Ⅲ型)，运算速度为每秒130亿次，基本字长64位，全系统内存容量为9.15GB。"蓝色基因/P"是由IBM公司与美国能源部国家核安全局(NNSA)联合开发的，每秒的运算次数可达千万亿次。2010年，中国首台千万亿次超级计算机系统"天河一号"，由国防科学技术大学研制，部署在国家超级计算天津中心，其实测运算速度可以达到每秒2570万亿次。

(2) 大型机。20世纪80年代大型机的标准是运算速度每秒100～1000万次，字长为32～64b，主存储器的容量为0.5～8MB的计算机。大型机多为通用型机，主要用于计算机通信网。大型机上所配备的软件也比中、小型机要丰富得多。典型产品有美国Convex公司的C-1，C-2，C-3等；Alliant公司的FX系列等。

(3) 中型机。中型机的标准是计算速度每秒10万至100万次，字长32位、主存储器容量为1MB以下的计算机，主要用于中小型局部计算机通信网中的管理。IBM公司一直在大中型主机市场处于霸主地位，DEC、富士通、日立、NEC也生产大中型主机。

(4) 小型机。小型机是20世纪60年代中期发展起来的一类计算机。其一般特征是字长较短，存储容量一般不超过32～64KB。后来经过不断发展，其运算速度每秒可达100万次。60年代DEC推出一系列小型机，如PDP-11系列、VAX-11系列。HP有1000、3000系列等。通常小型机用于部门计算。同样它也受到高档微机的挑战。

(5) 微型机。它是一种体积小、功耗低、结构简单、价格便宜的计算机。较早上市的微型机字长是4位、8位，后来陆续发展到16位、32位、64位。目前，微型机已广泛地应用在办公自动化、事务处理、过程控制、小型数值计算以及智能终端、工作台等领域。根据它所使用的微处理器芯片的不同而分为若干类型：首先是使用Intel芯片386、486、586以及奔腾等IBM PC及其兼容机；其次是使用IBM-Apple-Motorola联合研制的PowerPC芯片的机器，苹果公司的Macintosh已有使用这种芯片的机器；再次，DEC公司推出使用它自己的Alpha芯片的机器。还有AMD公司生产的芯片。

(6) 单片机。单片机就是在一片集成电路上制作了完整的计算机系统，包括中央处理器、小容量的存储器(指只读存储器和主存储器)，定时器和一些输入输出线。

2. 按处理对象计算机分类

(1) 电子数字计算机。通常所说的计算机及人们常用的计算机就是指电子数字计算机。它是以数字化的信息为处理对象,并采用数字电路对数字信息进行数字处理。

(2) 电子模拟计算机。它是以模拟量(连续物理量,如点流量、电压)为处理对象,处理方式也采用模拟方式。

(3) 数模混合计算机。它是数字和模拟有机结合的计算机。

3. 按照计算机用途分类

(1) 通用计算机。通用计算机是指能解决各种问题,具有较强的通用性的计算机,通常人们所说的计算机都是通用计算机,可以应用于不同领域的各种应用中。

(2) 专用计算机。专用机是指为解决特定问题,实现特定功能而设计的计算机,如军事应用中控制导弹的计算机,医院里 CT 采用的专用计算机等。

2.1.4 计算机的应用

在计算机诞生初期,计算机主要用于科学计算;后来,随着微处理器和微型计算机的出现、计算机网络技术和通信技术的发展,计算机的应用已经遍及科学技术、工业、交通、财贸、农业、医疗卫生、军事以及人们日常生活等各个方面。从解决数学难题到谱写乐曲,从宇宙飞船的上天到电子游戏机,从军事指挥系统到电冰箱的自动控制,从银行自动取款机到电视、电影中的特技画面,从气象预报到机器人,到处都可以看到计算机的应用踪迹。计算机正在对人类社会的产业结构、就业结构,乃至家庭生活和教育等各个方面产生深远的影响。

计算机作为辅助人类进行脑力劳动的工具,已经对人类社会发展做出了巨大贡献。如果说过去人类技术的进步在很大程度上依赖于生产工具的材料和能源的变革,那么今天将在很大程度上依赖于知识和信息。计算机将会在信息与知识社会中发挥更大的作用。计算机的应用范围主要在以下几个方面。

1. 科学计算

科学计算也称为数值计算,是指用计算机来解决科学研究和工程技术中所提出的复杂的数学及数值计算问题。主要应用于数学、化学、原子能、天文学、地球物理学、生物学等基础科学的研究,以及航天飞行、飞机设计、桥梁设计、水力发电、地质找矿、天气预报、基因排序等方面。科学计算利用计算机运算速度快和计算精度高的特点,进行各种复杂运算,可以节省大量时间、人力和物力。

2. 数据处理

计算机发展初期,它仅仅用于数值计算。但是后来应用范围逐渐发展到非数值领域,可用来处理文字、表格、图像、声音等各类问题。数据处理也称为信息处理,是人们利用计算机对所获取的信息进行采集、记录、整理、加工、存储和传输,并进行综合分析等,以加强海量数据的管理和有效利用。确切地讲,计算机应当称为信息机,或叫信息处理机。信息处理的范围相当广泛。例如企业管理、物资管理、资料图书管理、人事管理、业务管理等,都是计算机能发挥作用的领域。

3. 过程控制

过程控制是用传感器在现场采集受控对象的数据，通过比较器求出与设定数据的偏差，由计算机按控制模型进行计算，产生相应的控制信号，驱动伺服装置对受控对象进行控制和调整。过程控制广泛应用于自动检测、记录、统计、监视报警、直接调控和控制生产过程等方面。例如，2008 年 9 月，在我国神舟七号载人航天器的发射中，就必须应用计算机随时控制航天器的轨迹和状态。

4. 计算机辅助系统

计算机辅助系统是采用计算机进行各种辅助功能的系统，其包含以下几个方面：

(1) 计算机辅助设计(Computer Aided Design，CAD)，它首先按设计任务书的要求设计方案，然后进行各种设计方案比较，确定产品结构、外形尺寸、材料，进行模拟组装，再对模拟整机的各种性能测试，根据测试结果不可对其进行不断修正，最后确定设计；产品设计完成后再将其分解为零件、分装部件，并给出零件图、分部装配图、总体装配图等。全部由计算机直接或间接地完成。

(2) 计算机辅助制造(Computer Aided Manufacturing，CAM)一般指利用计算机参与从毛坯到产品制造过程中直接或间接的活动，包括工艺准备、生产作业设计、物料采购计划、生产控制、质量控制等。CAM 目前主要是指数控程序的编制。

(3) 计算机辅助教学(Computer Aided Instruction，CAI)既用于普通教育，又用于专业训练方面。例如通过计算机管理的"飞行模拟器"来训练飞机驾驶员。

另外，还有计算机辅助测试(Computer Aided Testing，CAT)等系统的应用。

5. 人工智能

"人工智能"又称"智能模拟"，是用计算机执行某些与人的智能活动有关的复杂功能，模拟人类的某些智力活动，如感知判断，图形和声音的识别，推理和学习的过程。人工智能是当今计算机科学研究的一大热点，研究课题是多种多样的诸如计算机学习、计算机证明、景物分析、模拟人的思维过程、机器人等，内容很多。

直接利用自然形式的信息，这正是当前模式识别研究的奋斗目标。目前，在文字识别、图形识别、景物分析以及语言理解等方面都已取得了不少成就。例如在文字识别方面，对规范的印刷体和严格的手写体的识别，已经达到了成熟实用的水平，而对任意的手写体的识别在通过几次学习以后也能识别出来。在 1996 年，IBM 公司研制的人工智能计算机"深蓝"就曾历史性地战胜过国际象棋特级大师卡斯帕洛夫。

6. 文字处理

文字处理包括文字信息的产生、修改、编辑、复制、保存、检索、传输等，文字处理是实现办公自动化、电子邮件、计算机会议和计算机出版等新技术的必由之路。

7. 多媒体技术

将文字、声音、图形、图像和视频等多种形式的媒体集成一个有机的整体，具有表现力丰富，符合人类思维和认知习惯的特点。多媒体技术的发展改变了计算机的使用领域，使计算机由办公室、实验室中的专用品变成了信息社会的普通工具，广泛应用于工业生产管理、学校教育、公共信息咨询、商业广告、军事指挥与训练，甚至家庭生活与娱乐等领域。

8. 网络技术与信息高速公路

网络把分布在不同地域的独立的计算机系统用通信设施连接起来，以实现数据通信和资源共享。网络从地域范围大小上分为局域网和广域网。

9. 教育

教育包括计算机辅助教学、知识信息系统、自然语言处理等。计算机辅助教学生动、形象、易于理解，是提高教学质量的重要手段之一。

10. 军事

军事包括军队自动化指挥系统、计算机作战模拟、军事信息处理武器的自动控制、精确制导武器、军用机器人、数字化部队、后勤保障等。

2.1.5 计算机的未来发展趋势

未来的计算机以超大规模集成电路为基础，向巨型化，微型化，网络化，智能化方向发展。

1. 巨型化

巨型化在这里并不是通常意义上的大小，不是体积大，而是速度高、容量大、功能强。运算速度可达每秒几百亿次运算的超级计算机 1975 年世界上第一台超级计算机 Cray-Ⅰ超级计算机应用：天气预报、地震机理研究、石油和地质勘探，卫星图像处理等大量科学计算的高科技领域。中国超级计算机：国防科技大学研制的银河Ⅰ号、银河Ⅱ号和银河Ⅲ号国家职能计算机中心推出的曙光 1000、曙光 2001、曙光 3000 和曙光 5000A 以及天河。曙光 5000A 理论浮点峰值为每秒 230 万亿次，可以在 30s 内完成上海证交所 10 年的 1000 多支股票交易信息的 200 种证券指数的计算，可以在 3min 内，可以同时完成 4 次 36 小时的中国周边、北方大部、北京周边、北京市的 2008 年奥运会需要的气象预报计算，包括风向、风速、温度、湿度等，精度 1km，即精确到每个奥运会场馆，它还可广泛进行证券指数计算、电力安全评估、建筑工程抗震性评估、天气预报、石油地震资料处理、核能开发利用、汽车碰撞、电磁辐射、计算流体力学、基因匹配与拼接、蛋白质结构分析和材料科学等领域的 20 多项应用。

社会在不断发展，人类对自然世界的认识活动也越来越多，很多情况要求计算机对数据进行的运算。应用对计算机速度的要求也越来越高。

2. 微型化

微型化指计算机的体积缩小、重量减轻。计算机不再是单一的计算机器，而是一种信息机器，一种个人的信息机器。

一方面，随着计算机的应用日益广泛，在一些特定场合，需要很小的计算机（如航天飞机，由于燃料的关系，设计原则是为了减少每一克而奋斗），所以计算机的重量、体积都变得越来越小，但功能并不减少。

另一方面，随着计算机在世界上日益普及，个人计算机正逐步由办公设备变为电子消费品。人们要求计算机除了要保留原有的性能之外，还要有时尚的外观、轻便小巧、便于操作等特点，如平板电脑、手持计算机，智能手机等。今后 PC 在所有类型计算机中所占的比重将会越来越大，使用也将会越来越方便。

3. 网络化

网络化指把分散的计算机联成网。计算机网络是计算机技术与通信技术结合的产物。使用远程资源，共享程序、数据和信息资源，网络用户的通信和合作是计算机网络的发展动力。

因特网的建立正在改变人们的世界，改变人们的生活。网络具有虚拟和真实两种特性，网上聊天和网络游戏等具有虚拟特性，而网络通信、电子商务、网络资源共享则具有真实的特性。

4. 智能化

智能化使计算机将具有一定的"思维能力"。今后，计算机在人们的生活中扮演的角色将会更加重要。计算机应用将具有更多的智能特性，能够帮助用户解决一些自己不熟悉或不愿意做的事。例如智能家电、烹调等。

2.2 信息在计算机中的表示

2.2.1 数制的基本概念

数制是用一组固定的数字和一套统一的规则来表示数值的方法。按照进位方式计数的数制叫进位计数制。进位计数制就是把数划分为不同的位数，逐位累加，加到一定数量之后，再从零开始，同时向高位进位。进位计数制有 3 个要素：数码、进位基数和位权。人们熟悉的十进制采用逢十进一，生活中也常常遇到其他进制。例如六十进制(每分钟为 60 秒、每小时为 60 分钟，即逢 60 进 1)，十二进制，十六进制等。

任何进制都有它生存的原因。人类的屈指计数沿袭至今，由于日常生活中大都采用十进制计数，因此对十进制最习惯。如十二进制，十二的可分解的因子多(12,6,4,3,2,1)，商业中不少包装计量单位"一打"；如十六进制，十六可被平分的次数较多(16,8,4,2,1)，即使现代在某些场合如中药、金器的计量单位还在沿用这种计数方法。

进位计数涉及基数与各数位的位权。什么是进位基数呢？即计数制中每个数位所使用的数码符号的总数，它又被称为进位模数。它是指该进制中允许选用的基本数码的个数。每种进制都有固定数目的计数符号。人们经常把数用每位权值与该位的数码相乘展开。当某位的数码为 1 时所表征的数值即该位的权值。十进制计数的特点是"逢十进一"，在一个十进制数中，需要用到十个数字符号 0～9，其基数为 10，即十进制数中的每一位是这十个数字符号之一。在任何进制中，一个数的每个位置都有一个权值。

十进制(Decimal)：基数为 10，10 个记数符号，0～9。每一个数码符号根据它在这个数中所在的位置(数位)，按"逢十进一"来决定其实际数值。

二进制(Binary)：基数为 2，2 个记数符号，0 和 1。每个数码符号根据它在这个数中的数位，按"逢二进一"来决定其实际数值。

八进制(Octal)：基数为 8，8 个记数符号，0、1、2、…、7。每个数码符号根据它在这个数中的数位，按“逢八进一”来决定其实际的数值。

十六进制(Hexadecimal)：基数为16，16个记数符号，0～9，A，B，C，D，E，F。其中A～F对应十进制的10～15。每个数码符号根据它在这个数中的数位，按“逢十六进一”决定其实际的数值。

一个数码处在不同位置上所代表的值不同，如数字6在十位数位置上表示60，在百位数上表示600，而在小数点后1位表示0.6，可见每个数码所表示的数值等于该数码乘以一个与数码所在位置相关的常数，这个常数叫做位权。位权的大小是以基数为底、数码所在位置的序号为指数的整数次幂。十进制的个位数位置的位权是10^0，十位数位置上的位权为10^1，小数点后1位的位权为10^{-1}。

例 2.1 十进制数23689.35的值为

$(23689.35)_{10}=2\times10^4+3\times10^3+6\times10^2+8\times10^1+9\times10^0+3\times10^{-1}+5\times10^{-2}$

小数点左边：从右向左，每一位对应权值分别为10^0、10^1、10^2、10^3、10^4

小数点右边：从左向右，每一位对应的权值分别为10^{-1}、10^{-2}

例 2.2 二进制数 $(100101.01)_2=1\times2^5+0\times2^4+0\times2^3+1\times2^2+0\times2^1+1\times2^0+0\times2^{-1}+1\times2^{-2}$

小数点左边：从右向左，每一位对应的权值分别为2^0、2^1、2^2、2^3、2^4

小数点右边：从左向右，每一位对应的权值分别为2^{-1}、2^{-2}

不同的进制由于其进位的基数不同权值是不同的。位置计数法小结：一般而言，对于任意的R进制数$a_{n-1}a_{n-2}\cdots a_1a_0a_{-1}\cdots a_{-m}$(其中$n$为整数位数，$m$为小数位数)，可以表示为以下和式：

$$a_{n-1}\times R^{n-1}+a_{n-2}\times R^{n-2}+\cdots+a_1\times R^1+a_0\times R^0+a_{-1}\times R^{-1}+\cdots+a_{-m}\times R^{-m}$$(其中R为基数)

2.2.2 计算机与二进制

1. 计算机采用二进制的原因

十进制应用在计算机上遇到表示上的困难，10个不同符号表示和运算很复杂，在计算机中为什么要采用二进制表示？原因如下：

(1) 可行性。采用二进制，只有0和1两个状态，需要表示0、1两种状态的电子器件很多，如开关的接通和断开，晶体管的导通和截止、磁元件的正负剩磁、电位电平的高与低等都可表示0、1两个数码。使用二进制，电子器件具有实现的可行性。

(2) 可靠性。两个状态表示的二进制两个数码，数字传输和处理不容易出错。即使出错，也容易对其纠错，所以可靠性高。

(3) 简易性。二进制数的运算法则少，运算简单，使计算机运算器的硬件结构大大简化(十进制的乘法九九口诀表45条公式，而二进制乘法只有4条规则)。

(4) 逻辑性。计算机工作原理是建立在逻辑运算基础上的，逻辑代数是逻辑运算的理论依据。由于二进制0和1正好和逻辑代数的假(False)和真(True)相对应，有逻辑代数的理论基础，用二进制表示二值逻辑很自然。

2. 二进制代码和二进制数码

人们从二进制代码和二进制数码开始讲述计算机基础知识，是因为二进制代码和二进制数码是计算机信息表示和信息处理的基础。

代码是事先约定好的信息表示的形式。二进制代码是把 0 和 1 两个符号按不同顺序排列起来的一串符号。二进制数码有两个基本特征：第一，用 0、1 两个不同的符号组成的符号串表示数量；第二，相邻两个符号之间遵循"逢 2 进 1"的原则，即左边的一位所代表的数目是右边紧邻同一符号所代表的数目的 2 倍。

二进制代码和二进制数码是既有联系又有区别的两个概念：凡是用 0 和 1 两种符号表示信息的代码统称为二进制代码(或二值代码)；用 0 和 1 两种符号表示数量并且整个符号串各位均符合"逢 2 进 1"原则的二进制代码，称为二进制数码。

目前的计算机在内部几乎毫无例外地使用二进制代码或二进制数码来表示信息，是由于以二进制代码为基础设计、制造计算机，可以做到速度快、元件少，既经济又可靠。虽然计算机从使用者看来处理的是十进制数，但在计算机内部仍然是以二进制数码为操作的对象的处理，理解它的内部形式是必要的。

3. 数的二进制表示和二进制运算

1) 数的二进制表示

客观世界中，事物的数量是一个客观存在，但表示的方法可以多种多样。

例 2.3 265 用十进制数码可以表示为$(265)_{10} = 2\times10^2+6\times10^1+5\times10^0$

这里每个固定位置上的计数单位称为位权。十进制计数中个位上的计数单位为 $10^0=1$，从个位向左，依次为 $10^0, 10^1, 10^2, 10^3, \cdots$；向右依次为 $10^{-1}, 10^{-2}, \cdots$。用二进制数码可以表示为

$$(100001001)_2 = 1\times2^8+0\times2^7+0\times2^6+0\times2^5+0\times2^4+1\times2^3+0\times2^2 +0\times2^1+1\times2^0 = 256+0+0+0+0+8+0+0+1=(265)_{10}$$

二进制计数中个位上的计数单位也是 1，即 $2^0=1$，个位向左依次为 $2^0, 2^1, 2^2, 2^3, \cdots$；向右依次为 $2^{-1}, 2^{-2}, \cdots\cdots$

2) 二进制数的算术运算

二进制数的算术运算与十进制的算术运算类似，但其运算规则更为简单，其规则如表 2.2 所示。

表 2.2 二进制数的运算规则

加法	乘法	减法	除法
0+0=0	0×0=0	0−0=0	0÷0=0
0+1=1	0×1=0	1−0=1	0÷1=0
1+0=1	1×0=0	1−1=0	1÷0=(没有意义)
1+1=10(逢二进一)	1×1=1	0−1=1(借一当二)	1÷1=1

(1) 二进制数的加法运算。

例 2.4 求$(1011101)_2$与$(0010011)_2$之和。

步骤如下：

$$
\begin{array}{r}
1011101 \\
+\ 0010011 \\
\hline
1110000
\end{array}
$$

由算式可以看出，两个二进制数相加时，每一位最多有3个数(本位被加数、加数和来自低位的进位)相加，按二进制数的加法运算法则得到本位相加的和及向高位的进位。

(2) 二进制数的乘法运算。

例2.5 求$(1101)_2$与$(0101)_2$的乘积。

$$
\begin{array}{r}
1101 \\
*\ \ 0101 \\
\hline
1101 \\
0000\ \\
1101\ \ \\
0000\ \ \ \\
\hline
1000001
\end{array}
$$

3) 计算机中二进制的逻辑运算

计算机中的逻辑关系是一种二值逻辑，逻辑运算的结果只有“真”或“假”两个值。二值逻辑很容易用二进制的0和1来表示，一般用1表示真，用0表示假。逻辑值的每一位表示一个逻辑值，逻辑运算是按对应位进行的，每位之间相互独立，不存在进位和借位关系，运算结果也是逻辑值。

3种基本的逻辑运算：逻辑运算有“与”、“或”和“非”3种。其他复杂的逻辑关系都可以由这3个基本逻辑关系组合而成。

① 逻辑“与”。用于表示逻辑与关系的运算，称为“与”运算，与运算符可用AND，×，∩或∧表示。逻辑“与”的运算规则如下：

$0\wedge 0=0 \qquad 0\wedge 1=0 \qquad 1\wedge 0=0 \qquad 1\wedge 1=1$

即两个逻辑位进行“与”运算，只要有一个为“假”，逻辑运算的结果为“假”。

例2.6 如果$A=1001111$，$B=(1011101)$，求$A\wedge B$。

步骤如下：

$$
\begin{array}{r}
1001111 \\
\wedge\ 1011101 \\
\hline
1001101
\end{array}
$$

结果：$A\wedge B=1001111\wedge 101101=1001101$

② 逻辑“或”。用于表示逻辑“或”关系的运算，“或”运算符可用OR，+，∪或∨表示。逻辑“或”的运算规则如下：

$0\vee 0=0 \qquad 0\vee 1=1 \qquad 1\vee 0=1 \qquad 1\vee 1=1$

即两个逻辑位进行“或”运算，只要有一个为“真”，逻辑运算的结果为“真”。

例2.7 如果$A=1001111$，$B=(1011101)$，求$A\vee B$。

步骤如下：

$$
\begin{array}{r}
1001111 \\
\vee\ 1011101 \\
\hline
1011111
\end{array}
$$

结果：$A \vee B = 1001111 \vee 1011101 = 1011111$

③ 逻辑“非”。用于表示逻辑非关系的运算，该运算常在逻辑变量上加一横线表示。逻辑“非”的运算规则：$\bar{1}=0$，$\bar{0}=1$，即对逻辑位求反。“ ¯ ”是“非”运算符号。“非”运算的一般式为：$\bar{C}=A$，该式表明，C 为 A 的非。

例 2.8 对二进制数的 11001010 进行“非”运算，则得其反码 00110101。

2.2.3 数制间的转换

在计算机内部，数据程序都用二进制表示和处理，人们的输入与计算机的输出还是十进制表示，这就存在数制间转换工作，转换过程是通过机器完成，但是人们应当懂得数制转换的原理。各种进制相互转换示意图如图 2.10 所示。

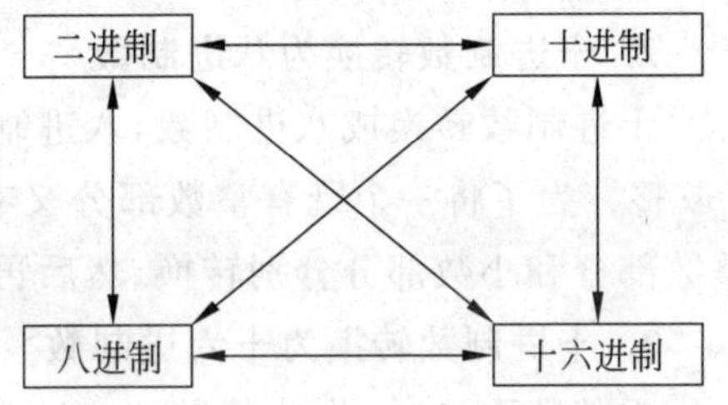

图 2.10 各种进制相互转换示意图

不同数制间的转换采用基数乘除法。基数乘除方法：假设将十进制数转换为 R 进制数：整数部分和小数部分须分别遵守不同的转换规则。

对整数部分：除以 R 取余法，即整数部分不断除以 R 取余数，直到商为 0 为止，最先得到的余数为最低位，最后得到的余数为最高位。

对小数部分：乘 R 取整法，即小数部分不断乘以 R 取整数，直到小数为 0 或达到有效精度为止，最先得到的整数为最高位(最靠近小数点)，最后得到的整数为最低位。

1. 十进制数转换为二进制数

十进制数转换成二进制数，基数为 2，故对整数部分，除 2 取余，对小数部分乘 2 取整。为了将一个既有整数部分又有小数部分的十进制数转换成二进制数，可以将其整数部分和小数部分分别转换，然后再组合。

例 2.9 将$(105.25)_{10}$转换成二进制数。

整数部分：

除数	被除数/商	取余数	低 ↑ 高
2	105		低
2	52	1	↑
2	26	0	
2	13	0	
2	6	1	
2	3	0	
2	1	1	
2	0	1	高

注意：第一次得到的余数是二进制数的最低位，最后一次得到的余数是二进制数的最高位。也可用如下方式计算：

商：	0	1	3	6	13	26	52	105	2
余数：	1	1	0	1	0	0	1	⟸	

小数部分：

	取整数	高
0.25		
× 2		
0.50	0	↓
× 2		
1.00	1	低

注意：一个十进制小数不一定能完全准确地转换成二进制小数，这时可以根据精度要求只转换到小数点后某一位为止即可。将其整数部分和小数部分分别转换，然后组合起来得$(105.25)_{10}=(1001001.01)_2$。

2. 十进制数转换为八进制数

十进制数转换成八进制数，八进制基数为8，故对整数部分，除8取余，对小数部分乘8取整。为了将一个既有整数部分又有小数部分的十进制数转换成八进制数，可以将其整数部分和小数部分分别转换，然后再组合。其转换原理和十进制转二进制类似。

3. 十进制数转换为十六进制数

用基数乘除法，此处基数为16。将十进制整数转换成十六进制整数可以采用"除16取余"法；将十进制小数转换成十六进制小数可以采用"乘16取整"法。如果十进制数既含有整数部分又含有小数部分则应分别转换后再组合起来。其转换原理也和十进制转二进制类似。

4. 二进制数转换为八进制、十进制、十六进制数

二进制、八进制、十进制、十六进制数码间的关系(如表2.3所示)：8和16都是2的整数次幂，即$8=2^3$，$16=2^4$，因此3位二进制数相当于1位八进制数，4位二进制数相当于1位十六进制数，它们之间的转换关系也相当简单。由于二进制数表示数值的位数较长，因此常需用八、十、十六进制数来表示二进制数。

表2.3 二进制、八进制、十进制、十六进制数的对应关系表

二进制	八进制	十进制	十六进制	二进制	八进制	十进制	十六进制
0000	0	0	0	1000	10	8	8
0001	1	1	1	1001	11	9	9
0010	2	2	2	1010	12	10	A
0011	3	3	3	1011	13	11	B
0100	4	4	4	1100	14	12	C
0101	5	5	5	1101	15	13	D
0110	6	6	6	1110	16	14	E
0111	7	7	7	1111	17	15	F

将二进制数以小数点为中心分别向两边分组，转换成八（或十六）进制数每 3（或 4）位为一组，整数部分向左分组，不足位数左补 0。小数部分向右分组，不足部分右边加 0 补足，然后将每组二进制数转化成八（或十六）进制数即可。

例 2.10 将二进制数$(11101110.00101011)_2$转换成八、十六进制数。

$$(011 \quad 101 \quad 110 \quad .001 \quad 010 \quad 110)_2=(356.126)_8$$
$$3 \quad 5 \quad 6 \quad . 1 \quad 2 \quad 6$$

$$(1110 \quad 1110 \quad .0010 \quad 1011)_2=(EE.2B)_{16}$$
$$E \quad E \quad . 2 \quad B$$

5. 八、十六进制数转换为二进制数

将每位八（或十六）进制数展开为 3（或 4）位二进制数。

例 2.11 $(714.431)_8=(111 \quad 001 \quad 100 \quad .100 \quad 011 \quad 001)_2$
$$7 \quad 1 \quad 4 \quad . \quad 4 \quad 3 \quad 1$$

$(43B.E5)_{16}=(0100 \quad 0011 \quad 1011. \quad 1110 \quad 0101)_2$
$$4 \quad 3 \quad B. \quad E \quad 5$$

整数前的高位零和小数后的低位零可取消。各种进制转换中，最为重要的是二进制与十进制之间的转换计算，以及八、十六进制与二进制的直接对应转换。

2.2.4 计算机中的数据及信息编码

1. 数据的概念

数据（Data）是表征客观事物的、可以被记录的、能够被识别的各种符号，包括字符、符号、表格、声音和图形、图像等。简而言之，一切可以被计算机加工、处理的对象都可以被称为数据。数据可在物理介质上记录或传输，并通过外围设备被计算机接收，经过处理而得到结果。

数据能被送入计算机加以处理，包括存储、传送、排序、归并、计算、转换、检索、制表和模拟等操作，以得到满足人们需要的结果。数据经过解释并赋予一定的意义后，便成为信息。这里说的数据指的是广义的数据，可以用来表示事物的数量（例如产量、资金、职工人数和物品数量等）；事物的名称或代号（例如厂名、车间名、学校名和职工名等）；事物抽象的性质（例如人体的健康状况、文化程度、政治面貌和工作能力等）。

数据有两种形式。一种形态为人类可读形式的数据，简称人读数据。因为数据首先是由人类进行收集、整理、组织和使用的，这就形成了人类独有的语言、文字以及图像。例如图书资料、音像制品等，都是特定的人群才能理解的数据。

另一种形式称为机器可读形式的数据，简称机读数据。如印刷在物品上的条形码、录制在磁带、磁盘、光盘上的数码、穿在纸带和卡片上的各种孔等，都是通过特制的输入设备将这些信息传输给计算机处理，它们都属于机器可读数据。显然，机器可读数据使用了二进制数据的形式。

2. 数据的单位

计算机中数据的常用单位有位、字节和字。

(1) 位(b)。计算机中最小的数据单位是二进制的一个数位，简称为位(bit，读音为比特)。计算机中最直接、最基本的操作就是对二进制位的操作。

计算机采用二进制，运算器运算的是二进制数，控制器发出的各种指令也表示成二进制数，存储器中存放的数据和程序也是二进制数，在网络上进行数据通信时发送和接收的还是二进制数。显然，在计算机内部到处都是由0和1组成的数据流。

(2) 字节(B)。字节简写为B，为了表示人读数据中的所有字符(字母、数字以及各种专用符号，大约有128～256个)，需要7位或8位二进制数。因此，人们采用8位为1个字节。1个字节由8个二进制数位组成。

字节是计算机中用来表示存储空间大小的基本容量单位。例如，计算机内存的存储容量，磁盘的存储容量等都是以字节为单位表示的。除用字节为单位表示存储容量外，还可以用千字节(KB)、兆字节(MB)以及十亿字节(GB)等表示存储容量。它们之间存在下列换算关系：

1B＝8b

1KB ＝1024B ＝2^{10} B　　1KB ＝1024 字节，“K”的意思是“千”

1MB＝1024KB＝2^{10} KB＝2^{20} B＝1024×1024B　　1MB＝1024KB 字节，“M”读“兆”

1GB＝1024MB＝2^{10} MB＝2^{30} B＝1024×1024KB　　1GB＝1024MB 字节，“G”读“吉”

1TB＝1024GB＝2^{10} GB＝2^{40} B＝1024×1024MB　　1TB＝1024GB 字节，“T”读“太”

要注意位与字节的区别：位是计算机中最小数据单位，字节是计算机中基本信息单位。

(3) 字(Word)。在计算机中作为一个整体被存取、传送、处理的二进制数字符串叫做一个字或单元，每个字中二进制位数的长度，称为字长。一个字由若干个字节组成，不同的计算机系统的字长是不同的，常见的有8位、16位、32位、64位等，字长越长，计算机一次处理的信息位就越多，精度就越高，字长是计算机性能的一个重要指标。目前主流微机都是64位机。

注意字与字长的区别，字是单位，而字长是指标，指标需要用单位去衡量。就像生活中重量与公斤的关系，公斤是单位，重量是指标，重量需要用公斤加以衡量。

3. 计算机中数的表示

(1) 计算机中带符号数的表示。在计算机中只能用数字化信息来表示数的正、负，人们规定用0表示正号，用1表示负号。

例 2.12　在计算机中用8位二进制表示一个数＋90，其格式为

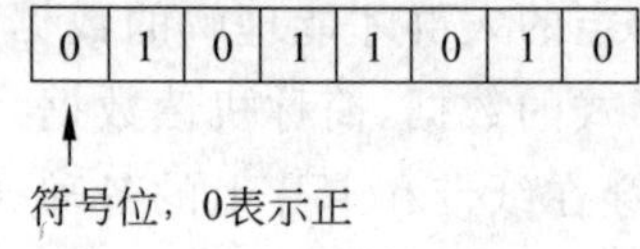

而用8位二进制表示一个负数－89，其格式如下：

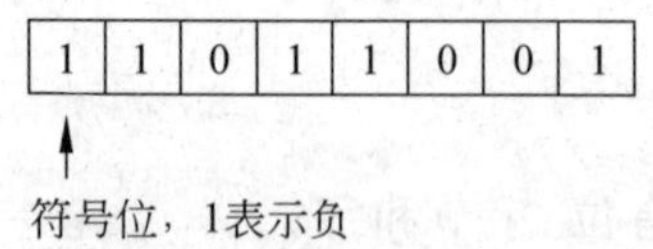

在计算机内部，数字和符号都用二进制码表示，两者合在一起构成数的机内表示形式，称为机器数，而它真正表示的数值称为这个机器数的真值。

(2) 定点数和浮点数。机器数表示的数的范围受设备限制。在计算机中，一般用若干个二进制位表示一个数或一条指令，把它们作为一个整体来处理、存储和传送。这种作为一个整体来处理的二进制位串，称为计算机字。表示数据的字称为数据字，表示指令的字称为指令字。

计算机是以字为单位进行处理、存储和传送的，所以运算器中的加法器、累加器以及其他一些寄存器，都选择与字长相同位数。字长一定，则计算机数据字所能表示的数的范围也就确定了。

例如使用 8 位字长计算机，它可表示无符号整数的最大值是$(255)_{10}=(11111111)_2$。运算时，若数值超出机器数所能表示的范围，就会停止运算和处理，这种现象称为溢出。

① 定点数。计算机中运算的数，有整数，也有小数，如何确定小数点的位置呢？通常有两种约定：一种是规定小数点的位置固定不变，这时机器数称为定点数。另一种是小数点的位置可以浮动的，这时的机器数称为浮点数。微型机多选用定点数。

数的定点表示是指数据字中的小数点的位置是固定不变的。小数点位置可以固定在符号位之后，这时，数据字就表示一个纯小数。假定机器字长为 16 位，符号位占 1 位，数值部分占 15 位，故下面机器数其等效的十进制数为-2^{-15}。

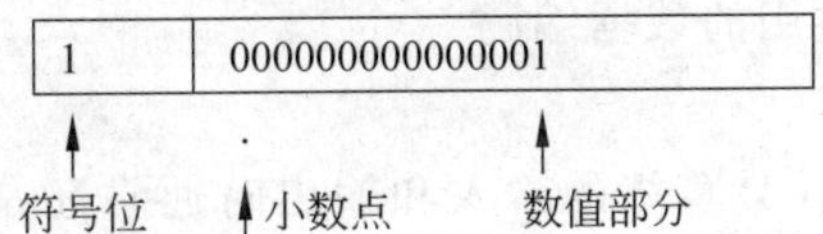

如果把小数点位置固定在数据字的最后，这时，数据字就表示一个纯整数。假设机器字长为 16 位，符号占一位，数值部分占 15 位，故下面机器数其等效的十进制数为+32 767。

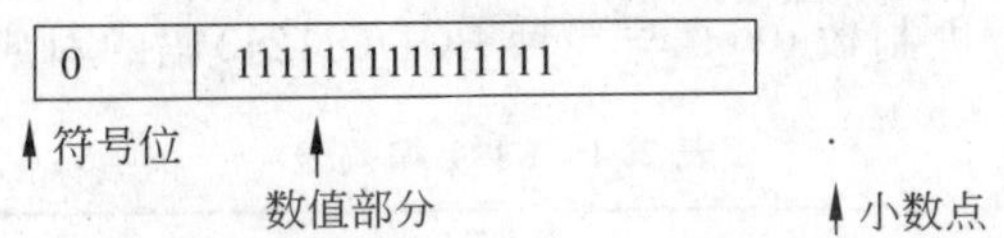

定点表示法所能表示的数值范围很有限，为了扩大定点数的表示范围，可以通过编程技术，采用多个字节来表示一个定点数，例如，采用 4Byte 或 8Byte 等。

② 浮点数。浮点表示法就是小数点在数中的位置是浮动的。在以数值计算为主要任务的计算机中，由于定点表示法所能表示的数的范围太窄，不能满足计算问题的需要，因此就要采用浮点表示法。在同样字长的情况下，浮点表示法能表示的数的范围扩大了。

计算机中的浮点表示法包括两个部分：一部分是阶码(表示指数，记作 E)；另一部分是尾数(表示有效数字，记作 M)。设任意一数 N 可以表示为：$N=2EM$。其中 2 为基数，E 为阶码，M 为尾数。浮点数在机器中的表示方法如下：

阶符	E	数符	M

阶码部分　　　　尾数部分

由尾数部分隐含的小数点位置可知，尾数总是小于 1 的数字，它给出该浮点数的有效数字。尾数部分的符号位确定该浮点数的正负。阶码给出的总是整数，它确定小数点浮动的位数，若阶符为正，则向右移动；若阶符为负，则向左移动。

假设机器字长为32位，阶码8位，尾数24位：

阶符	E	数符	M
1位	7位	1位	23位

其中左边1位表示阶码的符号，符号位后的7位表示阶码的大小。后24位中，有一位表示尾数的符号，其余23位表示尾数的大小。浮点数表示法对尾数有如下规定：

$1/2 \leqslant M < 1$　即要求尾数中第1位数不为零，这样的浮点数称为规格化数。

当浮点数的尾数为零或者阶码为最小值时，机器通常规定，把该数看作零，称为“机器零”在浮点数表示和运算中，当一个数的阶码大于机器所能表示的最大码时，产生“上溢”。上溢时机器一般不再继续运算而转入“溢出”处理。当一个数的阶码小于机器所能代表的最小阶码时产生“下溢”，下溢时一般当作机器零来处理。

4. 信息的编码

信息是包含在数据里面，数据要以规定好的二进制形式表示才能被计算机加以处理，这些规定的形式就是数据的编码。数据的类型有很多，数字和文字是最简单的类型，表格、声音、图形和图像则是复杂的类型，计算机不能直接处理英文字母、汉字、图形、声音，需要对这些对象进行编码，编码过程就是实现将信息在计算机中转化为0和1二进制串的过程。编码时需要考虑数据的特性和便于计算机的存储和处理，所以也是一件非常重要的工作。下面介绍几种常用的数据编码。

1）BCD码

因为二进制数不直观，在计算机的输入和输出时通常还是用十进制数。但是计算机只能使用二进制数编码，因此另外规定了一种用二进制编码表示十进制数的方式，即每1位十进制数数字对应4位二进制编码，称BCD码(Binary Coded Decimal，二进制编码的十进制数)。表2.4是十进制数0～9与一种BCD(8421)码的对应关系。

表2.4　8421编码表

十进制数	8421码	十进制数	8421码
0	0000	5	0101
1	0001	6	0110
2	0010	7	0111
3	0011	8	1000
4	0100	9	1001

2）ASCII编码

字符是计算机中最多的信息形式之一，是人与计算机进行通信、交互的重要媒介。在计算机中，要为每个字符指定一个确定的编码，作为识别与使用这些字符的依据。字符信息包括字母和各种符号，它们必须按规定好的二进制码来表示，计算机才能处理。字母数字字符共62个，包括26个大写英文字母、26个小写英文字母和0～9这10个数字，还有其他类型的符号(诸如!、%、#等)，用127位符号足以表示字符符号的范围。

在西文领域的符号处理普遍采用的是ASCII码(American Standard Code for

Information Interchange，美国标准信息交换码)，诞生于 1963 年，是一种比较完整的字符编码。虽然 ASCII 码是美国国家标准，但它已被国际标准化组织(ISO)认定为国际标准。ASCII 码已为世界公认，广泛用于微型计算机与外设的通信。

1 字节(byte)为 8 位，最高位总是 0，用 7 位二进制即 27 可表示 000000～1111111 范围，可以表示 128 个字符。标准的 ASCII 码是 7 位，前 32 个码和最后一个码通常是计算机系统专用的，代表一个不可见的控制字符。数字字符 0～9 的 ASCII 码是连续的，从 30H～39H(H 表示是十六进制数)；大写字母 A～Z 和小写英文字母 a～z 的 ASCII 码也是连续的，分别从 41H 到 5AH 和从 61H 到 7AH。因此在知道一个字母或数字的 ASCII 码后，很容易推算出其他字母和数字的编码。

例 2.13 大写字母 A，其 ASCII 码为 1000001，即 $ASC(A)=(65)_{10}=(41)_{16}$

小写字母 a，其 ASCII 码为 1100001，即 $ASC(a)=(97)_{10}=(61)_{16}$

可推得 $ASC(D)=(68)_{10}=(44)_{16}$，$ASC(d)=(100)_{10}=(64)_{16}$。

扩展 ASCII 码是 ASCII 码的补充，用 8 位二进制数表示每个字符，共 256 种状态。其前 128 个码与标准的 ASCII 码是一样的，后 128 个码(最高位为 1)则有不同的标准，增加的字符集：加框文字，圆圈和其他图形符号，并且与汉字的编码有冲突。为了查阅方便，表 2.5 中列出了 ASCII 码字符编码。

表 2.5 7 位 ASCII 码表

高位 低位	000	001	010	011	100	101	110	111
0000	NUL	DLE	SP	0	@	P	`	p
0001	SOH	DC1	!	1	A	Q	a	q
0010	STX	DC2	"	2	B	R	b	r
0011	EXT	DC3	#	3	C	S	c	s
0100	EOT	DC4	$	4	D	T	d	t
0101	ENQ	NAK	%	5	E	U	e	u
0110	ACK	SYN	&	6	F	V	f	v
0111	BEL	ETB	'	7	G	W	g	w
1000	BS	CAN	(	8	H	X	h	x
1001	HT	EM	)	9	I	Y	i	y
1010	LF	SUB	*	:	J	Z	j	z
1011	VT	ESC	+	;	K	[	k	{
1100	FF	FS	,	<	L	\	l	|
1101	CR	GS	—	=	M	]	m	}
1110	SO	RS	.	>	N	^	n	～
1111	SI	US	/	?	O	_	o	DEL

例 2.14 大写字母 A，查表得$(b_7 b_6 b_5 b_4 b_3 b_2 b_1)=1000001$。

当从键盘输入字符'A'，计算机首先在内存存入'A'的 ASCII 码(01000001)，然后在

BIOS(只读存储器)中查找 01000001 对应的字形(英文字符的字形固化在 BIOS 中),最后在输出设备(如显示器)输出'A'的字形。

注意:1 个字符用 1 字节表示,其最高位总是 0。

3) 汉字编码

汉字编码是一门涉及语言文字、计算机技术、统计数学、心理学、认知科学等多学科的边缘学科。优秀的编码应该建立在科学的基础上,即符合汉字结构规律,适应人们的书写习惯,又以国民知识为背景,具有友好的人机界面,便于使用,易于普及。常见的汉字编码有国标码、大五码、Unicode、UTF-8 等。

汉字字符要在计算机中处理,要解决汉字的输入输出以及汉字的处理,较为复杂。汉字集很大,必须解决如下问题:

- 键盘上无汉字,不可能直接与键盘对应,需要输入码来对应。
- 计算机中存放,需要机内码来表示,以便查找。
- 汉字量大,字形变化复杂。需要用对应的字库查找来存储。

由于汉字具有特殊性,计算机处理汉字信息时,汉字的输入、存储、处理及输出过程中所使用的汉字代码不相同,其中有用于汉字输入的输入码,用于机内存储和处理的机内码,用于输出显示和打印的字模点阵码(或称字形码)。即在汉字处理中需要经过汉字输入码、汉字机内码、汉字字形码的三码转换,具体转换过程如图 2.11 所示。

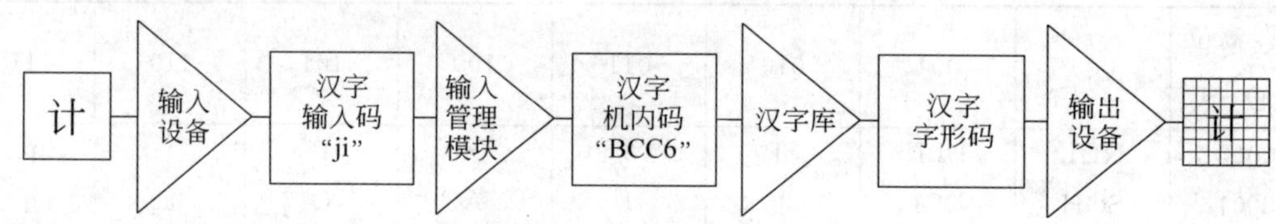

图 2.11　汉字编码转换过程图

① 汉字的输入码(外码)。对应键盘无汉字问题,解决汉字与键盘对应问题,需要通过汉字输入码实现。

汉字输入码是为了利用现有的计算机键盘,将形态各异的汉字输入计算机而编制的代码。目前在我国推出的汉字输入编码方案很多,其表示形式大多用字母、数字或符号。编码方案大致可以分为:以汉字发音进行编码的音码,例如全拼码、简拼码、双拼码等;按汉字书写的形式进行编码的形码,例如五笔字型码。也有音形结合的编码,例如自然码。

② 信息交换用汉字编码字符集。汉字集要存放在计算机中,需要将经常使用的汉字存放在计算机中,《GB 2312—1980　信息交换用汉字编码字符集·基本集》是我国于 1980 年制定的国家标准,代号为国标码,是国家规定的用于汉字信息处理使用的代码的依据。

使用多少位来表示汉字集呢? GB 2312—1980 中规定了信息交换用的 6763 个汉字和 682 个非汉字图形符号(包括几种外文字母、数字和符号)的代码,即共有 7445 个代码。由于汉字要与西文符号表示区别,在每个字节表示中最高位必须为 1,只能用后 7 位表示汉字集，一个 7 位二进制符号只能表示 $2^7=128$ 个汉字，$2^{14}=16\ 384$ 个，足以表示常用的 7445 个汉字，因此说明一个汉字应当用两个字节表示。

汉字的区位码：每个汉字(图形符号)占用 2B，每个字节只用低 7 位。由于低 7 位中有 34 种状态是用于控制字符，因此，只用 94(128－34＝94)种状态可用于汉字编码。这样，双字节的低 7 位只能表示 94×94＝8836 种状态。此标准的汉字编码表有 94 行、94 列。其行号称为区号，列号称为位号。双字节中，用高字节表示区号，低字节表示位号。非汉字图形符号置于第 1～11 区，国标汉字集中有 6763 个汉字又按其使用频度、组词能力以及用途大小分成一级常用汉字 3755 个，二级常用汉字 3008 个。一级汉字 3755 个置于第 16～55 区，二级汉字 3008 个置于第 56～87 区。

③ 汉字的机内码。汉字的机内码是供计算机系统内部进行存储、加工处理、传输统一使用的代码，又称为汉字内部码或汉字内码。不同的系统使用的汉字机内码有可能不同。目前使用最广泛的一种为 2Byte 的机内码，俗称变形的国标码。这种格式的机内码是将国标 GB 2312—1980 交换码的 2Byte 的最高位分别置为 1 而得到的。其最大优点是机内码表示简单，且与交换码之间有明显的对应关系，同时也解决了中西文机内码存在二义性的问题。

给出"计"字由区位码到机内码的转换过程示例。"计"的区位码是 28 38，为十进制表示。转换为机器内码的方法如下：

① 每字节化为十六进制；

② 每字节高位置 1；

③ 每字节加$(20)_{16}$得机内码。汉字"计"的机内码则为$(BCC6)_{16}$。转换过程如图 2.12 所示。

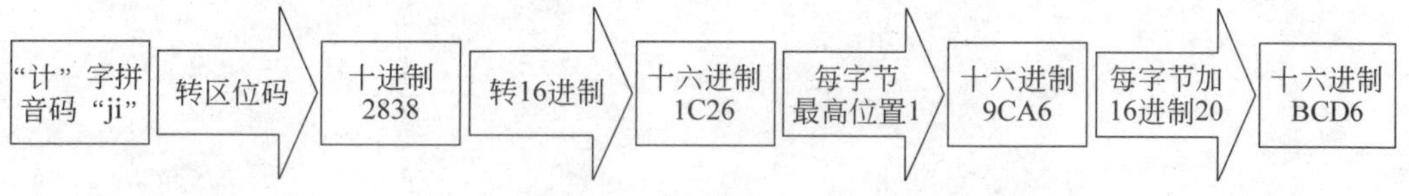

图 2.12　输入码"计"字到机内码的转换

④ 汉字的字形码。汉字字形码是汉字字库中存储的汉字字形的数字化信息，用于汉字的显示和打印。常用的输出设备是显示器与打印机。汉字字形库可以用点阵与矢量来表示。目前汉字字形的产生方式大多是以点阵方式形成汉字。因此汉字字形码主要是指汉字字形点阵的代码。

汉字字形点阵有 16×16 点阵、24×24 点阵、32×32 点阵、64×64 点阵、96×96 点阵、128×128 点阵、256×256 点阵等。一个汉字方块中行数、列数分得越多，描绘的汉字也就越细微，但占用的存储空间也就越多。汉字字形点阵中每个点的信息要用一位二进制码来表示。对 16×16 点阵的字形码，需要用 32Byte(16×16/8＝32)表示；24×24 点阵的字形码需要用 72B(24×24/8＝72)表示。

汉字字库是汉字字形数字化后，以二进制文件形式存储在存储器中而形成的汉字字模库。汉字字模库也称汉字字形库，简称汉字字库。

注意：国标码用两个字节表示一个汉字，每个字节只用后 7 位。计算机处理汉字时，不能直接使用国标码，而要将最高位置成 1，变换成汉字机内码，其原因是为了区别汉字码和 ASCII 码，当最高位是 0 时，表示为字符的 ASCII 码，当最高位是 1 时，表示为汉字码。

第3章

计算机硬件

一个完整的计算机系统是由计算机硬件系统和软件系统两大部分组成。所谓硬件是指组成计算机的各种物理设备的总称,是计算机系统的物质基础,主要包括运算器、控制器、存储器、输入设备和输出设备5个部分。对于多媒体计算机来说,还应当有图形/图像及语言处理设备。所谓软件系统是指实现算法的程序及其文档,包括计算机本身运行所需的系统软件和用户完成任务所需的应用软件,计算机软件系统将在第4章详细介绍。本章主要介绍计算机系统的基本结构、计算机的基本工作过程、计算机系统主要性能指标和计算机系统配置及主要硬件。

3.1 计算机系统的基本结构

3.1.1 计算机系统的基本组成

计算机必须依靠硬件和软件的协同工作来执行各种任务,计算机系统的整体组成如图3.1所示。如果说软件是计算机的灵魂,那么硬件就是软件建立和依托的基础。当

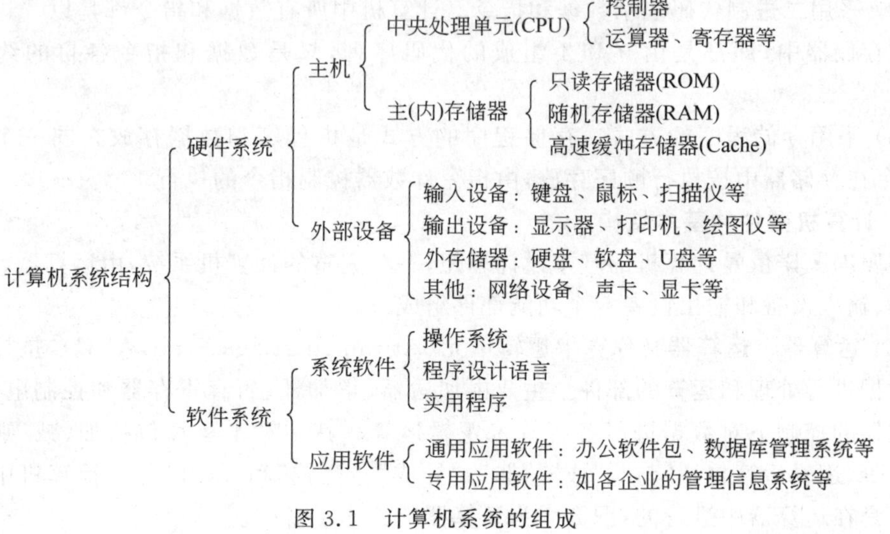

图3.1 计算机系统的组成

前计算机的硬件和软件正朝着互相渗透、互相触合的方向发展，在计算机系统中没有一条明确的硬件与软件的分界线。原来一些由硬件实现的功能可以用软件来实现，称为硬件软化，它可以增强系统的功能和适应性。同样，原来由软件实现的功能也可以改由硬件来实现，称为软件硬化，它可以显著降低软件在时间上的开销。

3.1.2 冯·诺依曼计算机经典结构

计算机自问世以来已经历半个多世纪的历史了，无论是简单的单片机、还是较复杂的个人计算机系统，尽管在性能、用途和规模上有所不同，制造技术也不同，但其基本的结构是相同的，都遵循的是冯·诺依曼设计的传统结构——冯·诺依曼结构。冯·诺依曼计算机的基本结构如图 3.2 所示。

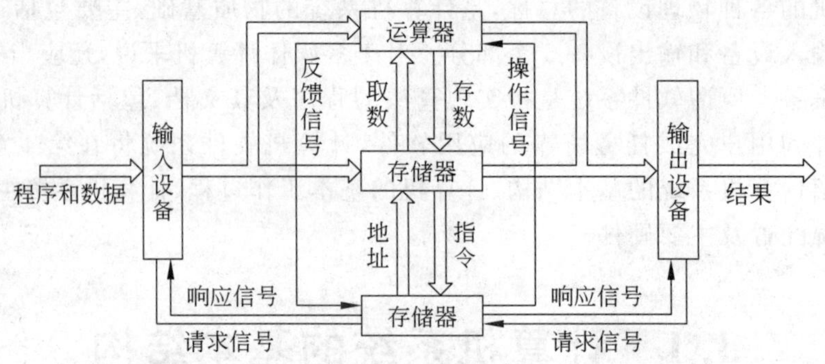

图 3.2 冯·诺依曼计算机的基本结构

1. 冯·诺依曼计算机的特点

冯·诺依曼计算机的基本设计思想就是“存储程序”，具体如下：

(1) 计算机应由 5 个基本部分组成：运算器、控制器、存储器、输入设备和输出设备。

(2) 采用二进制代码表示数据和指令。计算机中所有数据和指令都是以二进制代码存储在存储器中，即都是由 0 和 1 组成的代码序列，只是数据和指令各自的约定不同而已。

(3) 采用存储程序的方式。存储程序的方式是指程序和数据存放在同一个存储器中，指令在存储器中按执行顺序存放，由指令计数器控制指令的执行。

2. 计算机硬件的基本结构

按照冯·诺依曼计算机的基本设计思想，一个完整的计算机系统，由运算器、控制器、存储器、输入设备和输出设备 5 个功能部件组成。

(1) 运算器。运算器又称算术逻辑单元(Arithmetic Logic Unit，ALU)，是计算机对信息数据进行处理和运算的部件。主要由加法器、累加器、暂存寄存器和控制电路组成，在控制器的控制下对数据进行各种算术逻辑运算。其中算术运算包括加、减、乘、除、加1、减 1 等；逻辑运算包括“与”、“或”、“非”、“异或”、“比较”和“求补”等。计算机中的任何处理都是在运算器中进行的，图 3.3 为运算器的工作示意图。

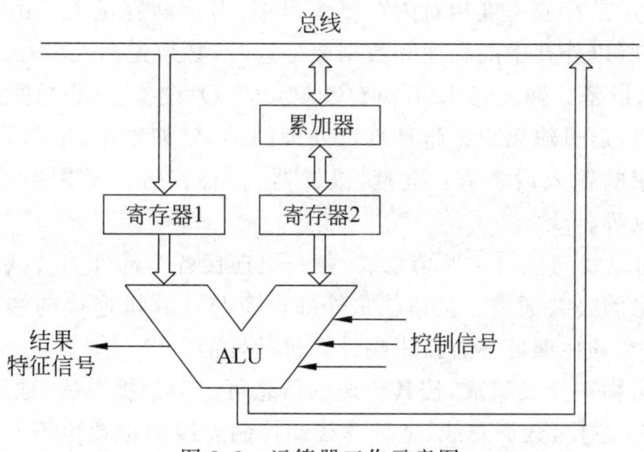

图 3.3　运算器工作示意图

(2) 控制器。控制器主要由程序计数器(PC)、指令寄存器、指令译码器、微操作控制电路(也称微程序控制器)及控制逻辑电路组成,程序计数器存放指令在存储器中的地址,且具有自动计数的功能。控制器工作时,根据程序计数器提供的地址取指令,并送入指令寄存器,同时程序计数器自动加1,指示下一条指令的地址。指令送入指令寄存器后,译码器立即译码,确定指令性质,然后由微操作控制电路发送相应的控制信号,执行该指令。执行完后,取下一条指令,继续译码执行。如此下去,直到程序执行完毕为止。在执行过程中,时序电路提供控制器所需的时序信号,控制器工作示意图如图3.4所示。另外,控制器在工作过程中,还要接收各部件反馈回来的信息。

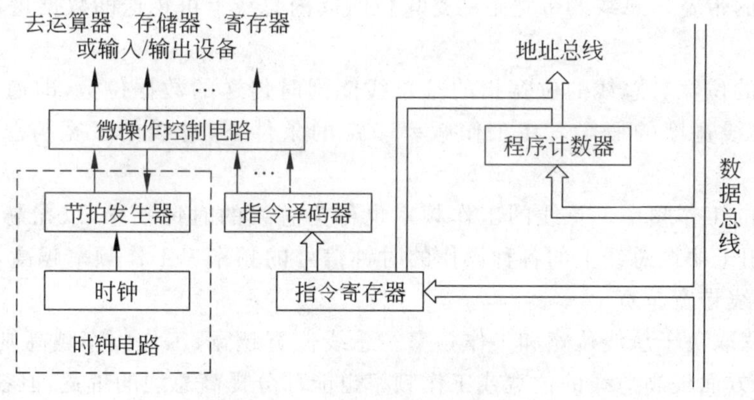

图 3.4　控制器工作示意图

(3) 存储器。存储器是计算机记忆或暂存数据的部件。计算机的全部信息,包括原始的输入数据,经过初步加工的中间数据以及最后处理完成的有用信息都存放在存储器中。而且,指挥计算机运行的各种程序,即规定对输入数据如何进行加工处理的一系列指令也都存放在存储器中。存储器可分为主存储器又称内存储器(简称内存)和辅助存储器又称外存储器(简称外存)。内存主要存放将要执行的指令和运算数据,可以同CPU直接进行信息交换。其主要特点是运行速度快,容量较小。外存主要用于长期存放程序和数据，它的主要特点是存取速度相对内存要慢得多，但存储容量大。由于 CPU 只能对内存进行读写操作，所以外存中的程序和数据要处理时，必须先调入内存。

(4) 输入输出设备。输入输出(Input/Output，I/O)设备。用户通过输入设备将程序和数据输入计算机，通过输出设备将计算机处理的结果(如数字、字母、符号和图形)显示或打印出来。常用的输入设备有：键盘、鼠标器、扫描仪等。常用的输出设备有：显示器、打印机、绘图仪等。

(5) 计算机的总线与接口。所谓总线，是一组连接各个部件的公共通信线，即系统各部件之间传送信息的公共通道。接口就是外部设备与计算机连接的端口，是计算机输入输出的重要通道，它的性能好坏直接影响计算机的性能。

总线是由一组物理导线组成，按其传送的信息可分为数据总线、地址总线和控制总线 3 类。不同的 CPU 芯片，数据总线、地址总线和控制总线的根数也不同。数据总线(Data Bus，DB)用来传送数据信息，是双向总线。地址总线(Address Bus，AB)用于传送 CPU 发出的地址信息，是单向总线。控制总线(Control Bus，CD)用来传送控制信号、时序信号和状态信息等。其中有的是 CPU 向内存或外部设备发出的信息，有的是内存或外部设备向 CPU 发出的信息。虽然，控制总线中的每一根线的方向是单向的，但作为一个整体则是双向的。

按总线所处的位置分为 CPU 片内总线和片外总线。片内总线位于 CPU 芯片内部，用于连接 CPU 的各个组成部件。片外总线用于连接 CPU、主存储器、I/O 通道和外部设备接口。

总线的性能指标如下。

① 总线的带宽。总线的带宽指的是单位时间内总线上可传送的数据量，即每秒钟传送多少字节。

② 总线的位宽。总线的位宽指的是总线能同时传送的数据位数，即通常所说的 32 位、64 位等总线宽度的概念。在工作频率一定的条件下，总线的带宽与总线的位宽成正比。

③ 总线的工作频率。总线的工作频率也称为总线的时钟频率，以兆赫(MHz)为单位。它是指用于协调总线上的各种操作的时钟信号的频率。工作频率越高，总线工作速度越快，即总线带宽越宽。

总线带宽取决于总线位宽和工作频率。总线位宽越宽，工作频率越高则总线带宽越大。当然，单方面提高总线的位宽或工作频率也能部分提高总线的带宽，但容易达到各自的极限。

计算机接口一般位于机箱的后部，主要的接口有串行口、并行口、键盘接口、鼠标接口和显示器接口。在计算机中，串行通信用的接口称之为串行接口，也有人称之为通信口或 RS 232 接口，他们往往被标记为 COM1 和 COM2 或串口 1 和串口 2。并行口是高速接口，串口一次传输一位二进制数，并口则具有在多条线上一次同时传输一组二进制数的能力。并口主要用于连接打印机，一般用 LPT1、LPT2 表示。

3.2 计算机的基本工作过程

从 1946 年出现的第一台计算机(ENIAC)到目前为止,几乎所有计算机的工作过程都大致相同,都按照冯·诺依曼计算机的基本思想进行工作。

冯·诺依曼计算机的工作过程如下:

(1) 人们按照要解决的问题的数学描述,用计算机能接受的“语言”编制成程序,即指令,将程序和数据以二进制代码的形式存入计算机的存储器中。

(2) 在控制器的控制下,计算机自动从存储器中取出一条指令,分析指令并执行,以完成计算机的各项工作,并把计算结果再存入存储器中。

(3) 计算机再处理下一条程序指令,直到整个程序运行结束。

所以,计算机自动地进行计算,程序只要为计算机提供运算数据、运算顺序、进行何种运算等等,计算机就能按人的意图,自动高速地完成运算并输出结果。

冯·诺依曼计算机的这种工作方式可称为指令驱动方式,就是计算机根据已经能够存储在存储器中的指令自动执行的过程。一般来说,一条指令的执行过程可分为 3 个阶段,即读取指令、分析指令和执行指令。

冯·诺依曼计算机的特点可概括为如下几点:

(1) 存储器是字长固定的、顺序线性编址的一维结构,每个字节有唯一的地址;

(2) 由指令形式的机器语言驱动;

(3) 指令的执行是串行顺序进行的,即按指令在存储器中存放的顺序执行,程序分支由转移指令实现;

(4) 运算器、存储器和输入/输出设备都由控制器集中控制;

下面举例说明计算机的工作过程。

例如,

$$(6/2)+(36\times2-8)$$

要计算这个题目,需要按照先作括号内的运算,后做括号外的运算,先乘除,后加减等法则编出计算步骤,即计算程序,连同原始数据一起输入到计算机的存储器中。然后启动计算机工作,在控制器的控制下,计算机按照“计算程序”自动操作,最后把结果打印出来。

设原始数据 6、2、36、8 分别存入存储器中地址为 X1、X2、X3、X4 的各个单元,地址 X5 的单元用来存放中间结果和最后结果。

计算步骤如下:

(1) 从 X1 中取出 6 放到运算器中。

(2) 从 X2 中取出 2 去除运算器中的数 6,把中间结果 3 暂存入 X5 单元中。

(3) 从 X3 中取 36 放到运算器。

(4) 从 X2 中取出 2 与运算器中的 36 进行乘法运算:36×2=72。再把中间结果 72 放入运算器中。

(5) 从 X4 中取出 8,用运算器中的 72 减去该数,再把结果 64 放入运算器。

(6) 从 X5 中取出 3,与运算器中的 64 进行加法运算,再把结果 67 存入 X5。

(7) 把 X5 单元的内容 67 打印出来。

(8) 停机。

上述每一步骤都是指定计算机如何进行操作的。每条指令指示计算机执行一个或者有限几个操作,如加、减、取数等。利用一条一条指令组成一个指令集合,这些指令的序列就组成了程序。

3.3 计算机系统主要性能指标

不同的计算机系统,由于各个组成部分的类型不同,它们之间的性能也存在着很大的差异。计算机的基本性能指标主要有以下几个方面。

(1) 字长。字长是计算机 CPU 能直接处理的二进制数的位数,它直接关系到计算机的计算精度、功能和运行速度。一般来说,字长越长,运算精度越高,处理速度越快,价格也越高。目前计算机字长一般为 32 位、64 位。

(2) 主频。主频是时钟脉冲发生器所产生的时钟信号频率,用兆赫(MHz)或吉赫(GHz)为单位表示,它决定了计算机的处理速度,主频越高,速度越快。

(3) 存储器容量。存储器分为内存和外存。内存容量的大小反映了计算机即时存储信息的能力,内存容量越大,所存储的程序和数据越多,计算机系统的处理能力越强。随着操作系统的升级,应用软件的不断丰富及功能的不断扩展,人们对计算机内存容量的要求也不断提高。外存容量通常是指硬盘容量,外存容量越大,可存储信息就越多,可安装的应用软件就越丰富。

存储器的主要性能指标是存储容量。存储器中最小的存储单位是位(bit)、它存放一个二进制代码。8 位二进制位组成的存储单元称为字节(Byte,B)。存储器的存储容量一般很大,单位为千字节(KB)、兆字节(MB)和吉字节(GB)。目前内存容量一般为 1GB,外存中硬盘容量一般为 80～320GB。

(4) 运算速度。运算速度是指计算机每秒能执行指令的数量,即计算机进行数值运算的快慢程度。运算速度的单位用 MIPS(每秒百万条指令)表示。衡量计算机的速度一般从以下几个方面考虑。

① 主频:一般指计算机的时钟频率,在很大程度上决定了计算机的运算速度。时钟频率越高,计算机的运算速度越快。

② 运算速度:计算机每秒能执行的指令条数,单位一般为次/秒或百万次/秒。

③ 存取速度:存储器完成一次读或写操作所需要的时间,时间越短,存取速度越快。

(5) 系统可靠性。系统可靠性一般用平均无故障时间(MTBF)和平均故障修复时间(MTTR)来衡量。平均无故障时间越大越好,而平均故障修复时间则越小越好。

3.4 计算机系统配置及主要硬件

从外观上看，计算机的硬件主要包括机箱、显示器、常用 I/O 设备(鼠标、键盘等)。其中，机箱里包含着计算机的大部分重要硬件设备，如 CPU、主板、内存、硬盘及电源等。

3.4.1 CPU

在计算机中，运算器和控制器被制作在同一块半导体芯片内，成为 CPU(中央处理器，也称微处理器)。CPU 是整个计算机硬件系统的核心，负责按照程序给出的指令序列分析指令、执行指令，完成对数据的加工处理。CPU 控制着整台计算机的运行，决定了计算机的性能和速度。CPU 是一块超大规模集成电路芯片，产生控制信号对其他部件进行控制，并负责处理、运算计算机内部的所有数据。从外表看来，CPU 常常是矩形和正方形的块状物，一般是通过密密麻麻的众多管脚与主板相连。在其内部，CPU 的核心是一块薄薄的硅晶片。在这小小的硅晶片上，密布着大量的晶体管。以 Intel Pentium 4 处理器为例，它上面包含的晶体管超过 2.3 亿个。

CPU 设计制造业的最主要厂商是美国的 Intel 和 AMD，它们的产品统治着大半江山。此外，美国的 IBM 和我国台湾的威盛公司也在设计制造 CPU。最近几年，我国在设计 CPU 设计制造业方面取得了巨大的进步，2005 年 4 月中国科学院计算机技术研究所研发的“龙芯 2 号”CPU 已发布，达到了 Pentium Ⅲ的水平。

3.4.2 主板

主板(Main Board)又叫母板(Mother Board)或系统板(System Board)。如果把 CPU 看成是计算机的大脑，那么主板就是计算机的神经系统。主板上布满了各种电子元件、插槽和接口等，如图 3.5 所示。它为 CPU、内存和各种外设的功能卡(声音、图形、图像、网络连接等)提供安装的插座(槽)，为各种存储设备、I/O 设备、多媒体和通信设备提供接口。计算机通过主板将 CPU 和各种设备连接起来，它上面的一组组细金属线就是总线的物理体现。主板的中心任务是维系 CPU 与外部设备之间协同工作。有了主板的支持，CPU 才可以控制硬盘、键盘、鼠标、内存等周边设备。目前，常用的主板有 AT、ATX 类型，主流的品牌有华硕、微星、技嘉等。

下面，讨论主板上的主要元件和它们的相关知识。

(1) CPU 及 CPU 插座。CPU 是整个计算机系统的核心，它安置在主机板上专门的 CPU 插座上，位于主板的右上方。由于集成化程度和制造工艺的不断提高，越来越多的功能被集成到 CPU 中，使 CPU 引脚数量不断增加，因此插座相对也越来越大。

(2) 芯片组。芯片组可以比作是主板上的 CPU，它负责管理协调主板上元件的运行，是主板的控制中心。芯片组被分为南桥和北桥两组。南桥芯片负责管理软盘、硬盘、

图 3.5 计算机主板的结构和布局

键盘等；北桥芯片控制着CPU、SDRAM内存接口、PCI、AGP接口等，还控制着它们之间的数据传输以及管理电源等。

(3) 系统(BIOS)。BIOS是基本输入输出系统(Basic Input/Output System)实际上是一个启动程序，它存储在CMOS(Complementary Metal Oxide Semiconductor，互补金属氧化物半导体)中。计算机开机自检的过程就是由BIOS程序来控制的，它首先检测硬件，启动CPU，根据CMOS中的信息初始化硬件设备，然后将计算机的控制权利交给操作系统。因此，BIOS的版本越新所能识别的器件类型越多，功能也越全，这也就是主板在使用期间可能需要更新BIOS的原因。

(4) 内存插槽。内存通过内存插槽与主板相连，在计算机系统中，内存容量和速度是影响系统运行速度的一个重要因素。因此，主板也在不断提高内存运行时钟频率，开始支持新型高速内存。

(5) 硬件接口。硬件接口部分就是各种硬件与主板的连接部分，一般主板上集成有两个IDE接口(IDE1，IDE2)、软驱接口、两个串行口(COM1、COM2)、并行口(LPT)、PS/2接口、USB接口。串行接口COM1或PS/2通常连接鼠标和键盘，COM2通常连接外置Modem(调制解调器)及串口数码相机等设备；并行接口LPT1用于连接并口打印机、并口扫描仪等外部设备；IDE接口连接硬盘和光驱；USB(Universal Serial Bus，通用串行总线接口)能连接各种符合其标准的外部设备，如移动硬盘、U盘、摄像头、数字照相机等。

(6) 扩展槽。扩展槽是主机通过I/O通道总线与外部I/O设备联系的通道，用于扩充系统功能的各种I/O接口卡都插在扩展槽上，如显卡、声卡、调制解调器、传真卡等都要插在扩展槽上。因此，主板上的扩展槽数目反映了系统的扩展能力。扩展槽与总线相连，总线是主板技术的核心。常见的总线扩展槽类型有ISA(Industrial Standard Architecture，工业表标准结构)、EISA(Enhanced Industrial Standard Architecture，增强型工业标准结构)、VESA(Video Electronics Standard Association ACT，视频电子标准协会)和PCI(Peripheral Connection Interface，外围设备连接接口)等。它的发展使总线位数越来越宽，传输速度越来越快。扩展槽除了保证计算机的基本功能外，主要用来扩充和升级计算机,通常主板上的扩展槽约为 5～12 个。

(7) 高速缓冲存储器。高速缓冲存储器(Cache),是为了解决 CPU 与主存间的数据传输速率差异而设计的。一般而言,在计算机的程序执行过程中,CPU 有 90%的时间是在执行 10%的程序代码或处理 10%的数据信息。因此,为了提高 CPU 的运行速度,常在 CPU 与主存储器之间设置一个速度更快的存储器,即高速缓冲存储器。高速缓冲存储器的容量较小,与主存同时存放 CPU 经常使用的程序或数据,其地址是主存地址的映像,计算机工作时,首先从高速缓冲存储器中读取指令或数据;如果高速缓冲存储器中有 CPU 所需要的指令或数据,则从高速缓冲存储器中读取,这时称为命中,否则,从主存中读取;同时把读出的指令或数据写入高速缓冲存储器,以备以后使用。

高速缓冲存储器由高速 RAM 构成,读写速度快,在使用高速缓冲存储器之后,可有效地提高 CPU 访问存储器的速度。因此在目前的计算机中,普遍配有高速缓冲存储器。

3.4.3 内存条

内存条是连接 CPU 和其他设备的通道,起到缓冲和数据交换作用。当 CPU 在工作时,需要从硬盘等外部存储器上读取数据,但由于硬盘这个“仓库”太大,加上离 CPU 也很“远”,运输“原料”数据的速度就比较慢,导致 CPU 的生产效率大打折扣!为了解决这个问题,人们便在 CPU 与外部存储器之间,建了一个“小仓库”——内存,如图 3.6 所示。内存条通过内存插槽与主板相连。它只用于暂时存放程序和数据,内存越大,信息交换越快,处理数据就越快。一旦关闭电源或发生断电,其中的程序和数据就会丢失。内存发展到今天也经历了很多次的技术改进,内存的速度一直在提高且容量也在不断地增加。内存大多以吉字节为单位,目前主流内存条均是 2GB 以上。

图 3.6 内存条

内存是计算机中的主要部件,它是相对于外存而言的。人们平常使用的程序,如 Windows 系统、打字软件、游戏软件等,一般都是安装在硬盘等外存上的,但仅此是不能使用其功能的,必须把它们调入内存中运行,才能真正使用其功能,人们平时输入一段文字,或玩一个游戏,其实都是在内存中进行的。通常我们把要永久保存的、大量的数据存储在外存上,而把一些临时的或少量的数据和程序放在内存上。

内存多采用半导体存储器构成。按功能可分为两种类型,一种是只读存储器(Read Only Memory,ROM),另一种是随机存储器(Random Access Memory,RAM)。

1. 随机存储器

随机存取存储器简称随机存储器。计算机工作时,其中的数据可以随机读出或者写入。关机或者停电时,其中的数据丢失。用户开机工作时,程序调入 RAM 执行;关机时,RAM 中的程序和数据信息如果需要,需送外存储器保存。在计算机工作时,RAM 主要用于随机存放程序和数据。在不同时期,内存芯片有不同种类,根据内存芯片的结构不同，RAM又可分为静态存储器SRAM（Static RAM）和动态存储器DRAM（Dynamic RAM）。

静态存储器（SRAM）是由双极型或MOS型晶体管构成的触发器作为基本存储单元的，只要电源正常供电，触发器中存储的数据信息就能保持稳定。SRAM集成度低，价格高，但存取速度快，因此它常用作高速缓冲存储器。

动态存储器（DRAM）是用MOS型晶体管中的栅极电容存储数据信息的。由于栅极电容上的电荷很容易漏掉，因此需要定时（一般为2ms）对其充电，补充丢失的电荷，故称为动态存储器。对动态存储器充电的过程称为刷新。这类存储器集成度高，价格低，但存取速度相对于SRAM要慢。目前，所有的计算机大多使用DRAM作为主存。

RAM的特点：一是存储器中的数据可以反复使用，只有向存储器写入新数据时存储器中的内容才被更新；二是存储器中的信息会随着计算机的断电自然消失，所以说RAM是计算机处理数据的临时存储区，要想使数据长期保存起来，必须将数据保存在外存中。

计算机的程序和数据必须装入内存才能运行，因此内存的大小直接影响软件的运行速度。

目前使用的RAM有SDRAM、DDR SDRAM、DDR Ⅱ和DDR Ⅲ等。

SDRAM（Synchronous DRAM），即同步动态随机存储器。同步是指RAM与CPU外频同步，取消了等待时间，目前已经不是市场的主流。

DDR SDRAM（Double Data Rate SDRAM，双倍速率同步动态随机存取存储器）则是一个时钟周期内传输两次数据，它能够在时钟的上升期和下降期各传输一次数据，因此称为双倍速率同步动态随机存取存储器。作为SDRAM的换代产品，它具有更高的工作速率，是目前内存上的主流产品。

DDR Ⅱ是第二代同步双倍速率动态随机存取存储器。作为DDR的换代产品，它具有更开放的协议，更低的工作电压，更快的执行速度，更先进的技术，这样造成的结果就是DDRⅡ的速率远远高于DDR。

DDR Ⅲ是第三代同步双倍速率动态随机存取存储器。它属于SDRAM家族的内存产品，提供了相较于DDR2 SDRAM更高的运行效能与更低的电压，是DDR2 SDRAM（4倍速率同步动态随机存取内存）的后继者（增加至八倍），也是现时流行的内存产品。

2. 只读存储器

只读存储器简称ROM（Read Only Memory）。其中的内容事先写入，计算机开机工作后只能读出，不能随机写入。关机或停电时ROM中的数据信息不丢失，因此常用来存放固定程序或常数。只读存储器分为3种：第1种是固定只读存储器（ROM），其内容是厂家生产时写入，用户不能改写；第2种是可写入只读存储器（PROM），其内容由用户事先写入，写入后不能再改写；第3种是可改写只读存储器（EPROM），其内容可用紫外线照射擦除，然后重新写入。另外，还有一种电可擦写可编程只读存储器（EPROM），其内容可用电擦除，然后重新写入。EPROM的擦除不需要借助其他设备，它是以电信号来修改其内容的，而且是以Byte为最小修改，不必将信息全部擦除后才能写入。EPROM在写入数据时仍要利用一定的编程电压，它属于双电压芯片。

3.4.4 外部存储器

由于计算机的内存容量有限，不可能容纳所有的系统软件和应用软件，因此，使用外存储器用来存放暂时不用的程序和数据。需要时，可成批地和内存储器进行信息交换。需要指出的是外存储器也属于输入输出设备，它只能与内存储器交换信息。当 CPU 需要某部分程序和数据时，由外存调入内存供 CPU 访问，所以外存起到了扩大存储容量的作用。目前常用的外存有硬盘、光盘、移动硬盘和移动存储器（U 盘）等。

1. 硬盘

硬磁盘存储器由硬盘和硬盘驱动器构成，是计算机中必不可少的存储设备。硬盘和硬盘驱动器作为一个整体密封在一个金属腔体内称为硬盘机，简称硬盘（Hard Disk Driver, HDD），硬盘的内部结构图如图 3.7 所示。近年来，硬盘的技术进展速度比其他存储设备快了许多，容量越来越大，速度越来越快，价格却越来越低。硬盘由若干个硬盘片组成的盘片组构成，一般被固定在主机箱内。硬盘中的存储磁盘片由坚硬的磁性材料组成，同时为了防止外界的冲击，硬盘外壳制造的也是及其坚硬。硬盘是磁存储器，不会应因为关机或停电丢失数据。

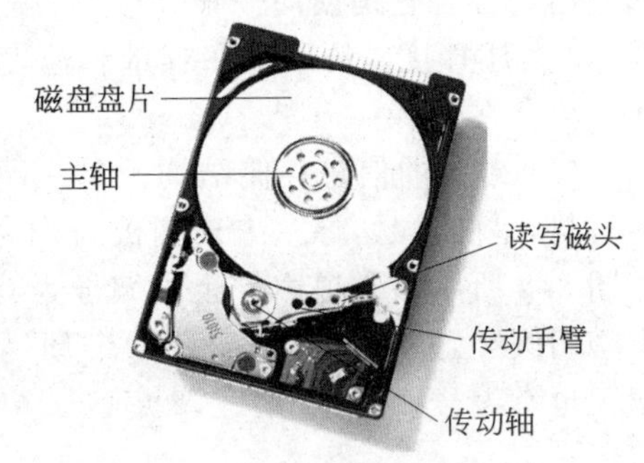

图 3.7 硬盘内部结构图

一个物理硬盘可以划分为多个逻辑硬盘，每个逻辑硬盘都有一个盘符，硬盘的盘符总是从 C：开始，依次序分配。若有 4 个逻辑硬盘，盘符分别是 C：、D：、E：和 F：。

硬盘接口是指连接硬盘驱动器和计算机的专用部件，它对计算机的性能以及扩充系统时计算机连接其他设备的能力有着很大影响。不同类型的接口往往制约着硬盘的容量，影响硬盘速度的发挥。硬盘接口可分为 IDE（Integrated Drive Electronics）、SATA（Serial-ATA）、SCSI（Small Computer System Interface）。

人们通常使用的硬盘是 IDE 接口硬盘，这种技术自 20 世纪 80 年代以来一直被应用在桌面型系统作为主流的外部存储技术。IDE 接口是普遍采用的一种硬盘接口，它使硬盘驱动器承担接口卡所做的工作，即把编码、解码、错误校验和控制等都由硬盘承担，这样使接口变得简单且便宜，还使得计算机、接口卡和硬盘之间的兼容性也得到解决。另外此类硬盘通常采用 CRC（循环冗余校验）技术，进一步提高了数据的可靠性，使其成为当前硬盘的主流接口。目前，主流的 IDE 硬盘传输速率最高只能达到 100MBps 或 133MBps，这仅可以满足目前一般情况下的硬盘数据传输。而且，这类硬盘使用 80 针数据线在机箱内部杂而乱，会阻碍空气在机箱里的流动，影响系统的散热。但 IDE 硬盘技术成熟、稳定、覆盖面广，所以仍然广泛应用。

SATA 接口是一个串行接口，由 Intel 等厂商推出的。SATA 是最近颁布的新标准，具有更快的外部接口传输速度，数据校验措施更为完善，初步的传输速率已经达到了 150MBps，比 IDE 最高的 133MBps 还高不少，未来的 SATA 2.0/3.0 更可提升到 300 以至 600MBps。由于改用线路相互之间干扰较小的串行线路进行信号传输,因此相比原来的并行总线,SATA 的工作频率得以大大提升。并且 S-ATA 具有更简洁方便的布局连线方式,在有限的机箱内,更有利于散热,并且简洁的连接方式,使内部电磁干扰降低很多。另外安装 SATA 连接线也比较方便,而且它支持热插拔。需要注意的是 SATA 接口与 IDE 硬盘接口不兼容,供电接口方式也不相同。

SCSI 接口是一种开发的小型机系统接口,随着计算机技术的发展,它被移植到 PC 上,在这种情况下,SCSI 接口的硬盘也产生了。它出现的原因主要是因为原来的 IDE 接口的硬盘转速太慢,传输速率太低,因此高速的 SCSI 硬盘出现。其实 SCSI 并不是专为硬盘设计的,实际上它是一种总线型接口。由于独立于系统总线工作,所以它的最大优势在于其系统占用率极低,不过转速快,传输率高的 SCSI 接口硬盘也有它的不足之处:价格高、安装不便、还需要设置及其安装驱动程序,因此这种接口的硬盘大多用于服务器等高端应用场合。它是使用一根 50 芯的扁平电缆,转速在万转以上,不过随着 IDE 技术的发展,如今 IDE 接口的硬盘在容量和速度上已与 SCSI 接口硬盘相差无几,不久将来,它可能不会存在了。

(1) 磁盘的信息存储结构。单一硬盘盘片是表面涂有磁性材料的无磁性的合金或塑料材料,呈圆盘状,像一个表面极为光亮的金属盘。磁盘上有上千个磁道,呈同心圆排列,如图 3.8 所示。磁道由外至内编号为 0 号磁道、1 号磁道、2 号磁道……每个磁道构成一个密闭圆环,并被平均分为若干个扇区,如图 3.9 所示。一个扇区存储器数据为 512B。扇区也有编号,称为 1 扇区、2 扇区……

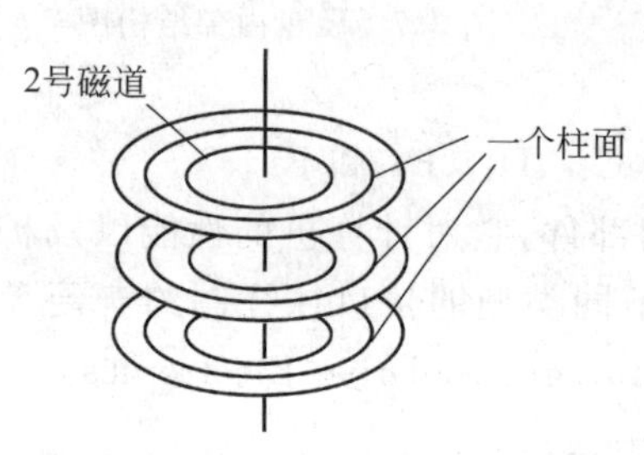

图 3.8　硬盘磁道、柱面图

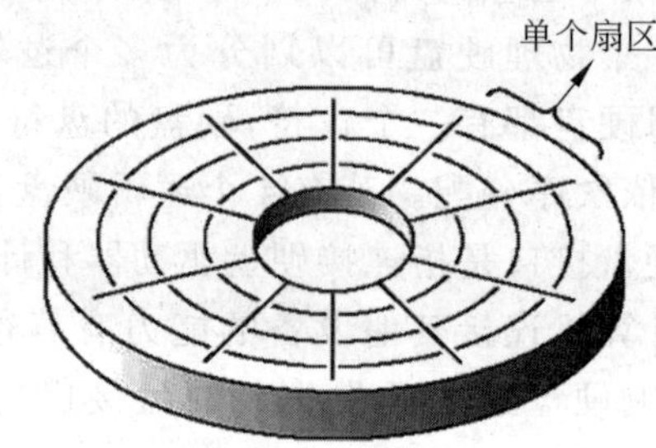

图 3.9　硬盘扇区图

磁盘上若干个扇区构成簇,簇包含扇区个数的多少视磁盘大小而定,磁盘容量大则扇区的个数多,反之就少。簇是信息物理存储的单位,上一个簇写满了,才能写下一个簇。所用磁道相同编号的扇区构成一个扇形,开始部分处于扇片的同一条半径上,结束部分也处于扇片的同一条半径上。硬盘中的多个磁盘片像一摞光盘一样放置,上下盘片相同编号磁道和扇区必须重合,都串在主轴上,形成一个圆柱体。每个盘片上下表面都能存储信息,分别由两个磁头读写。盘片之间有极小的空隙,供磁头移动。所有的磁头同步运动,某一时刻都处于对应盘片的相同编号的磁道和相同编号扇区。根据盘片的以上排列规律,可以算出磁盘的容量:

容量＝磁头数(盘片数×2)×磁道数×扇区数×每扇区字节数(512B)

(2) 硬盘的技术指标。

① 硬盘容量。硬盘容量指的是一块硬盘中可以容纳的数据的容量。硬盘作为计算

机最主要的外部存储器，其容量是第一性能指标。目前主流硬盘容量大小有 80GB、120GB、160GB、200GB 等。

② 硬盘转速。硬盘转速指硬盘的电动机旋转速度，它的单位是 RPM（Revolutions Per Minute，每分钟转数）。它是决定硬盘内部传输率的决定因素之一，它的快慢决定了硬盘的转速，同时也是区别硬盘档次的重要标志。速度越快硬盘的性能越好，较高的转速可以减少硬盘的平均寻道时间和实际读写时间。目前，硬盘的转速一般为 7200RPM 和 10000RPM 甚至达到 15000RPM。

③ 高速缓存。高速缓存是计算机缓解数据交换速度差异的必备设备，高速缓存的大小对硬盘速度有较大影响，硬盘内部传输速度与硬盘外部传输速度目前还不能一致，必须有缓存的缓冲。目前，主流硬盘的高速缓存主要有 2～8MB。

④ 平均寻道时间。平均寻道时间是指硬盘的读写磁头在盘面上移动到数据所在磁道需要的时间，它是衡量硬盘机械能力的重要指标。寻道时间越短，数据读写速度越快，硬盘的性能越好。目前硬盘的平均寻道时间通常在 9～11ms 之间。

(3) 磁盘的数据结构。磁盘上的数据按照其不同的特点和作用大致可分为 MBR 区、DBR 区、FAT 区、DIR 区和 DATA 区 5 部分。

① MBR 区。MBR 是 Main Boot Record（主引导记录区）的缩写，位于硬盘的 0 磁道、0 柱面、1 扇区。它的作用是提供一张磁盘参数表和一段引导程序。其中引导程序的主要作用是检查分区表是否正确，并且在系统硬件完成自检后引导具有激活标志的分区上的操作系统，并将控制权交给启动程序。

MBR 是由分区程序（如 Fdisk. exe）所产生的，它不依赖任何操作系统，而且硬盘引导程序也是可以改变的，从而实现多系统共存。

② DBR 区。DBR 是 Dos Boot Record（操作系统引导记录区）的缩写，它通常位于硬盘的 0 磁道、1 柱面、1 扇区，是操作系统可以直接访问的第一个扇区。

DBR 区包括一个引导程序和一个被称为 BPB 的本区参数记录表。引导程序的主要任务是当 MBR 将系统控制权交给它时，判断本分区根目录前两个文件是不是操作系统的引导文件。如果确实存在，就把它读入内存，并把控制权交给该文件。

BPB 参数块记录着本分区的起始扇区、结束扇区、文件存储格式、硬盘介质描述符、根目录大小、FAT 个数和分配单元的大小等重要参数。DBR 是由高级格式化程序（即 Format. exe 等程序）所产生的。

③ FAT 区。位于 DBR 之后的是文件分配表 FAT 区，这个区域用于描述文件在磁盘上的存放位置及整个磁盘扇区的使用情况。最常见的是 FAT16 和 FAT32。如果磁盘的 FAT 被破坏，则系统将无法确定文件在软盘上的存放位置。

④ DIR 区。DIR 是根目录区，位于 FAT 之后的扇区。DIR 存放着根目录下所有文件和子目录的文件名、文件属性、文件在磁盘上存放的开始位置、文件的长度以及文件建立和修改的日期与时间。定位文件位置时，操作系统根据 DIR 中的起始单元，结合 FAT 表就可以知道文件在磁盘中的具体位置和大小。

⑤ DATA 区。DATA 区是数据区，用来存放用户数据信息，又称为用户区。位于 DIR 区之后，占据磁盘上的大部分数据空间。

(4) 硬盘的管理。

① 分区与格式化。硬盘在使用前要进行低级格式化，一般由厂家完成。只有当硬盘出现严重问题或被病毒感染了时，用户才需要对硬盘重新进行低级格式化。进行低级格式化必须使用专门的软件。

对于一块刚买的新硬盘是无法立即使用的，必须对硬盘进行逻辑分区和格式化后才可以使用。打个比方，如果一块新买的硬盘是一张白纸的话，分取过程就相当于在这张白纸上先画几个大方框，用户可以自由指定每个方框的用途。而格式化的过程相当于给每个方框打上格子，安装操作系统及应用程序则相当于在相应的格子中写字。

对硬盘分区常使用的工具可以用 DOS 的 Fdisk 程序，Fdisk 程序会首先把硬盘分为两部分，第一部分叫 DOS 分区，也叫引导分区；第二部分叫扩展 DOS 分区，扩展 DOS 分区又可划分为多个部分，每一部分都称为逻辑分区。

还可以用如 PQ、PM 等分区工具，它们能够在 Windows 操作系统中动态调整各分区的容量和大小，也可以创建新的分区。但要创建原始的 DOS 引导分区必须用 Fdisk 进行。

硬盘分区后，必须再做格式化才能使用。格式化使用 DOS 的 Format.exe 程序分别对硬盘的每个分区进行格式化。对磁盘格式化可以使该磁盘具有系统能接收的记录格式，同时为检查是否有损坏的磁道而分析整个磁盘。任何坏的磁道都被标上记号保留起来，以避免将坏的磁道分配给数据文件。

注意：如果对已存在文件的磁盘进行格式化，则将破坏磁盘上的所有文件。所以使用格式化命令时要确认被格式化的磁盘上的文件已全部无用或被格式化的磁盘是新盘。

② 磁盘上文件的优化存储。因为系统分配给每个文件的磁盘空间最小单位是簇，若某个文件的长度不是磁盘簇的整数倍，则会出现文件磁盘空间大于文件实际长度的情况，从而使磁盘空间造成浪费。特别是当文件长度与磁盘簇的整数倍相差较大时，这种浪费就更加严重。因此有时会出现这种情况：几个文件的实际长度之和虽然小于磁盘的剩余空间，但当使这几个文件同时拷贝到该盘上时，系统会提示磁盘剩余空间不够，所以在这种情况下，应该尽可能地使文件长度接近磁盘簇的整数倍，或减少文件的个数(将若干个小文件按类型合并存储)。

(5) 硬盘使用时注意事项。当硬盘已装系统软件时，最好用硬盘启动计算机。此外，还应准备一张备用启动盘(也称系统盘)，以便在硬盘发生故障时启动系统。

使用公共计算机时，个人应在硬盘中建立自己的专用子目录，对于磁盘中的公共软件，也应分别建立子目录。

对于公共计算机，应禁止非管理人员随意向硬盘拷贝系统文件或进行格式化。

严禁震荡，不要热插拔。

(6) 固态硬盘简介。固态硬盘(Solid State Disk)用固态电子存储芯片阵列而制成的硬盘，由控制单元和存储单元(Flash 芯片、DRAM 芯片)组成。固态硬盘的接口规范和定义、功能及使用方法上与普通硬盘的完全相同，在产品外形和尺寸上也完全与普通硬盘一致。由于固态硬盘没有普通硬盘的旋转介质，因而抗震性极佳，同时工作温度很宽，扩展温度的电子硬盘可工作在－45℃～85℃。广泛应用于军事、车载、工控、视频监控、网络监控、网络终端、电力、医疗、航空等、导航设备等领域。现在固态硬盘也广泛使用在PC中。

2. 光盘存储器

光盘存储器(Optical Disk)是一种利用激光技术存储信息的装置。它是20世纪70年代的重大科技发明,是信息移动存储技术的重大突破。它不仅容量大,而且价格低廉,读取速度快,数据可靠性高,便于保存和携带,是最适合保存多媒体数据的载体。光盘存储器有光盘片和光盘驱动器(简称光驱)构成。光驱一般安装在计算机的主机箱内,也有外置光驱通过并口或USB接口与主机相连的,是光盘的读写设备。

光盘是注塑成行的碳粉化合物圆盘,其上涂了一层铅质量的薄膜,最外面又涂了一层透明的保护层。数据信息存放在盘片上的螺旋状轨道上,轨道上有许多不连续的凹槽,称为"坑",坑与坑之间称为"岛",凹槽是在对光盘写入数据信息时被激光"雕刻"成的。光盘种类很多,但它们的外观尺寸是一致的。一般光盘尺寸统一为直径为12cm,厚度为1mm。

(1) 光盘的分类及容量。目前用于计算机系统的光盘可分为CD、VCD、CD-R、CD-RW、DVD、DVD+RM等。

CD:CD(Compact Disc),指普通光盘。CD光盘是通过冲压设备把信息压制在光盘表面,信息是以一系列0和1存入CD盘的,在盘片上用平坦表面表示0,而用凹坑端部(即凹坑的前沿和后沿)表示1。光盘表面由一个保护涂层覆盖,使用者无法触摸到存储数据的凹坑,这有助于保证盘片不被划伤、印上指纹和粘附其他杂物。普通光盘容量大多为650MB。

VCD:即Video CD,激光视盘。可以在VCD碟机上或电脑光驱中使用。

CD-R:即CD-Recordable,一次性刻录光盘,其容量一般为650MB。

CD-RW:可进行多次刻录的光盘,容量一般为650MB。

DVD:即Digital Video Disk,即数字视频光盘或数字影盘,一种大容量的光盘但不能写入数据。DVD单面单层盘片容量为4.7GB,是CD盘片的容量的7倍多,DVD最大的盘片容量可以达到9GB。其读取速度也比CD要快得多。

DVD+RW:可反复写入和擦除的DVD光盘,容量一般为3GB。

(2) 光盘类型。目前用于计算机系统的光盘,按读写方式可分为3类:只读型光盘、可写一次型光盘和可擦写型光盘。

① 只读型光盘。只读型光盘CD-ROM(Compact Disk-Read Only Memory)是一种小型光盘只读存储器。它的特点是只能写一次,而且是在制造时厂家用冲压设备把信息写入的。写好后信息将永久保存在光盘上,用户只能读取,不能修改和写入。

计算机上用的光驱有一个数据传输速率的指标:倍速。1倍速的数据传输速率是150Kbps;24倍速的数据传输速率是150Kbps×24=3.6Mbps。

② 可写一次型光盘。可写一次型光盘WORM(Write Once Read Memory)可由用户写入数据,但只能写一次,写入后不能擦除修改。一次写入多次读出的WORM适用于用户存储不允许随意更改的文档。

③ 可擦写光盘。可擦写光盘(Magnetic Optical,MO)是能够重写的光盘,它的操作完全和硬盘相同,故称磁光盘。MO可反复使用一万次、可保存50年以上。MO磁光盘

具有可换性、高容量和随机存取等优点，但速度较慢，价格很贵。

光盘从外观尺寸上可分为2种：3in盘和5in盘。5in盘就是人们最常见到的光盘；3in盘外形小巧，便于携带，容量一般为39～54MB不等。它们的内圈圆孔均为15mm，3in盘的外径为80mm，5in盘的外径为120mm。

光盘从使用角度大体可分为两类，一是用于存放计算机的数据和程序，二是用于存放多媒体文件。

DVD光盘也是一种利用激光技术存储信息的装置。与CD-ROM相比，具有容量大、质量高等特点，已逐步成为市场的主流。DVD光盘利用MPEG2的压缩技术来储存影像，集计算机技术、光学记录技术和影视技术等为一体，其目的是满足人们对大存储容量、高性能的存储媒体的需求。DVD光盘不仅已在音频、视频领域内得到了广泛应用，而且将会带动出版、广播、通信、万维网等行业的发展，用途非常广泛。大容量和快速读取是DVD相对于CD的最大优势。初露端倪的新一代蓝光DVD技术采用全新的蓝色激光波段进行工作，使高密度光存储的技术突破步伐迈得更大。蓝光DVD单面单层盘片的存储容量被定义为23.3GB、25GB和27GB，其中最高容量(27GB)是当前DVD单面单层盘片容量(4.7GB)的近6倍。

(3) 光驱的分类。光驱可分为只读光驱和刻录光驱，其中只读光驱又分为普通光驱CD-ROM和DVD光驱。

① 只读光驱。普通光驱CD-ROM：现在计算机上的通用光驱，能读出CD、VCD及CD-RW刻录出的光盘中的信息，但不能向光盘中写入数据，不能使用DVD。

DVD光驱：能读出CD、VCD、CD-RW、DVD光盘上的信息。

② 刻录光驱。刻录光驱包括了CD-R、CD-RW和DVD刻录机等。刻录机的外观和普通光驱差不多，只是其前置面板上通常都清楚地标识着写入、复写和读取3种速度。

(4) 衡量光盘的性能指标主要有以下几点。

① 高容量：存入的信息可以是程序、操作的数据、图形和声音信息。

② 标准化：光盘广泛应用的原因之一是产品的标准化，可在任意一部光盘驱动器中操作。

③ 持久性：一般来说，光盘的寿命长达数十年，甚至100年。这是因为光盘在光驱中操作时是以非接触方式进行的，无磨损问题，也不会感染病毒。

④ 实用性：目前，光盘驱动器与光盘价格迅速降低，光盘信息所覆盖的领域不断扩大，各种光盘出版物的种类及发行量大增。

3. 移动硬盘

随着科技的发展，人们需要随时存储和使用越来越多的数据。在这种情况下移动硬盘普及开来。移动硬盘以硬盘为存储介质，属于便携式存储设备，如图3.10所示。目前市场上大多数的移动硬盘所采用的是标准的2.5in笔记本硬盘，还有少数采用1.8in的超薄笔记本硬盘。它们的特性是速度较快，容量较大，可以较快的速度与系统进行数据交换。目前流行的移动硬盘的容量是80～320GB。

图3.10 移动硬盘

移动硬盘大多采用USB或IEEE 1394接口，能提供较高的数据传输速率。但这种数据传输率还要受到接口速度的限制。目前通用的是USB 2.0和IEEE 1394接口。

移动硬盘与主机之间通常采用USB接口，是一种即插即用型设备，使用很方便。在Windows XP以上的操作系统中无须安装驱动程序。

4. U盘存储器

U盘是一种流行的移动存储产品，主要用于在计算机之间方便地交换文件。U盘通过主板上的USB接口与计算机相连，属于即插即用设备，携带和使用都很方便，很受用户欢迎，如图3.11所示。通常U盘体积比移动硬盘小，存储容量也比移动硬盘小，U盘不需要物理驱动器，也不需要外接电源，可热插拔。U盘的一个基本特性是"免驱"，即不用驱动，在Windows XP下可以自动识别。另外，根据厂家的不同，附加了一些其他功能，如加密、随身邮、随身Q、启动机器等。

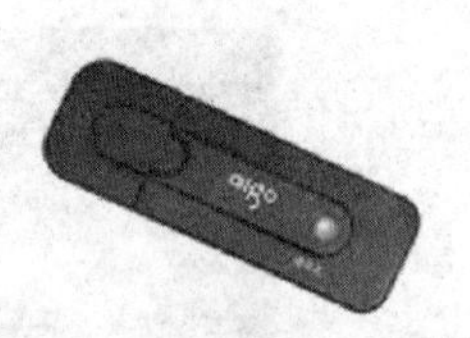

图3.11　U盘存储器

3.4.5　显示系统

计算机的显示系统包括显卡和显示器。显卡是插在主板上的扩展卡，基本作用是控制计算机的图形输出。显卡是以附加卡的形式安插在主板扩展槽中，极少数集成在主板上。显卡都有着相同或相近的结构，归纳起来主要由显示芯片、显示内存（显存）、RAMDAC（数字模拟信号转换器）、VFA BIOS芯片等几个重要的部件组成，此外还包括连接插座或插针等。显卡的性能指标如下。

(1) 接口类型。目前显卡所使用的接口类型主要有AGP接口、即图形加速接口，也称为AGP总线，是一种新型接口标准。AGP接口标准有AGP 1X、AGP 2X、AGP 4X、AGP 8X等几种。相应的总线速度可达到66MHz、528MHz、1GBps、2GBps。在Windows系统中，要流畅地进行2D或3D操作，最少要4MB显存。

(2) 显示芯片。显示芯片是显卡的核心，可以把它想象成专门用来处理图像的CPU，可以处理各种指令以完成特定的绘图功能。显示芯片的质量高低直接决定了显示卡的优劣。一般的显卡多采用单芯片设计而专业显卡则往往采用多个显示芯片。现在为了提高显卡速度和档次，在非专业显卡上开始采用多芯片的制造技术。目前常见的图形显示芯片有Voodoo系列、GeForce系列、Radeon系列和MGA系列等。

(3) 显示内存。显示内存与系统内存的功能是一样的，只是它们作用的对象不一样。系统主存用来储存CPU所处理的数据，显示内存用来暂存显示芯片处理的数据。显存容量越大，图像分辨率越高，显存的大小也决定了显卡的整体性能。

显卡依靠显存来保存图像数据，较快的显存允许对图像数据较快地读写，从而提高显卡的性能。显卡上常用的显存的种类按速度快慢分别有 SDRAM、DDR DRAM、RDRAM 等。较高档次的显卡多采用 DDR DRAM 或 RDRAM 作为显存。

显示器是计算机系统最常用的输出设备之一，它用于显示交互信息，查看文本和图形图像，显示数据命令与接受反馈信息。显示器上设有控制按钮，用来调节显示器的亮度和对比度，以及屏幕的大小、位置。显示器的形状就像电视机一样，按照显示器对角线的尺寸可分为 15in 和 17in 等；按颜色分为单色和彩色；按显示器件分有阴极射线管(CRT)和液晶(LCD)两种，如图 3.12 和图 3.13 所示。LCD 显示器是一种采用液晶为材料的显示器，目前主流的是 17in LCD 显示器。液晶是介于固态和液态间的有机化合物。将其加热会变成透明液态，冷却后会变成结晶的混浊固态。在电极的作用下，产生冷热变化，从而影响它的透光性，来达到亮灭的效应。

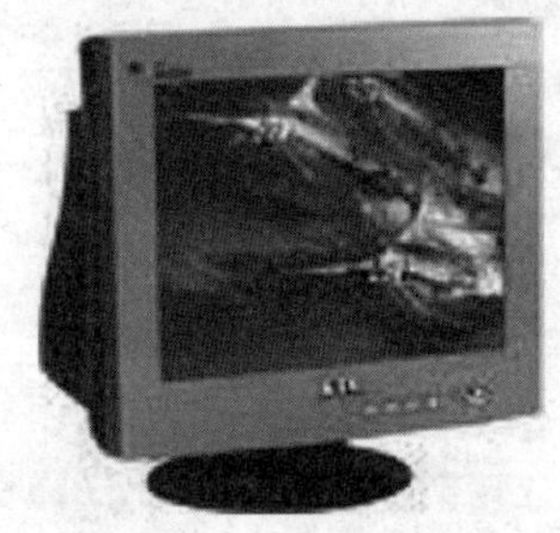

图 3.12　CRT 显示器

图 3.13　LCD 显示器

1. 显示器的主要性能参数

(1) 点距和分辨率。分辨率就是构成图像的像素和。像素就是在屏幕上的单个点。分辨率常用水平和垂直方向的像素个数和乘积来表示。目前，常用显示器的分辨率有 640×480，1024×768 和 1280×1024 等几种。如 1024×768 像素的分辨率指的是水平方向共有 1024 个点，垂直方向有 768 个点。通常 CRT 显示器分辨率设置的越高，显示效果越好，清晰度越高。而 LCD 显示器的原理决定了其最佳分辨率就是其固定分辨率，同级别的 LCD 显示器的点距也是一定的。

(2) 刷新率。刷新率指的是屏幕刷新的速度，用更新画面次数/秒表示，单位是赫兹(Hz)。例如 75Hz 表示每秒更新画面 75 次。刷新频率越低，图像闪烁和抖动就越厉害，眼睛疲劳越快。

从理论上讲，使用 CRT 显示器时，通常只要刷新率达到 85Hz，也就是每秒刷新 85 次，人眼就感觉不到屏幕的闪烁了，但从保护眼睛的角度出发，刷新率仍然是越高越好。

LCD 显示器的刷新率与 CRT 相比有着原理上的区别。首先，LCD 是对整幅的画面进行刷新，而在 CRT 上则是将画面分成若干“扫描线”来进行刷新的，这导致后者会出现画面闪烁的问题，而 LCD 即使在较低的刷新率(如 60Hz)下，也不会出现闪烁的现象。因此，这就决定了刷新率对于 CRT 来说是一个明显改变画面效果的因素，而对于 LCD 来说并不是一个重要的指标。而更大的刷新频率指标只能说明 LCD 可以接受并处理具有更高频率的视频信号，而对画面效果而言，并不会有所提高。所以，在选购时大可不必在刷新频率上下大工夫。

以下几个性能指标主要针对LCD显示器。

(1) 亮度。通常在LCD显示器规格中都会标示亮度,亮度是指画面的明亮程度,单位是堪德拉每平方米(cd/m^2)或称nits,也就是每平方公尺分之烛光。一般LCD显示器都有显示$200cd/m^2$的亮度能力,现在主流的甚至达$300cd/m^2$或以上,其作用就在于适合的工作环境光线的配合,如果操作环境的光线较亮,LCD显示器的亮度不调大一点就比较看不清楚,所以最大亮度越大,所能适应的环境范围更大。

需要注意的是,较亮的产品不见得就是较好的产品,显示器画面过亮常常会令人感觉不适,一方面容易引起视觉疲劳,同时也使纯黑与纯白的对比降低,影响色阶和灰阶的表现。因此提高显示器亮度的同时,也要提高其对比度,否则就会出现整个显示屏发白的现象。此外亮度的均匀性也非常重要,品质较佳的显示器,画面亮度均匀,柔和不刺目,无明显的暗区。

(2) 可视角度。可视角度是LCD显示器的重要性能指标。它是指用户可以从不同的方向清晰地观察屏幕上所有内容的角度。由于提供LCD显示器显示的光源经折射和反射后输出时有一定的方向性,超出这一范围观看就会产生色彩失真现象,因此CRT显示器就不会有这个问题。LCD显示器的可视角度包括水平可视角度和垂直可视角度,水平可视角度表示以显示器的垂直法线(即显示器正中间的垂直假想线)为准,在垂直于法线左方或右方一定角度的位置上仍然能够正常的看见显示图像,这个角度范围就是LCD显示器的水平可视角度;同样以水平法线为准,上下的可视角度就称为垂直可视角度。一般而言,可视角度是以对比度变化为参照标准的。当观察角度加大时,该位置看到的显示图像的对比度会下降,而当角度加大到一定程度,对比度下降到10∶1时,这个角度就是该LCD显示器的最大可视角。目前,主流LCD的可视角度为120°～160°。比较理想的可视角度应在140°以上(水平)。

(3) 响应时间。响应时间,以毫秒(ms)为单位,指的是一个亮点转换变化的时间,就是所谓黑白响应时间,是液晶显示器各像素点对输入信号反应的速度,即像素由暗转亮或由亮转暗所需要的时间。当LCD显示器的响应时间为30ms时,即每秒显示器能够显示33帧画面,这可以满足DVD播放的需要;当LCD显示器的响应时间为25ms时,即每秒显示器能够显示40帧画面,完全可以满足DVD播放以及大部分游戏的需要;而玩那种激烈的动作游戏(如QUAKE Ⅲ、UT 2003、DOMM Ⅲ)、极速追逐赛等游戏要达到毫无拖影的话,所需要的画面显示速度都要在每秒60帧以上,即需要的响应时间=1/(每秒显示器能够显示60帧画面)=16.6mm,而现今的技术已经可以达到10ms左右(10ms=每秒100张),又因为各家厂商对于响应时间的算法有差异争议存在,故响应时间就实用性来说,在现今最好在30ms以内,响应时间越少,价格越高。

(4) 点缺陷。LCD显示器的点缺陷有3种类型:亮点、暗点和坏点。

LCD屏幕上每一个像素点,均由不同亮度层次的红、绿、蓝(RGB)3个子像素组合起来,最终就形成了不同的色彩点。可见,屏幕上每一个点的色彩变化,其实都是由构成这个点的3个RGB子像素的灰阶变化所带来的。亮点就是在黑屏的情况下呈现的R、G、B点。亮点的出现分为两种情况,第一种情况是在黑屏的情况下单纯地呈现R或者G或者

B色彩的点。第二种情况是在切换至红、绿、蓝三色显示模式下，只有在R或者G或者B中的一种显示模式下有白色点，同时在另外两种模式下均有其他色点的情况，这种情况是在同一像素中存在两个亮点。

暗点是在白屏的情况下出现非单纯R、G、B的色点。暗点的出现也分两种情况，第一种情况是在切换至红、绿、蓝三色显示模式下，在同一位置只有在R或者G或者B一种显示模式下有黑点的情况，这种情况表明此像素内只有一个暗点。第二种情况是在切换至红、绿、蓝三色显示模式下，在同一位置上在R或者G或者B中的两种显示模式下都有黑点的情况，这种情况表明此像素内有两个暗点。

坏点是在白屏情况下为纯黑色的点或者在黑屏下为纯白色的点。在切换至红、绿、蓝三色显示模式下此点始终在同一位置上并且始终为纯黑色或纯白色的点。这种情况说明该像素的R、G、B这3个子像素点均已损坏，此类点称为坏点。

2. CRT显示器和LCD显示器的优缺点比较

CRT显示器色彩表现力较强、反应时间只有1ms，不会出现拖尾现象，在亮度和对比度上都超过了LCD显示器，但是它能耗和辐射较大，长时间使用对眼睛有害。所占空间较大，这就限制了它在日常生活中的使用。

LCD显示器与CRT显示器相比有工作电压低、功耗小，用电比传统CRT显示器的耗电量少70%，散热小、辐射小、完全平面、能精确还原图像、无失真、可视面积大、款式新颖多样、能大量节省空间、抗干扰能力强、显示字符锐利、画面稳定不闪烁、屏幕调节方便。但是，液晶显示器价格偏高、可视角度小、反应时间比CRT慢、有无法维修的坏点。

上面的分析可以看出，LCD和CRT显示器各有千秋。但由于在有些方面LCD永远比不上CRT显示器，所以CRT显示器暂时并不会消亡。

3.4.6 键盘和鼠标

键盘和鼠标是计算机中最主要的输入设备。

1. 键盘

键盘是向计算机输入数据的主要设备，由按键、键盘架、编码器、键盘接口及相应控制程序等几个部分组成。键盘通常有几十甚至上百个键，每个键相当于一个开关。键盘按接口可分为AT接口、PS/2接口、USB接口、无线键盘等。早期的计算机使用83键的键盘，后来发展到101键、102键、104键和107键等键盘。家用计算机一般使用标准的104键键盘，而84键的键盘主要在笔记本计算机上使用。键盘是计算机中最基本、最常用的标准输入设备，键盘主要由按键开关和一个键盘控制器组成，通过串行数据传输方式把键盘中的位置码传送给主机，主机收到位置码后，再由相应的BIOS程序将其转换成对应的ASCII码。键盘是计算机最常用的一种输入设备，它是组装在一起的一组按键矩阵。当按下一个键时就产生与该键对应的二进制代码，并通过接口送入计算机，同时将按键字符显示在屏幕上。按照各类按键的功能和位置将键盘划分为4个部分：主键盘、数字小键盘、功能键和编辑键。键盘分区如图3.14所示。

主键盘：本区的键位排列与标准英文打字机的键位相同，位于键盘中部，包括26个

图 3.14 键盘

英文字母、数字、常用字符和一些专用控制键,如表 2.1 所示。

表 2.1 键盘特殊按键介绍

名　称	符　号	功　能
回车键	Enter	按此键后结束逻辑行,使一条命令开始执行
字母锁定键	Caps Lock	切换字母大小写;按此键指示灯亮,再按字母键为大写;反之为小写
上档键	Shift	欲键入大写字母或双符键上方符号,需先按下此键不放
制表键	Tab	制表定位键。按一次光标向右移动 8 个字符位置
退格键	BackSpace	光标回退(左移)1 个字符,且删除光标左边 1 字符
空格键 Spacebar	(无字长键)	每按一下光标右移 1 字符位,原光标所在处变为空格
删除键	Del	删除光标所在处的字符,光标不动
插入键	Ins	开关键;插入状态时可在光标处插入字符,光标右移
屏幕显示复制键	PrintScreen	把屏幕上当前显示内容复制到 Windows 的剪贴板
活动窗口复制键	PrintScreen	同按 Alt 键,把屏幕上活动窗口内容复制到剪贴板
控制键	Ctrl	与其他键配合使用,组合出一些复合键
Windows 徽标键		快速启动或关闭 Windows 的“开始”菜单
功能菜单		弹出当前可操作的功能菜单、选项,单击菜单外后退出
交替换档键	Alt	与其他键配合使用,组合出一些复合键
热启动键	Ctrl+Alt+Del	结束任务排除困境或关机或在加电下重启

功能键:该区位于键盘的最上端,放置 F1、F2、…、F12 这 12 个功能键和 Esc 键等。

数字小键盘区:数字键区也叫小键盘区,位于键盘右端。其左上角有一个 Num Lock 数字锁定键,它是一个开关切换式键,按一下它,Num Lock 指示灯点亮,数字键代表键上的数字;若再按一下它,Num Lock 指示灯熄灭,则小键盘上的各键代表键面上的下排符号,用于移动光标。

编辑键区:该区包括上、下、左、右光标移动键、Page Up、Page Down 等键,位于主键盘区和数字小键盘区的中间,主要用于编辑修改。

除标准键盘外,还有各类专用键盘,它们是专门为某种特殊应用而设计的。例如银行计算机管理系统中供储户使用的键盘,按键数不多,只是为了输入储户密码和选择操作之用。专用键盘的主要优点是简单,即使没有受过训练的人也能使用。

2. 鼠标

鼠标是一种最普遍、最廉价的输入设备,广泛用于图形用户界面使用环境。鼠标通过

RS 232-C 串行口或 PS/2 口与主机连接。其工作原理是当移动鼠标时，把移动距离及方向的信息变成脉冲信号送入计算机，计算机再将脉冲信号转变为光标的坐标数据，从而达到指示位置的目的。按键数鼠标可以分为双键鼠标、三键鼠标、微软智能鼠标器等。其中双键鼠标最为常见，双键鼠标中左键为确认键，一般用于输入内容或进行选择，右键一般用来查看项目的属性。按其接口类型鼠标可以分为串行口(方口)、PS/2(小圆口)、USB 3 类；按内部构造鼠标可分为机械式鼠标和光电式鼠标。

机械式鼠标：鼠标下面有一个可以滚动的小球，如图 3.15 所示。当鼠标器在桌面上移动时，小球与桌面摩擦转动，带动鼠标器内的两个光盘转动，产生脉冲，测出 X-Y 方向的相对位移量，从而反映出屏幕上鼠标的位置。机械式鼠标价格便宜，但故障率较高，要经常清洗。

光电式鼠标：光电式鼠标下面有作为光电转换装置的两个平行放置的小光源(发光管)，光源发出的光经反射后，由鼠标接收，从而把移动过的小方格转换为移动信号送入计算机，并使屏幕光标随着移动，如图 3.16 所示。光电式鼠标较可靠，故障率较低。使用时，一般配备一块专用的反光板，鼠标只有在反光板上才能使用。

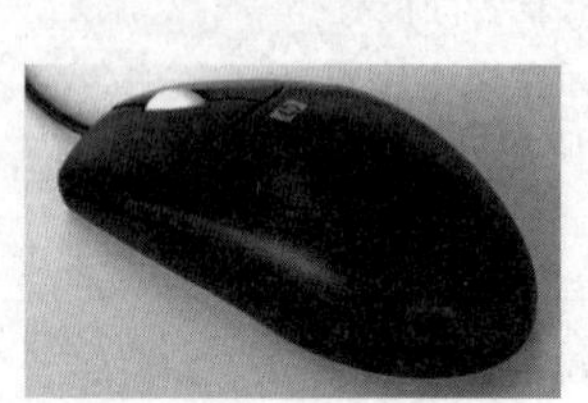

图 3.15 机械式鼠标

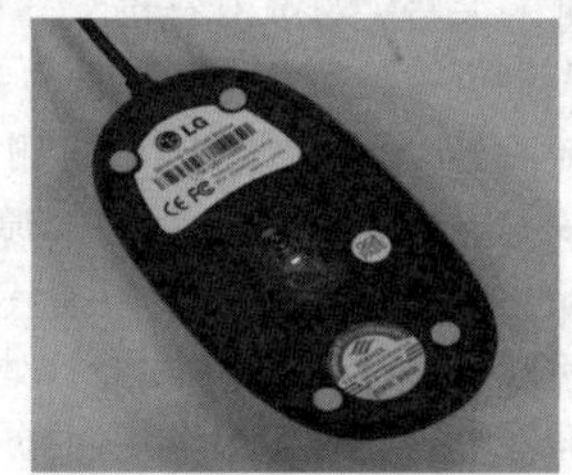

图 3.16 光电式鼠标

图 3.17 无线鼠标

此外，无线鼠标，由于它不使用电缆来传输数据，只需在鼠标器内装入电池，能远距离操作主机，可以避免用户桌面上众多电缆的烦扰，而越来越受到用户的青睐。无线鼠标一般有两个部件，一个是接收用的收发器，另一个就是无线鼠标，如图 3.17 所示。无线鼠标的基本工作原理是无线射频技术。射频(Radio Frequency，RF)就是射频电流，它是一种高频交流变化电磁波的简称(每秒变化小于 1000 次的交流电称为低频电流，大于 10 000 次的称为高频电流)，它几乎不受任何障碍物的影响，传输距离一般在 10～20m 左右。无线鼠标是利用高频数据调制的方式，把鼠标的 xy 坐标以及按钮的数据发送到计算机的一种装置。简单地说，无线鼠标滑动部分就是一个小小的电台，和计算机连接的部分就是一个小小的无线数据接收机。

3.4.7 音箱和声卡

计算机的音响设备主要包括声卡和音箱，其他常见的还有麦克风、MIDI 设备等。音箱和声卡如图 3.18 和图 3.19 所示。

音箱是用来还原声音的，即用来回放声卡传来的声音信号。音箱主要分为有源音箱和无源音箱两种。有源音箱有自己独立的电源，无源音箱没有自己独立的电源。无论在

图 3.18　音箱

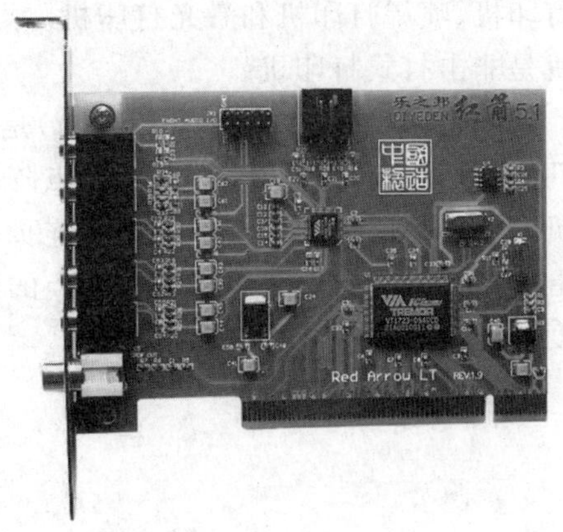

图 3.19　声卡

音量、音质和其他播放效果上，有源音箱都优于无源音箱。音箱的功率、频率范围及箱体体积等是音响的主要性能指标。功率决定了音箱所能发出的最大声响。

声卡又称声效卡，使用时一般插入主板上的 PCI 插槽中，将音频线与光驱相接。在声卡上设有多个插口，用于连接话筒、CD 唱机、MIDI 控制器、CD-ROM 驱动器、游戏机以及喇叭等输入输出设备，在其软件的支持下实现语音的输入输出和乐曲的播放。信号输入时，它把模拟音频信号转换成数字信号，以数据文件的形式送入计算机。声卡将音频模拟信号转换成音频数字信号的过程称为模数转换(DAC)；信号输出时，把计算机内部的语音数据文件转换成相应的音频信号输出给播放设备。声卡将音频数字信号转换成音频模拟信号的过程成为数模转换，简称 ADC。语音信号输入输出时，均可实现音量自动控制、语音自动合成与分解。由于语音信号的信息量一般都很大，因此在语音数据存储时自动实现压缩与解压缩。

在声卡进行 A/D 和 D/A 转换过程中，有两个重要的指标：采样频率和采样位数。

采样频率是指录音设备在模数转换过程中一秒钟内对声音模拟信号的采样次数。显然，采样频率越高声音的还原就越真实和越自然。目前的主流声卡的采样频率一般分为 22.05kHz、44.1kHz 和 48kHz 3 个等级，分别对应调频(FM)广播级、CD 音乐级和工业标准级音质。

采样位数就是在模拟声音信号转换为数字声音信号的过程中，对满幅度声音信号规定的量化数值的二进制位数。如对最强音量规定为“11111111”，最低音量规定为“00000000”时，称采样位数是 8 位。将二进制的数字信号还原为相应的模拟声音信号的幅度称为声强。采样位数越大，量化精度越高，声长的分辨率也就越高。

随着语音处理技术的发展，由声卡和相应软件构成的语言处理系统已初步具备语音识别功能，使计算机实现口语输入。

3.4.8　打印机

打印机是将输出结果打印在纸张上的一种输出设备。打印机的种类主要有 3 种：点阵打印机、喷墨打印机和激光打印机。点阵打印机为击打式打印机，喷墨打印机和激光打印机是非击打式打印机。

点阵打印机(Dot Matrix Printer)是最早流行的打印机，常指24针打印机，这种打印机性能价格比高，如图3.20所示。点阵打印机按打印的宽度可分为宽行打印机和窄行打印机。点阵打印机的优点是能进行连页打印，适合订印大型表格。24针打印机通过打印头上的24根针击打色带，打印在纸上的色点阵列形成各类中西文字。点阵打印机的打印速度较慢，且打印时噪声较大。

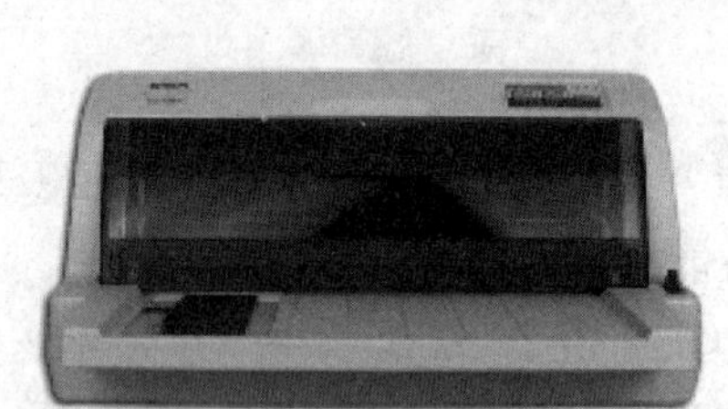

图3.20　点阵打印机

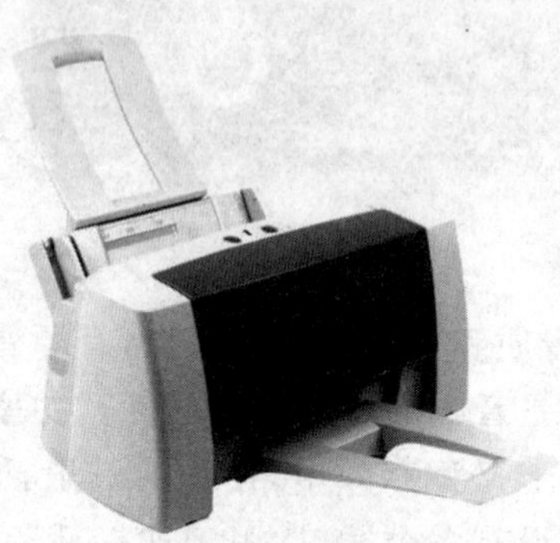

图3.21　喷墨打印机

喷墨打印机(Ink-Jet Printer)使用喷墨来代替针打，它利用振动或热喷管使带电墨水喷出，由聚焦系统将其微粒聚成一条射线，由偏转系统控制微粒射线在打印纸上扫描，绘出各种文字符号和图形。喷墨打印机的优点是无噪声、体积小、重量轻。清晰度可与激光打印机媲美，如图3.21所示。喷墨打印机有黑白和彩色两类。喷墨打印机需更换喷头或墨盒，成本较高。

图3.22　激光打印机

激光打印机(Laser Printer)实际上是复印机、计算机和激光技术的复合，如图3.22所示。激光打印机使用同步的多面镜像和完善的光学部件，在一个光敏旋转磁鼓上写字符和图形，这个磁鼓与复印机中的磁鼓相似。激光束扫过旋转着的磁鼓时，通过"开"和"关"两种状态来表示白色区和黑色区，因此，激光束类似于扫描显示器屏幕内的电子束。一般，激光打印机本身至少配备1MB内存。内存越大，速度就越快。目前大多数激光打印机的分辨率为600 dpi(点每英寸)。激光打印机有黑白和彩色两类。激光打印机的特点是速度快、噪声小，分辨率高，但价格也较高。

打印机的主要技术指标有以下几种。

(1) 打印速度，用cps(字符每秒)表示。

(2) 打印分辨率，用dpi(点每英寸)表示，非击打式打印机一般超过600dpi。

(3) 最大打印尺寸，一般为A4和A3两种规格。

点阵打印机打印速度慢、噪声大，主要耗材为色带，价格便宜；激光打印机打印速度快、噪声小，主要耗材为硒鼓，价格贵但耐用；喷墨打印机噪声小，打印速度次于激光打印机，主要耗材为墨盒。著名的打印机厂商有惠普(HP)、佳能(Canon)、爱普生(Epson)等。

3.4.9 其他常见设备

除了前面介绍的几种计算机中设备外，还有一些设备也是计算机的常见设备。主要有以下几种。

1. 机箱

机箱作为主机的骨架，最主要的作用是容纳和固定配件，如图 3.23 所示。机箱起到保护主机、防尘、防压和防冲击的作用。其次，机箱还有防止电磁辐射的作用。好的机箱可以有效屏蔽机箱内部的电磁射线，使对外部的辐射降到最小范围。

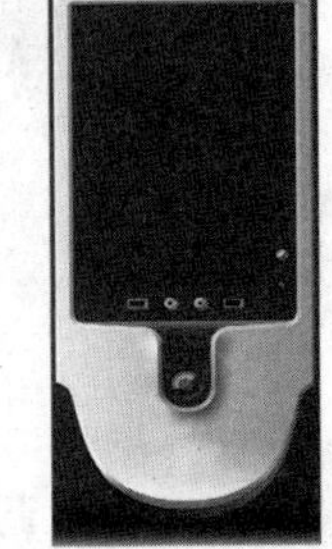

图 3.23 机箱

机箱从结构分，大体可分为 3 种，即 AT 结构机箱、NLX 机箱和 ATX 结构的机箱。现在主流机箱是 ATX 结构，它的特点是除了具备各种插槽，便于安装和固定各种配件以外，还预留了键盘鼠标的位置、COM 口和打印口。

由于 USB 接口越来越广泛地使用，现在的机箱将以前位于机箱背面的 USB 接口移到正面的面板上，这对于用户来说非常方便。

机箱的好坏，一要看机箱钢板的厚度，它直接关系到机箱的牢固程度和抗电磁波辐射的能力，一般要求在 1.0mm 左右，不能低于 0.8mm；二要看机箱的工艺设计，布局的合理性，内部有足够的空间散热，扩展能力强，可安装多种类型的主板。

2. 电源

电源是整个计算机系统的动力之源，它将 220V 交流电经过整流和变压，变换为计算机所需的低压直流电，供主板、硬盘、光驱、软驱 CPU 风扇等部件使用。电源分为 AT 电源和 ATX 电源，它们之间最大的区别就是使用 ATX 电源的计算机可以使用软关机，即通过执行操作系统的“关机”命令，计算机即可自动切断电源，现在计算机上普遍使用 AT 电源；而 AT 电源则必须手动切断电源，AT 电源已经被淘汰。这是因为随着 Pentium 4 CPU 迅速普及后，它所使用的电源的接口跟以前的 CPU 不一样。它除了有一个主接口接在主板上外，还专门提供了一个 4 芯的插口，给 Pentium 4 CPU 供电的。如果不接这个插口，将不能正常开机。当然，支持 Pentium 4 CPU 的主板，也会在主板上提供这样一个 4 芯的插座，有且只有一个。

由于现在计算机各个配件耗电量日益增大，因此一个强劲而稳定的电源十分重要。电源内设有抗电磁干扰、线路干扰等专业电路设计，并采用全屏蔽防电磁辐射的设计方式。内部使用较大的电容和铝质或铜质的散热片，电源输出线较粗，是为照顾电源盒输出电流较大而设计的。电源后部有一个风扇，其作用是排出电源产生的热量。电源外观如图 3.24 所示。电源是否有过压保护及电源功率大小是用户所关心的。过压保护是为了防止电压突然升高对设备造成损坏而特别为电源设计的一项重要功能，具备过压保护的电源会预防电压突然升高等意外情况的发生。

在国内市场中，爱国者、金河田、大水牛和世纪之星等厂商在电源产品市场上占有举足轻重的地位。值得注意的是，有些厂家将机箱和电源集成在一起销售，因此在选择机箱时，要注意有没有电源。

3. 数字照相机

数字照相机是一种获取数字化图像的工具。它不但可以实现普通相机的功能，而且可以将进入镜头的图形存储在一个转接盘上，存储到计算机中。利用软件处理拍摄的效果，可以得到精美的图片，如图 3.25 所示。

图 3.24　电源

图 3.25　数字照相机

4. 调制解调器

要想实现计算机之间的远程通信，当计算机发送信号时，必须将二进制数字信号变换成连续变化的模拟信号，这个过程称为调制(Modulation)。同时在计算机要接收信号时，必须将模拟信号转变成数字信号，这个过程称为解调(Demodulation)。调制解调器正是将调制和解调这两种功能结合到一起用来实现数字信号与模拟信号之间的相互转换。调制解调器的外观如图 3.26 所示。

图 3.26　调制解调器

图 3.27　扫描仪

5. 扫描仪

扫描仪是常用的图形、图像输入设备，如图 3.27 所示。一般通过 USB 接口与主机相连。这是一种纸面输入设备，利用它可以迅速地将图形、图像、照片、文本从外部环境输入到计算机中，然后再做编辑加工。

扫描仪分为两类：CCD 扫描仪和 PMT 扫描仪。

(1) CCD 扫描仪。这是由电荷耦合器件阵列组成的电子扫描仪。CCD 扫描仪可分为平板式(台式)扫描仪和手持式扫描仪两类。若按灰度和彩色来分，有二值化扫描仪、灰度扫描仪和彩色扫描仪 3 种。

CCD 扫描仪的主要性能指标有以下几种。

① 扫描幅面，即对原稿尺寸的要求，台式扫描幅面一般可达 $14in^2$(A4)；

② 分辨率，即每英寸扫描的点数(dpi)为600～2000dpi；

③ 灰度层次，即灰度扫描仪可达灰度级别，目前有16、64及256层(位数分别为4位、6位和8位)；

④ 扫描速度，扫描仪的速度与系统配置、扫描分辨率设置、扫描尺寸、放大倍率等有密切关系。一般情况下，扫描黑白、灰度图像，扫描速度为2～100ms/线；扫描彩色图像，扫描速度为5～200ms/线。

(2) PMT扫描仪。这是用光电倍增管(PMT)构成的电子式扫描仪。它比CCD扫描仪的动态范围大、线形度好、灵敏度高、扫描质量高，因此扫描的效果更加逼真，常被用于照相、地图等要求较高的方面扫描，价格较高。

当用扫描仪扫描彩色图像时，要设定颜色和分辨率两项参数，颜色位数越多，能扫描到的颜色就越多；分辨率越高，像素就越多，图像也就越清晰。如果只是扫描文字或其他黑白图文信息，则应选择黑白扫描方式。这样，节省时间，占用的存储空间也小。另外，每次使用扫描仪之前最好让扫描仪预热一段时间(几分钟)，这样扫描出来的图像品质比较好。

第4章

计算机软件

计算机系统由硬件系统和软件系统组成。计算机硬件是计算机能够正常运行的物质基础,而软件则决定了计算机具有怎样的功能。一台没有软件的计算机(裸机)仅仅是一台没有任何功能的机器(硬件),计算机利用软件才发挥出强大的功能。

事实上,计算机的硬件和软件就好比人的肉体和思想。没有肉体,思想就无所寄存;而没有思想,肉体就没有存在的意义。计算机的硬件和软件相辅相成,它们共同构成完整的算机系统,缺一不可。

本章从软件的概述开始,分别介绍操作系统、程序设计基础、算法与数据结构、软件工程等基本概念和软件开发中的重要技术基础。

4.1 软件概述

4.1.1 软件的定义

人们如何使用计算机呢?人们无法使用自然语言和计算机进行沟通,只能采用计算机能“理解”的方式来和计算机沟通。早在1945年,冯·诺依曼就提出了“存储程序”的概念。存储程序原理是指把程序存储在存储器中,使计算机能快速取出存储在存储器中构成程序的指令。这一原理,从实质上解释了现代的计算机之所以能够快速、自动、连续地完成各种各样的事情,是因为人们预先将构成程序的一系列指令和数据送入了计算机内部具有存储和记忆功能的电子器件上。由此得出,计算机是由程序来操作的。

程序(Program)是为实现特定目标或解决特定问题而用计算机语言编写的命令序列的集合。是由一系列控制计算机各部件协调工作的指令组成的。处理简单事件的程序可能只包含几条指令,而解决复杂问题的程序就可能非常庞大,涉及的计算机程序可能远远不只一个,而是由很多程序共同来完成的。著名计算机科学家沃思提出一个公式:数据结构+算法=程序。

人们把能完成一定功能的一组相关程序的集合称为软件。软件不仅包含程序,而且还应该包含这些程序要用到的数据,以及用以描述程序使用和操作的文档。

IEEE(Institute of Electrical and Electronic Engineers,美国电气与电子工程师协会)

在 1983 年给软件下了一个明确的定义：软件是计算机程序、方法、规则、相关的文档以及在计算机上运行它时所必需的数据。其中更为重要的是程序，所以在不太严格的情况下，可直接把程序认为是软件。从广义上讲，软件是计算机系统中的程序、数据以及使用和维护程序所需要的所有文档的集合。软件可定义为

软件＝程序＋数据＋说明文档

4.1.2 软件的分类

计算机软件极为丰富、种类繁多，要对软件进行恰当的分类是相当困难的，一种通常的分类方法是把计算机软件分为系统软件和应用软件两大类。

所谓系统软件泛指那些为整个计算机系统所支配的、不依赖于特定应用的通用软件。系统软件的任务是控制和维护计算机的正常运行，管理计算机的各种资源，以满足应用软件的需要。应用软件指用于解决不同具体应用问题的专门软件，应用软件必须在系统软件的支持下才能正常运行。

系统软件一般包括操作系统、设备驱动程序、语言处理程序等，常见的应用软件有办公软件、图形处理软件、多媒体软件等。实际上，系统软件和应用软件的界限并不十分明显，有些软件既可以认为是系统软件，也可以认为是应用软件，如数据库管理系统。其软件分类如图 4.1 所示。

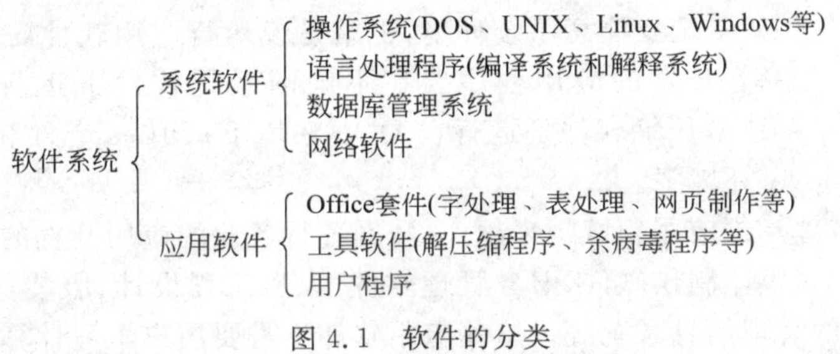

图 4.1 软件的分类

1. 系统软件

系统软件是指管理、控制和维护计算机系统资源的程序集合，这些资源包括硬件资源与软件资源。例如，对 CPU、内存、打印机的分配与管理；对磁盘的维护与管理；对系统程序文件与应用程序文件的组织和管理等。常用的系统软件有操作系统、各种语言处理程序和一些服务性程序等，其核心是操作系统。其主要组成有以下几部分。

(1) 操作系统。操作系统(Operation System，OS)用于统管和控制计算机硬件和软件资源，是由一系列程序组成的。操作系统是直接运行在裸机上的最基本的系统软件，是系统软件的核心，任何其他软件必须在操作系统的支持下才能运行。通常所说的系统平台就是指操作系统。目前常用的操作系统有 Windows、UNIX、Linux 等，详细内容见第 4.2 节。

(2) 语言处理程序。程序是用某种计算机程序设计语言按问题的要求编写而成的计算机代码，计算机完成操作的基础就是执行程序。随着计算机语言的进化，程序也越来越

趋近于人而脱离机器。对于用高级语言编写的程序，计算机是不能直接识别和执行的。要执行高级语言编写的程序，首先要将该程序通过语言处理程序翻译成计算机能识别和执行的二进制机器指令，然后供计算机执行。不同的高级语言对应不同的语言处理程序，例如 Turbo C 是 DOS 系统下的 C 语言处理程序；Visual C++ 是 Windows 系统下的 C 语言处理程序。

(3) 数据库管理系统。数据库管理系统的作用就是管理数据库，具有建立、编辑、维护、访问数据库的功能，并提供数据独立、完整、安全的保障。按数据模型的不同，数据库管理系统可分为层次型、网状型和关系型 3 种，例如 FoxPro、Oracle、Access 都是典型的关系型数据库管理系统。

(4) 网络管理软件。网络管理软件主要是指网络通信协议以及网络操作系统。其主要功能是支持终端与计算机、计算机与计算机以及计算机与网络之间的通信，提供各种网络管理服务，实现资源共享，并保障计算机网络的畅通无阻和安全使用。

2. 应用软件

除了系统软件以外的所有软件都称为应用软件，是由计算机生产厂家或软件公司为支持某一应用领域、解决某个实际问题而专门研制的应用程序。例如 Office 套件、标准函数库、计算机辅助设计软件、图形处理软件、解压缩软件、反病毒软件等。用户通过这些应用程序完成自己的任务。例如，利用 Office 套件创建文档、利用反病毒软件清理计算机病毒、利用 Outlook 收发电子邮件、利用图形处理软件绘制图形、利用解压缩软件打包和解压文件、利用计算机辅助设计软件进行工程设计等。

在使用应用软件时一定要注意系统环境，也就是说运行应用软件需要系统软件的支持。不同的系统软件下开发的应用程序要在不同的系统软件下运行。例如，早期的 EDIT 编辑软件和 ARJ 解压缩软件是运行在 DOS 环境下；Office 套件和 WinZip 解压缩程序运行在 Windows 环境下。

近年来，随着计算机应用领域越来越广，辅助各行各业的应用开发的软件犹如雨后春笋层出不穷，例如多媒体制作软件、财务管理软件、大型工程设计、服装剪裁、网络服务工具以及各种各样的管理信息系统等。这些应用软件不需要用户学习计算机编程而直接使用即能够得心应手地解决本行业中的各种问题。

4.2 操作系统

计算机中的系统软件和应用软件的关系不是并列的，而是有层次的，如图 4.2 所示。

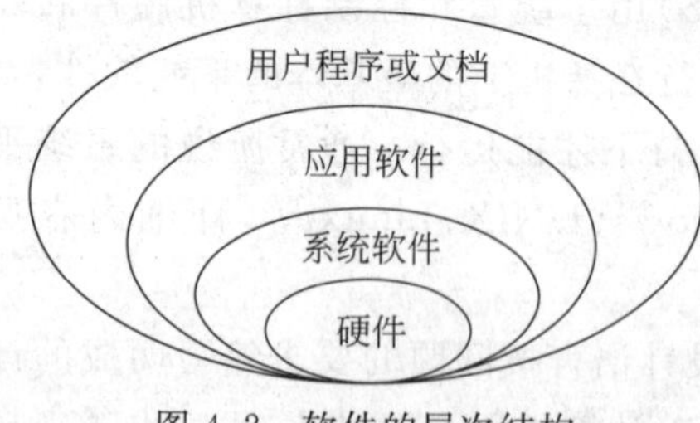

图 4.2　软件的层次结构

系统软件是最基本的软件，而操作系统是最重要的系统软件，是计算机系统不可分割的重要组成部分。操作系统是计算机硬件（裸机）的直接外层，它对硬件的功能进行首次扩充。操作系统通过各种命令提供给用户的操作界面，给用户带来了极大的方便，同时操作系统又是其他软件运行的基础。操作系统是用户与计算机系统交互的工作界面，任何一种计算机都配置一种或多种操作系统。本节介绍了操作系统发展和分类、操作系统的功能以及几种常见的操作系统。

4.2.1 操作系统概述

操作系统是计算机系统资源的管理者，从其自身的功能来讲是用来控制和管理计算机系统的硬件资源和软件资源；从用户使用的角度来说是用户与计算机之间通信的桥梁，为用户提供访问计算机资源的工作环境，用户通过使用操作系统提供的命令和交互功能实现访问计算机的操作。

1. 操作系统的定义

为了合理组织计算机工作流程，协调计算机系统各部分之间的关系，必须要有一个程序来实施管理工作，这个程序就是操作系统。操作系统是计算机系统的一个系统软件，其定义有很多种，很难精确定义。概括地说，操作系统就是为了实现对计算机系统的硬件资源和软件资源进行控制和有效地管理，合理地组织计算机工作流程，以充分发挥计算机系统的工作效率和方便用户充分而有效地使用计算机资源而配置的一种系统软件。

2. 操作系统的发展

从1946年第一台电子计算机诞生以来，计算机经历了从第一代电子管计算机到第四代大规模和超大规模集成电路计算机的发展，操作系统也经历了从人工操作、批处理、单用户单任务的操作系统、多用户多道作业和分时操作系统的发展过程。随着计算机技术的发展，也形成了各种类型的操作系统以适应不同用户的需求。

(1) 人工操作阶段。以电子管为主要元器件的第一代计算机，其运算速度慢、规模小、外设少、没有操作系统，用户既是程序员又是操作员。计算机的操作由用户采用手工操作直接控制和使用计算机硬件。程序员使用机器语言编程，并将事先准备好的程序和数据在纸带或卡片上穿孔，通过纸带或卡片输入机将程序和数据输入到计算机，然后启动计算机运行。上机完全是手工操作，用户通过控制台上的按钮、开关和氖灯来操纵和控制程序，运行完成后取走计算的结果，这时才轮到下一个用户上机。

由于当时计算机运算速度还很慢，由一个用户一次一道程序独占计算机资源，手工操作所占的比例还很大。但随着计算机运算速度的不断提高，人工操作的速度和计算机的速度形成突出的矛盾，解决的办法就是摆脱手工操作，实现作业的自动处理，由此就产生了批处理技术。

(2) 批处理阶段。20世纪50年代中后期，计算机稀少，机时费用昂贵，大段的时间在等待输入和输出的过程中被浪费，严重影响了计算机效率的提高，用户上机时间的安排，甚至以日为单位安排。人们迫切希望计算机作业更流畅一些，效率更高一些。这得到了当时系统管理员们的重视，1995年，第一套批处理管理程序在IBM 701上运行了。

批处理操作系统是一种早期用在大型机上的操作系统，其特点就是用户脱机使用计算机、作业成批处理和多道程序运行。

批处理操作系统要求用户事先准备好上机的作业，包括程序、数据以及作业说明，然后直接交给系统操作员，并按指定的时间收取运行结果，用户不直接与计算机打交道。系统操作员不是立即输入作业，而是要等到一定时间或作业达到一定数量之后才进行成批输入。系统操作员将用户提交的作业分批进行处理，每批中的作业由操作系统控制执行。

批处理技术出现后，由单道批处理发展到多道批处理。单道批处理又分为联机批处理和脱机批处理，这是操作系统的产生和发展的阶段，到了多道批处理阶段则是操作系统形成阶段。

(3) 单用户单任务的操作系统。随着计算技术和大规模集成电路的发展，微型计算机迅速发展起来。单用户操作系统是随着微机的发展而产生的，用来对一台计算机的硬件和软件资源进行管理，通常分为单用户单任务和单用户多任务两种类型。单用户单任务操作系统的主要特征是，在一个计算机系统内，一次只能运行一个用户程序，此用户独占计算机系统的全部硬件和软件资源。

1976 年，美国 DIGITAL RESEARCH 软件公司研制出 8 位的 CP/M 操作系统。CP/M 操作系统有较好的层次结构，它的 BIOS 把操作系统的其他模块与硬件配置分隔开，所以它的移植性较好，具有较好的可适应性和易学易用性，这个系统允许用户通过控制台的键盘对系统进行控制和管理，其主要功能是对文件信息进行管理，以实现硬盘文件或其他设备文件的自动存取。到了 1981 年，CP/M 操作系统成为世界上最流行的 8 位操作系统之一。

继 CP/M 操作系统之后，还出现了 C-DOS、M-DOS、TRS-DOS、S-DOS 和 MS-DOS 等磁盘操作系统。其中值得一提的是 MS-DOS，它是 IBM-PC 及其兼容机上运行的操作系统，是 1980 年基于 8086 微处理器而设计的单用户操作系统。后来，微软公司获得了该操作系统的专利权，配备在 IBM-PC 上，并命名为 PC-DOS，1981 年，微软的 MS-DOS 1.0 版与 IBM 的 PC 面世，这是第一个实际应用的 16 位操作系统，由此微型计算机进入一个新的纪元。1987 年，微软发布 MS-DOS 3.3 版本，这是非常成熟可靠的 DOS 版本，微软取得个人操作系统的霸主地位。

单用户多任务操作系统也是为单个用户服务的，但它允许用户一次提交多项任务。常用的单用户多任务操作系统有 OS/2、Windows 2000/XP 系列等，这类操作系统通常用于微机系统中。

(4) 多用户多道作业和分时操作系统。计算机操作系统发展的第二个阶段是多用户多道作业和分时系统。分时操作系统允许多个用户共享一台计算机的资源，即在一台计算机上连接几台甚至几十台终端机，终端机可以没有 CPU 和内存，只有键盘和显示器，每个用户都通过各自的终端机使用这台计算机的资源，计算机系统按固定的时间片轮流给各个终端服务，由于计算机的处理速度快，用户感觉不到等待时间，似乎这台计算机专为自己服务一样。

分时操作系统的主要目的是对联机用户的服务响应，具有同时性、独立性、及时性和交互性等特点。在分时操作系统中，分时是指若干道程序对 CPU 运行时间的分享，通过设立一个单位时间片来实现。也就是说 CPU 按时间片轮流执行各个作业，一个时间片通常是几十毫秒。

分时操作系统的主要特点是交互性、多用户同时性和独立性，实现了计算机系统的多用户多任务工作方式，其典型代表有 UNIX、OS/2、Windows 操作系统。UNIX 的特点是分时的多用户、多任务、树状结构的文件系统以及重定向和管道。OS/2 采用图形界面,它本身是一个 32 位系统,不仅可以处理 32 位 OS/2 系统的应用软件,还可以运行 16 位 DOS 和 Windows 软件,它将多任务管理、图形窗口管理、通信管理和数据库管理融为一体。Windows 是美国微软公司在 1985 年 11 月发布的第一代窗口式多任务系统,它使 PC 开始进入了图形用户界面时代。

随着信息时代信息量的急剧增长,人们对操作系统提出了更高的要求,为了满足实际的需求,操作系统得到进一步发展。一些具有代表性的操作系统大致具有以下新特性:更强的分布式处理能力;更高的安全性和可靠性;符合开放式模型;更方便的用户界面。

(5) 实时操作系统。实时操作系统是随着计算机应用于实时控制和实时信息处理领域而发展起来的。在 20 世纪 60 年代中期计算机的性能和可靠性有了很大提高,造价大幅度下降,使得计算机应用越来越广泛。随着工业过程控制和对信息进行实时处理的需要,产生了实时操作系统。"实时"是"立即"的意思,指对随机发生的外部事件做出及时的响应并对其进行处理(所谓事件是指来自于计算机系统相连接设备所提出的服务要求和采集数据)。

实时操作系统指系统能及时响应外部事件的请求,在规定的时间内完成对该事件的处理,并控制所有实时任务协调一致地运行。实时系统是较少有人为干预的监督和控制系统,其软件依赖于应用的性质和实际使用的计算机类型。实时系统的基本特征是事件驱动设计,即当接到某种类型的外部信息时,由系统选择相应的程序去处理。

实时操作系统的主要特点是高响应性、高可靠性和安全性。实时操作系统中,每一个信息接收、分析处理和发送的过程必须在规定的时间范围内完成,要求计算机对外来的信息能以足够快的速度进行处理,并在被控制对象允许的时间范围内做出快速响应,其响应速度时间在秒级、毫秒级或微秒级甚至更小。通常应用于工业过程控制和信息实时处理方面,工业控制主要包括数控机床、电力生产、飞行器、导弹发射等方面的自动控制;信息实时处理主要包括民航中的查询班机航线和票价、银行系统中的财务处理等。

分时操作系统与实时操作系统的主要差别是在交互能力和响应时间上,分时系统注重交互性,而实时系统响应时间要更高。UNIX 就是典型的多道批处理、分时、实时相结合的多用户多任务分时操作系统,这类操作系统通常用在大、中、小型计算机或工作站中。

(6) 网络操作系统。网络操作系统用于对多台计算机的硬件和软件资源进行管理和控制,提供网络通信和网络资源的共享功能。它是负责管理整个网络资源和方便网络用户的程序的集合,保证网络中信息传输的准确性、安全性和保密性,提高系统资源的利用率和可靠性。网络操作系统是根据网络协议开发的,它除了一般操作系统的基本功能外,还应具有网络管理模块。网络管理模块的主要功能是提供高效而可靠的网络通信能力;提供多种网络服务,如远程作业录入服务、分时服务、文件传输服务;对网络中的共享资源进行管理;实现网络安全管理。

网络操作系统主要特征是互操作性和协作处理性,最有代表性的几种网络操作系统是 Windows 2000 Server、Windows XP、UNIX、Linux,以及 Novell 公司的 Netware 等。

(7) 分布式操作系统。分布式系统是多台计算机经网络连接在一起而组成的系统,系统中任意两台计算机可以通过远程调用交换信息,系统中的计算机无主次之分,系统中的资源供所有用户共享,一个程序可以分布在几台计算机上并行地运行,互相协作完成一个共同任务。分布式系统的引入主要是为了增加系统的处理能力、节省投资、提高系统的可靠性。用于管理分布式系统资源的操作系统就称为分布式操作系统。

3. 操作系统的分类

操作系统的分类方法很多种,一般常有以下几种。

(1) 按其管理用户的数量,可分为单用户操作系统和多用户操作系统。在单用户操作系统中,单个用户作业独占计算机系统的全部资源;在多用户系统中,一台计算机拥有多个终端,每个终端为一个用户服务,多个用户共享计算机的全部资源。

(2) 按照对任务的响应方式不同,可分为实时操作系统和分时操作系统。

(3) 按照同时管理作业数量的多少,可以将操作系统分为单道作业系统和多道作业批处理系统。

(4) 按操作系统的使用环境,还可以将它分为个人操作系统、网络操作系统和分布式操作系统。

传统上,把操作系统分为五大类:批处理操作系统、分时操作系统、实时操作系统、网络操作系统、分布式操作系统。

4.2.2 操作系统功能

操作系统的功能可以分别从资源管理和用户使用两个角度进行划分。从用户使用的角度来看,操作系统对用户提供访问计算机资源的接口。从资源管理的角度看,操作系统对计算机资源进行控制和管理的功能,主要分为 CPU 的控制与管理、内存的分配与管理、外部设备的控制与管理、文件的控制与管理以及作业的控制与管理等 5 部分,如图 4.3 所示。

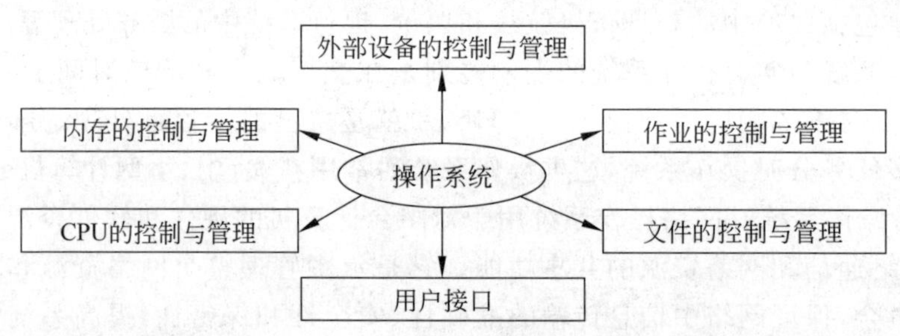

图 4.3　操作系统的功能结构

1. CPU 的控制与管理

CPU 是计算机系统中最重要的硬件资源,任何程序只有占有的 CPU 才能运行,其处理信息的速度远比存储器存取速度和外部设备工作速度快,只有协调好它们之间的关系才能充分发挥 CPU 的作用。操作系统可以使 CPU 按预先的优先顺序和管理原则,轮流地为外部设备和用户服务,或在同一段时间内并行地处理多项任务,以达到资源共享,从而使计算机系统的工作效率得到最大的发挥。

2. 内存的分配与管理

计算机在处理问题时不仅需要硬件资源，还要用到操作系统、编译系统、用户程序和数据等许多软件资源，而这些软件资源何时放到内存，放到内存的什么地方，用户数据存放到哪里，都需要由操作系统对内存进行统一的分配并加以管理，使它们既保持联系，又避免互相干扰。如何合理地分配与使用有限的内存空间，是操作系统对内存管理的一项重要工作。

3. 外部设备的控制与管理

操作系统要控制外部设备和CPU之间的通道，把提出请求的外部设备按一定的优先顺序排好队，等待CPU响应。

为提高CPU与输入输出设备之间并行操作的程度，以及为了协调高速CPU和低速输入输出设备之间的工作节奏，操作系统通常在内存中设定一些缓冲区，使CPU与外部设备通过缓冲区成批传送数据。数据传输方式是，先从外部设备一次读入一组数据到内存的缓冲区，CPU依次从缓冲区读取数据，待缓冲区中的数据用完后再从外部设备读入一组数据到缓冲区。这样成组进行CPU与输入输出设备之间的数据交互，减少了CPU与外部设备之间交互次数，提高了CPU运算速度。

4. 文件的控制与管理

把逻辑上具有完整意义的信息集合以一个名字作为整体记录下来保存在存储设备中，这个整体信息就称为文件。为了区别不同信息的文件，分别对它们命名，称为文件名。例如，一个源程序、一批数据、一个文档、一个表格或一幅图片都可以各自组成一个文件。操作系统根据用户要求实现按文件名存取，负责对文件的组织以及对文件存取权限、打印等的控制。

5. 作业的控制与管理

作业包括程序、数据以及解题的控制步骤。一个计算问题是一个作业，一个文档的打印也是一个作业。操作系统对进入系统的所有作业进行组织和管理，以提高运行效率。操作系统的作业管理功能提供"作业控制语言"，用户通过它来书写控制作业执行的说明书。同时，还为操作员和终端用户提供与用户系统对话的"命令语言"，用它来请求系统服务。操作系统按操作说明书的要求或收到的命令控制用户作业的执行。

4.2.3 常见操作系统介绍

如前所述，操作系统是用户与计算机之间通信的桥梁，为用户提供访问计算机资源的环境，一个好的操作系统不但能使计算机系统中的软件和硬件资源得以充分的利用，还要为用户提供一个清晰、简洁、易用的工作界面。常见的操作系统有Windows、UINX、Linux、NetWare、Android操作系统、Mac操作系统、Solaris等，本节将简单介绍Windows、UINX、Linux、Android、IOS这几种操作系统。

1. Windows 操作系统

Microsoft Windows是由Microsoft公司开发的一系列基于图形界面、多任务的操作系统，又称为视窗操作系统。Windows正如它的名字一样，它在计算机与用户之间打开了一个窗口，用户可以通过这个窗口直接使用、控制和管理计算机。

从而使操作计算机的方法和软件的开发方法产生了巨大的变化。鲜艳的色彩、动听的音乐、前所未有的易用性，以及令人兴奋的多任务操作，使计算机操作成为一种享受。点几下鼠标就能完成工作，还可以一边播放 CD，一边用 Word 写文章，这都是 Windows 带给人们的便利。一时间，“蓝天白云”出现在世界各个角落。

(1) Microsoft Windows 的发展历史。Windows 操作系统是 Microsoft 公司从 1983 年就开始研制的，其第一个版本 Windows 1.0 于 1985 年问世，1987 年又推出了 Windows 2.0。

1990 年推出的 Windows 3.0 是一个里程碑，它在市场上的成功奠定了 Windows 操作系统在个人计算机领域的垄断地位。之后出现了一系列 Windows 3.x 操作系统，为程序开发提供了功能强大的控制能力。

Microsoft 公司在此之后推出的 Windows NT(new technology)可以支持从桌面系统到网络服务器等一系列机器。它主要采用了客户——服务器和层次式相结合的模型，系统的安全性也比较好。

1995 年 Microsoft 公司又推出了 Windows 95，这个版本的操作系统对原来的 Windows 3.x 进行了全面改进，不但功能增强，在用户界面上也作了改进，从而使用户对系统中的各种资源的浏览和操作既方便又合理。

之后出现的 Windows 98 是 Windows 9x 的最后一个版本。Windows ME(Windows 千禧版)具有 Windows 9x 和 Windows 2000 的特征，它实际上是由 Windows 98 改良得到的，但在界面和某些技术方面是模仿 Windows 2000。Windows 2000 即 Windows NT 5.0，这是微软为解决 Windows 9x 系统的不稳定和 Windows NT 的多媒体支持不足推出的一个版本。

Windows XP 是 Windows 的最经典版本，有 Home 和 Professional 两个版本。Windows XP 采用智能化的界面，具有崭新的视觉效果，在多用户的计算机上可以快速切换用户。Windows XP 具有强大的多媒体功能，并将常用的数字媒体操作整合在一起，包括 CD 和 DVD 的回放、歌曲集的管理和录制、音频 CD 的创建、互联网音频回放以及与便携设备的媒体传输。Windows XP 改进了对设备和硬件的支持，特别是对系统稳定性和设备兼容性的更好支持，简化了计算机硬件的安装、配置和管理过程。

Windows 7 是由微软公司(Microsoft)开发的操作系统，核心版本号为 Windows NT 6.1。Windows 7 可供家庭及商业工作环境、笔记本电脑、平板电脑、多媒体中心等使用。2009 年 7 月 14 日 Windows 7 RTM(Build 7600.16385)正式上线，2009 年 10 月 22 日微软于美国正式发布 Windows 7。Windows 7 同时也发布了服务器版本——Windows Server 2008 R2。2011 年 2 月 23 日凌晨，微软面向大众用户正式发布了 Windows 7 升级补丁——Windows 7 SP1 (Build7601.17514.101119—1850)，另外还包括 Windows Server 2008 R2 SP1 升级补丁。Windows 7 主要包括简易版、家庭普通版、家庭高级版、专业版、企业版、旗舰版等版本。多功能任务栏 Windows 7 的 Aero 效果更华丽，有碰撞效果，水滴效果。

Windows 8 是由微软公司开发的，具有革命性变化的操作系统。Windows 8 可以在运行 Windows 7 的计算机上平稳地运行。

微软于北京时间 2012 年 10 月 25 日 23 点 15 分推出的最新 Windows 8 系统。Windows 8 支持 PC(X86 构架)及平板电脑(X86 构架 或 ARM 构架)。Windows 8 大幅改变以往的操作逻辑,提供更佳的屏幕触控支持。新系统画面与操作方式变化极大,采用全新的 Metro(新 Windows UI)风格用户界面,各种应用程序、快捷方式等能以动态方块的样式呈现在屏幕上,用户可自行将常用的浏览器、社交网络、游戏、操作界面融入。Windows 8 的系统桌面如图 4.4 所示。

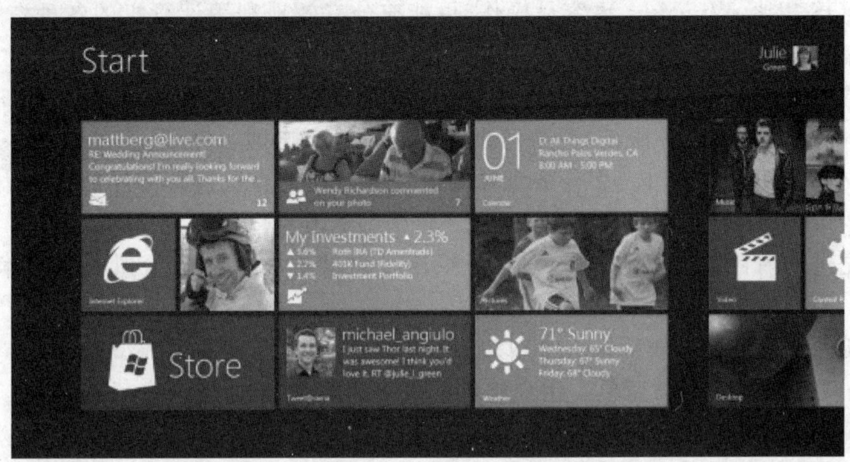

图 4.4　Windows 8 操作系统的桌面

将 Windows 的发展历史汇总成一个表,如表 4.1 所示。

表 4.1　Windows 版本历史

操作系统名称	发布日期	类　型
Windows 1.0	1985 年 10 月	桌面操作系统
Windows 2.0	1987 年 10 月	桌面操作系统
Windows 3.0	1990 年 5 月	桌面操作系统
Windows 3.1	1992 年 4 月	桌面操作系统
Windows NT Workstation3.5	1994 年 7 月	桌面操作系统
Windows NT 3.5x	1994 年 9 月	服务器操作系统
Windows 95	1995 年 8 月	桌面操作系统
Windows NT Workstation 4.x	1996 年 7 月	桌面操作系统
Windows NT Server 4.0	1996 年 9 月	服务器操作系统
Windows 98	1998 年 6 月	桌面操作系统
Windows 2000	2000 年 2 月	桌面操作系统
Windows Server 2000	2000 年 2 月	服务器操作系统
Windows XP	2001 年 10 月	桌面操作系统
Windows vista	2007 年 1 月	桌面操作系统
Windows Server 2008	2008 年 3 月	服务器操作系统
Windows 7	2009 年 10 月	桌面操作系统
Windows 8	2012 年 10 月	桌面操作系统

(2) Windows系统的特点。Windows系统是由系统文件、外部过程文件和一系列应用程序组成。系统文件和外部过程文件随系统一起安装到计算机中，而系统文件随着系统的启动直接加载到内存供用户使用；外部过程文件则放在外存，需要时由外存调入内存工作。应用程序则以独立的软件方式存在，根据用户需要安装到系统中，如 Office、Photoshop 等。

Windows 以窗口的形式显示信息，它提供了基于图形的人机对话界面，与早期的操作系统 DOS 相比，Windows 更容易操作，更能充分有效地利用计算机的各种资源。它的主要特点如下。

① 统一的图形窗口界面和操作方法。在 Windows 中的操作可以说是"所见即所得"，所有的东西都摆在你眼前，只要移动鼠标，单击、双击即可完成。

② 支持多任务多窗口。多任务意味着可以同时让计算机执行不同的任务，并且互不干扰。比如一边听歌一边写文章，同时打开数个浏览器窗口进行浏览等。

③ 先进的内存管理。Windows 系统采用了自动扩充内存和虚拟内存技术，使得大型程序也可以顺利运行。

④ 硬件支持良好。Windows 95 以后的版本都支持"即插即用(plug and play)"技术，这使得新硬件的安装更加简单。用户将相应的硬件和计算机连接好后，只要有其驱动程序，Windows 就能自动识别并进行安装。

⑤ 具有丰富的应用程序。在 Windows 下有众多的应用程序可以满足用户各方面的需求。Windows 下有数种编程软件，有无数的程序员在为 Windows 编写着程序。

⑥ 内置网络和通信功能。Windows 中内置了 TCP/IP 协议和拨号上网软件，用户只需进行一些简单的设置就能上网浏览、收发电子邮件等。同时它对局域网的支持也很出色，用户可以很方便地在 Windows 中实现资源共享。

⑦ 支持多媒体技术。在 Windows 中可以进行音频、视频的编辑/播放工作，可以支持高级的显卡、声卡，使其"声色俱佳"。MP3 以及 ASF、SWF 等格式的出现使计算机在多媒体方面更加出色，用户可以轻松地播放最流行的音乐或观看影片。

2. UNIX 操作系统

UNIX 是使用比较广泛的、影响比较大的主流操作系统之一。UNIX 的结构简单、功能强、可移植性和兼容性都比较好，因而被认为是开放系统的代表。

(1) UNIX 的发展。UNIX 操作系统是 20 世纪 60 年代末由美国的电话电报公司(AT&T)Bell 实验室的计算机科学家 K. Thompson 和 D. M. Ritchie 等研制的。由于上述两位学者对 UNIX 操作系统的卓越贡献，他们获得了 1983 年的图灵奖。

1974 年美国的电话电报公司允许教育机构免费使用 UNIX 操作系统，促进了 UNIX 技术的发展，各种不同版本的 UNIX 操作系统相继出现，其中最值得一提的是加州大学 Berkeley 分校的 BSD 版。20 世纪 70 年代末，市场上出现了 UNIX 的商品化版本，代表性的产品有 AT&T 公司的 UNIX System V、UNIX SVR 4X、SUN 公司的 Sun OS、Microsoft 公司的 Xenix 和 SCO UNIX 等。到了 20 世纪 90 年代，不同的 UNIX 版本已有 100 多种，比较主流的产品有 SUN Solaris、SCO 的 UNIX Ware 等。

UNIX 是一个交互式的多用户、多任务的操作系统(如图 4.5 所示)，自 1974 年问世以来，迅速地在世界范围内推广。UNIX 起源于一个面向研究的分时系统，后来成为一个标准的操作系统，可用于网络、大型机和工作站。UNIX 系统运行在计算机系统的硬件和应用程序之间，负责管理硬件并向应用程序提供简单一致的调用界面，控制应用程序的正确执行。

图 4.5 UNIX 操作系统的桌面

UNIX 系统由内核、Shell、文件系统和应用程序 4 部分组成。内核是系统心脏，是运行程序和管理磁盘、打印机等硬件设备的核心程序，即直接管理计算机硬件的控制程序。Shell 则是用户界面，提供用户接口。文件系统则负责组织文件在磁盘等存储设备上的存储方式，文件是按目录的方式管理，每个目录可以包含任何数目的子目录，每个子目录又可包含文件。应用程序是 UNIX 系统中的一组标准程序，通常分为编辑器、过滤器和通信程序。UNIX 系统组成结构如图 4.6 所示。

图 4.6 UNIX 系统组成结构

(2) UNIX 的特点。UNIX 系统除了具有文件管理、程序管理和用户界面等所有操作系统共有的传统特性外，又增加了另外两个特性：一是与其他操作系统的内部实现不同，UNIX 是一个多用户、多任务系统；二是与其他操作系统的用户界面不同，具有充分的灵活性。概括而言，UNIX 的特点有如下几点：

① 多用户的分时操作系统，即不同的用户分别在不同的终端上进行交互式的操作，就好像各自单独占用主机一样。

② 具有可移植性。不仅系统具有良好的可移植性，而且在 UNIX 系统上开发的应用程序也具有良好的可移植性。

③ 可靠性强。经过十几年的考验，UNIX 系统是一个成熟而且比较可靠的系统。在应用软件出错的情况下，虽然性能会有所下降，但工作仍能可靠进行。

④ UNIX有良好的一致性。一致性体现在以同样的观点看待文件、设备和进程间的I/O，以及命令和库函数的一致性。在UNIX系统中，无论是对磁盘文件进行读写，还是对外部设备进行操作，采用的都是一个文件接口。另外，命令和库函数的一致性使得积木式的编程变得容易。

⑤ 它向用户提供了两种友好的用户界面。其一是程序级的界面，即系统调用，使用户能充分利用UNIX系统的功能，它是程序员的编程接口，编程人员可以直接使用这些标准的实用子程序；其二是操作级的界面，即命令。它直接面向普通的最终用户，为用户提供交互式功能；程序员可用编程的高级语言直接调用它们，大大减少编程难度和设计时间。可以说，UNIX在这一方面同时满足了两类用户的需求。

⑥ 具有可装卸的树状分层结构文件系统。该文件系统具有使用方便、检索简单等特点。

⑦ 将所有外部设备都当作文件看待，分别赋予它们对应的文件名，用户可以像使用文件那样使用任一设备，而不必了解该设备的内部特性，这既简化了系统设计又方便了用户的使用。

3. Linux操作系统

Linux是一种可以运行在微机上的免费的UNIX操作系统。它由芬兰赫尔辛基大学的学生Linus Torvalds在1991年开发。Linus Torvalds把Linux的源程序在互联网上公开，世界各地的编程爱好者自发组织起来对Linux进行改进和编写各种应用程序。今天，Linux已发展成为功能很强的操作系统，是操作系统领域的一颗新星。

Linux的开发及其源代码对每个人都是完全免费的。Linux有着广泛的用途，包括网络应用、软件开发、建立用户平台等。现在主要的版本有Red Hat Linux、Turbo Linux和我国自主开发的红旗Linux、蓝点Linux等。

Linux操作系统是目前全球最大的一个自由软件（如图4.7所示），它具有完备的网络功能，且具有稳定性、灵活性和易用性等特点。

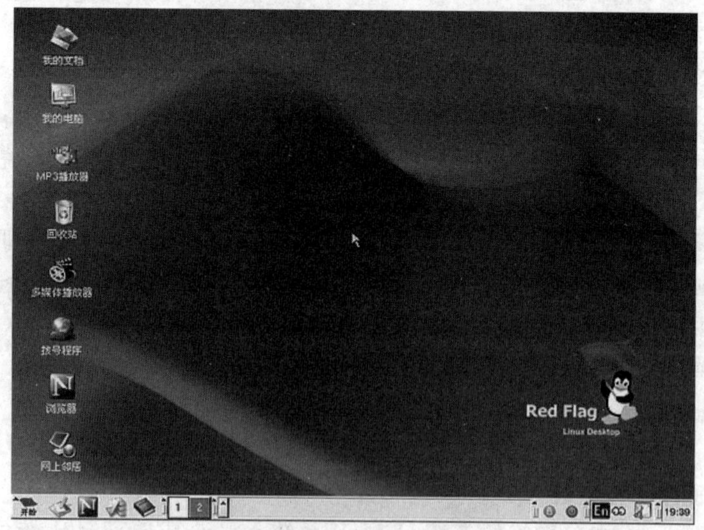

图4.7　Linux操作系统组桌面

Linux之所以受到广大计算机爱好者的喜爱,主要原因有3个:一是它属于自由软件,用户不用支付任何费用就可以获得它和它的源代码,并且可以根据自己的需要对它进行必要的修改,无偿使用,无约束地继续传播。二是它具有UNIX的全部功能,任何使用UNIX操作系统或想学习UNIX操作系统的人都可以从Linux获益。三是它集成了WWW服务器、FTP服务器、数据库等Internet服务,方便用户基于Web应用。

Linux功能强大而全面,与其他操作系统相比,具有如下几个显著特点。

(1) 与UNIX的兼容性。现在,Linux已成为具有全部UNIX特征,遵从POSIX标准的操作系统。所有UNIX的主要功能都有相应的Linux工具和实用程序。

(2) 自由软件,源码公开。

(3) 性能高,安全性强。在相同的硬件环境下,Linux可以像其他优秀的操作系统那样运行,提供各种高性能的服务,可以作为中小型ISP或Web服务器工作平台。

(4) 便于定制和再开发,互操作性高。

(5) 全面的多任务和真正的32位操作系统。Linux是真正的多任务系统,它允许多个用户同时在一个系统上运行多道程序。Linux还是真正的32位操作,它工作在Intel 80836及以后的Intel处理器的保护模式下,且支持多种硬件平台。

4. Android操作系统

Android是一种基于Linux的自由及开放源代码的操作系统,主要使用于便携设备,如智能手机和平板电脑。目前尚未有统一中文名称,中国大陆地区较多人使用"安卓"或"安致"。

(1) Android的发展。

2003年10月,Andy Rubin等人创建Android公司,并组建Android团队。

2005年8月17日,Google低调收购了成立仅22个月的高科技企业Android及其团队。安迪鲁宾成为Google公司工程部副总裁,继续负责Android项目。

2007年11月5日,谷歌公司正式向外界展示了这款名为Android的操作系统,并且在这天谷歌宣布建立一个全球性的联盟组织,这一联盟将支持谷歌发布的手机操作系统以及应用软件,Google以Apache免费开源许可证的授权方式,发布了Android的源代码。

2008年,在Google I/O大会上,谷歌提出了Android HAL架构图,在同年8月18号,Android获得了美国联邦通信委员会(FCC)的批准,在2008年9月,谷歌正式发布了Android 1.0系统,这也是Android系统最早的版本。

2009年4月,谷歌正式推出了Android 1.5这款手机操作系统,从Android 1.5版本开始,谷歌开始将Android的版本以甜品的名字命名,Android 1.5命名为Cupcake(纸杯蛋糕)。该系统与Android 1.0相比有了很大的改进。

2009年9月份,谷歌发布了Android 1.6的正式版。Android 1.6也有一个有趣的甜品名称,它被称为Donut(甜甜圈)。

2010年2月份,Linux内核开发者Greg Kroah-Hartman将Android的驱动程序从Linux内核"状态树"(staging tree)上除去,从此,Android与Linux开发主流将分道扬镳。在同年5月份,谷歌正式发布了Android 2.2操作系统。谷歌将Android 2.2操作系统命名为 Froyo,翻译完名为冻酸奶。

2010 年 12 月,谷歌正式发布了 Android 2.3 操作系统 Gingerbread(姜饼)。

2011 年 9 月 19 号,谷歌将会发布全新的 Android 4.0 操作系统,这款系统被谷歌命名为 Ice Cream Sandwich(冰激凌三明治)。

2012 年 1 月 6 日,谷歌 Android Market 已有 10 万开发者推出超过 40 万活跃的应用,大多数的应用程序为免费。Android Market 应用程序商店目录在新年首周周末突破 40 万基准,距离突破 30 万应用仅 4 个月。

(2) Android 的特点。

① 开源。Android 系统是开源的, Android 操作系统的开源意味着开放的平台允许任何移动终端厂商加入到 Android 联盟中来,专业人士可以利用开放的源代码来进行二次开发,打造出个性化的 Android。例如中国的 MIUI 就是基于 Android 2.3 原生系统深度开发的 Android 系统,其与原生系统相比有了较大的改动。而且开放性可以缩短开发周期,降低开发成本。如此一来跟有利于 Android 的发展。

② 给用户更高的自由度。Android 操作系统给予了用户更高的自由度,熟悉 Android 的都清楚:用户可以根据自己的喜好来设置手机界面,Android 的应用市场上还有各式各样的启动器来供用户自己选择,让自己的手机与众不同。例如,用户要是喜欢 HTC 的操作界面,便马上可以在应用市场上找到,甚至还能模仿 IOS 的界面。安卓操作系统的界面如图 4.8 所示。

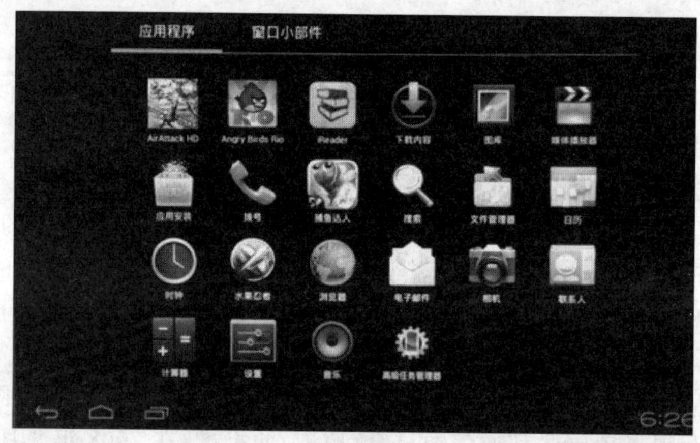

图 4.8 安卓操作系统的界面

③ 选择多样化。由于 Android 的开放性,众多的厂商为了迎合大众会推出层出不穷的新产品。迄今为止,以 Android 为操作系统的机型已经达到了几十上百种。但是这些功能、机型上的差异不会影响到数据的同步、软件的兼容等。这样便给了消费者更多的购机选择。这一优势是 IOS、Blackberry OS 当今主流操作系统所不能比拟的。

5. iOS 操作系统

苹果 iOS 是由苹果公司开发的手持设备操作系统。苹果公司最早于 2007 年 1 月 9 日的 Macworld大会上公布这个系统,最初是设计给 iPhone 使用的,后来陆续套用到 iPod touch、iPad 以及 Apple TV 等苹果产品上。iOS 与苹果的 Mac OS X 操作系统一样，它也是以 Darwin 为基础的，因此同样属于类 UNIX 的商业操作系统。原本这个系统名为 iPhone OS，直到 2010 年 6 月 7 日 WWDC 大会上宣布改名为 iOS。

2007 年 10 月 17 日，苹果公司发布了第一个本地化 iPhone 应用程序开发包(SDK)，并且计划在 2 月发送到每个开发者以及开发商手中。

2008 年 3 月 6 日，苹果发布了第一个测试版开发包，并且将“iPhone runs OS X”改名为“iPhone OS”。

2010 年 6 月，苹果公司将“iPhone OS”改名为“iOS”，同时还获得了思科 iOS 的名称授权。

2012 年 6 月，苹果公司在 WWDC 2012 上宣布了 iOS 6，提供了超过 200 项新功能。

2013 年 1 月 29 日，苹果推出了 iOS 6.1 正式版的更新。更新仍旧以完善 iOS 系统为主，对 Siri、Passbook 等进行了改善，修复了一些 iOS 6 上存在的 bug 等。

iOS 的特点主要是：iOS 是 Mac 出的封闭手机系统，iOS 相对要稳定，不开放源代码的，扩展相对不足，移植性很好！iOS 开发用的是 Object-C(一种 C 语言的第三方拓展版)，从众面小，不能定制 UI(界面)，只能进行功能解锁，比如越狱。

iPhone 定位于高端手机市场，走的是个性化路线，主要优势是 AppStore(移动网上商店)，Mac 拥有全球最大最成熟的移动网上商店。iOS 的界面布局如图 4.9 所示。

图 4.9　iOS 操作系统的界面

4.3　程序设计基础

自然语言是人们交流的工具，不同的语言描述的形式各不相同，如汉语、英语等；而程序是人与计算机交流的工具，如果没有程序，计算机什么也不会做。用户在使用计算机时，需要让计算机按规定完成一系列的工作，这就要求计算机具备理解并执行人们给出的各种指令的能力。因此在用户和计算机之间就需要一种两者都能识别的特定语言，这种特定的语言就是计算机语言，也叫程序设计语言，它是人和计算机沟通的桥梁。使用程序设计语言编写的用来使计算机完成一定任务的一段“文章”称为程序，编写程序的工作则称为程序设计。程序是计算机的一组指令，是程序设计的最终结果。程序经过编译和执行才能最终完成程序的动作。本节首先介绍程序的概念，接着介绍程序设计方法，最后介绍几种常见的程序设计语言。

4.3.1　程序的概念

“程序”一词来自生活，通常指完成某些事务的一种既定方式和过程。程序在计算机发明之前很久就有了，例如，食谱、乐谱、工作步骤等都是程序，泛指得到一个结果需要的步骤，比如演出节目单、课程表等。

程序是人们事先按照自己的需要编写出来的，编写程序的过程即进行程序设计。所以，程序设计就是根据需要完成的任务，提出需求、设计数据结构和算法、编制程序和调试程序，使计算机程序能够正确完成所设定的任务。简单地讲，程序设计是设计和编写程序的过程。程序设计是软件开发过程中的一个重要环节。

一个程序主要包括两个方面：一是对数据的描述，即数据结构；二是对操作的描述，即操作步骤，也就是算法。所以，程序可以描述为

程序＝算法＋数据结构

计算机程序是计算机为解决某个问题或完成某项任务的一组指令序列，主要由两部分组成：

(1) 说明部分。说明部分包括程序名、类型、参数及参数类型说明。

(2) 程序体。程序体为程序的执行部分。在程序执行部分按照事先的设计，由计算机的输入得到预期的结果，并输出给用户。

4.3.2 程序设计方法

对于简单问题，通常不必关心程序设计方法，甚至不需要计算机。但是，对于规模较大的应用开发，需要有工程的思想指导程序设计。由于“软件危机”，计算机程序设计方法的迅速发展，新的程序设计方法也应运而生。程序设计技术主要包括结构化程序设计方法和面向对象程序设计方法。

1. 结构化程序设计方法

结构程序设计的目标是得到一个好结构的程序，所谓好结构的程序就是要具有结构清晰、容易阅读、容易修改和容易验证的特点。一般来说，结构化程序主要由 3 类结构组成，分别为顺序结构、选择结构、循环结构，如图 4.10 所示。

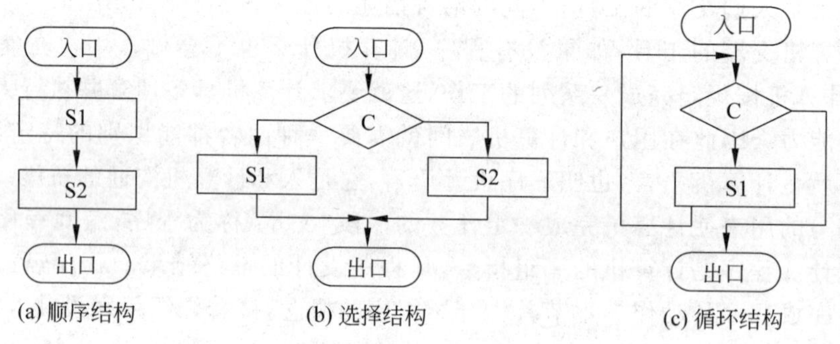

图 4.10 程序的 3 种基本结构

这 3 种结构都有一个显著的特点，即每一种结构都严格遵循“一个入口，一个出口”的原则，这一原则在结构程序设计中是十分重要的。也正是由于遵循了这一原则，一个复杂的程序才可能被分解成若干个结构和若干层子结构，从而程序层次分明、清晰易懂。

结构化程序设计方法主要包括3个方面，分别为自顶向下设计、程序流程图、伪代码，如表4.2所示。

表4.2　结构化程序设计技术

技　术	描　述
自顶向下设计	确定主要的处理步骤
程序流程图	解决问题所需步骤的图形描述
伪代码	程序的逻辑描述

(1) 自顶向下设计。按照结构程序设计的思想，一个程序中的每一个程序均服从“一个入口，一个出口”的原则，这是从程序的某一个局部来考虑的。从程序的整体来看，或者说从程序编制的全过程来看，结构程序设计的思想体现在采用一些比较行之有效的方法，如“自顶向下，逐步求精”等方法。所谓“自顶向下，逐步求精”的方法，就是在编制一个程序时，首先考虑程序的整体结构而忽视一些细节问题，然后逐步一层一层地细化，直至程序语言完全描述每一个细节，即得到所期望的程序为止。

(2) 程序流程图。流程图是一种使用几何图形描述程序逻辑关系的程序设计方法。它的基本图形元素如图4.11所示。在程序流程图中用3种逻辑结构描述程序结构(如图4.12所示)。

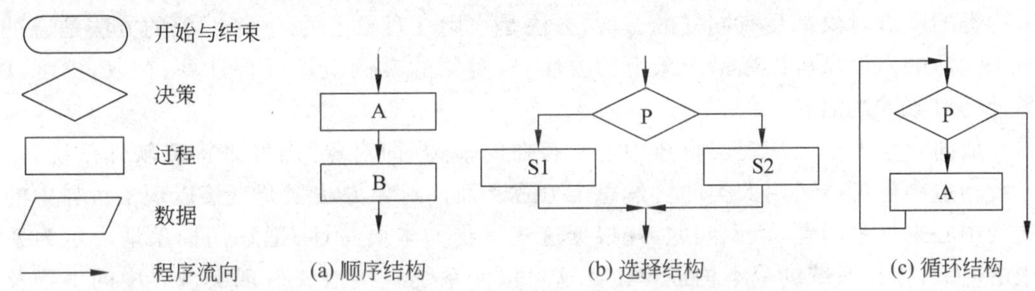

图4.11　流程图基本图形元素

图4.12　流程图的3种逻辑结构

顺序结构，一个命令接一个命令地执行；选择结构(或IF…THEN…ELSE)，当一个决定有多种执行结果时；循环结构(或WHILE…DO，FOR…TO…)，只要条件成立就反复执行。

(3) 伪代码。伪代码是一种描述语言。它只是一种描述程序执行过程的工具，是面向读者的，不能直接用于计算机，实际使用时还需要转换成某种计算机语言来表示。使用伪代码的目的是为了使被描述的程序可以容易地以任何一种编程语言实现。因此，伪代码必须结构清晰、代码简单、可读性好并且类似自然语言。

2. 面向对象程序设计方法

面向对象技术是程序设计方法的一次革命，在软件开发史上具有里程碑的意义。面向对象方法是一种以对象为基础，以事件或消息来驱动对象执行吹的程序设计方法。在面向对象系统中，世界被看成上一独立“对象”的集合，对象之间通过“消息”互相通信，对象具有“智能化”的结构，它将数据和消息处理“封装”在一起，对一个对象的存取或修改仅通过其外部接口子程序,其内部的实现细节、数据结构及对它的操作进行“信息隐藏”。

(1) 对象和类。所谓对象就是现实世界中的客观事物,是实体,是某个抽象数据类型的值。利用对象达到数据抽象和隐藏的目的。对象包括以下几个含义:一是每个对象都有可以唯一地标识它的名字。二是每个对象都占有自己的空间,在对象的私有空间中存储着对象的内部值表示,代表了对象的状态。对象的值表示通常是以某种数据的形式表达的,这个数据结构中的分量称为对象的实例变量或数据成员。三是每个对象都与一组施加在这些数据结构上的操作相联系,这组操作称作对象的方法或服务或成员函数。这组方法是外部可见的接口操作或者说是向外部提供的一组服务。四是一个对象的状态只能由该对象的操作来改变。

现实世界中,具有相同属性和行为的事物往往不只一个,面向对象程序设计技术为了提高复用性,就用类来抽象定义同类对象。类是对一组具有相同数据结构和方法的对象的特征的抽象,是一个“对象工厂”,是一个创建对象的模板,每一个由类而生成的新对象都有同样的数据结构和方法。在这种意义下,每个对象都是某一个类的实例,例如,“小轿车”是一个类,某一辆“小轿车”就是这个类的一个实例,谁也没有见过抽象的“小轿车”,只见过具体的某一种品牌型号的“小轿车”;另一方面,类也可以是一个“对象仓库”,是存在于系统中的所有同一类对象的整体表示,是同类对象的抽象描述。

(2) 方法和消息。对象一旦被定义,就与一组方法联系起来。方法是在类中定义的,同一类的所有对象都具有同样的方法,方法是作用在对象上的,一个对象的方法是通过消息来激活的。消息可以激活对象上的方法,对对象的实例变量进行计算、存取,也可以向另外的对象发送消息。

面向对象方法是从现实世界中客观存在的事物(即对象)出发来构造软件系统,并在系统构造中尽可能运用人类的自然思维方式。面向对象方法强调直接以现实世界中的事物为中心来思考问题、认识问题,并根据这些事物的本质特性,把它们抽象地表示为系统中的对象,作为系统的基本构成单位。这可以使系统直接地映射现实世界中的事物及其相互关系的本来面貌。

面向对象方法更加强调运用人类在日常的逻辑思维中经常采用的思想方法与原则,例如抽象、分类、继承、聚合、封装等。这使得软件开发者能更有效地思考问题,并以其他人也能看得懂的方式把自己的认识表达出来。

(3) 面向对象技术的基本特征。面向对象技术强调在软件开发过程中面向客观世界或问题域中的事物,采用人类在认识客观世界的过程中普遍运用的思维方法,直观、自然地描述客观世界中的有关事物。面向对象技术的基本特征主要有抽象性、封装性、继承性和多态性。

抽象性是对事物的抽象概括描述,实现了客观世界向计算机世界的转化。抽象就是忽略事物中与当前目标无关的非本质特征,而强调与当前目标有关的本质特征,从而找出事物的共性,并把具有共性的事物划为一类,得到一个抽象的概念。将客观事物抽象为对象和类是面向对象方法的第一步。

封装就是把对象的属性和行为结合成一个独立的单位,并尽可能隐蔽对象的内部细节。封装有两个含义:一是把对象的全部属性和行为结合在一起,形成一个不可分割的独立单位,对象的属性值(除了公有的属性值)只能由这个对象的行为来读取和修改;二是尽可能隐蔽对象的内部细节,对外形成一道屏障,与外部的联系只能通过外部接口实现。封装机制将对象的使用者和设计者分开,使用者不必知道对象行为实现的细节,只需用设计者提供的外部接口让对象去做。封装的结果实际上隐藏了复杂性,并提供了代码重用性,从而降低了软件开发的难度。

继承性是从已定义的类定义新类的一种手段。通过继承,可以对一个已经定义的类进行细化,加入新的属性和方法,而不用重复说明已定义的属性和方法,甚至不必了解已定义类的表示和实现细节。新的类称为已定义的类的子类或派生类,已定义的类称为新类的超类(或父类、基类)。在软件开发过程中,继承性实现了软件模块的可重用性、独立性,缩短了开发周期,提高了软件开发的效率,同时使软件易于维护和修改,这是因为要修改或增加某一属性或行为,只需在相应的类中进行改动,而它派生的类都自动地、隐含地作了相应的改动。可见,继承是对客观世界的直接反映,通过类的继承,能够实现对问题的深入抽象描述,反映出人类认识问题的发展过程。

多态性是指类中同一函数名对应多个具有相似功能的不同函数,可以使用相同的调用方式来调用这些具有不同功能的同名函数。继承性和多态性的结合,可以生成一系列虽类似但独一无二的对象。由于继承性,这些对象共享许多相似的特征;由于多态性,针对相同的消息,不同对象可以有独特的表现方式,实现特殊化的设计。

(4) 面向对象程序设计方法的思想。面向对象方法是从现实世界中客观存在的事物(即对象)出发来构造软件系统,并在系统构造中尽可能运用人类的自然思维方式。面向对象方法强调直接以现实世界中的事物为中心来思考问题、认识问题,并根据这些事物的本质特征,把它们抽象地表示为系统中的对象,作为系统的基本构成单位。这可以使系统直接地映射现实世界中的事物及其相互关系的本来面貌。面向对象方法更加强调运用人类在日常的逻辑思维中经常采用的思想方法与原则,例如抽象、分类、继承、聚合、封装等。这使得软件开发者能更有效地思考问题,并以其他人也能看得懂的方式把自已的认识表达出来。

现实世界是由许许多多的实体或对象构成的,这些对象彼此相关并能相互通信,对象的活动构成了现实世界的活动。从面向对象的角度看,程序是对象的集合;对象之间的相互作用构成了一个软件系统,对象参与的交互动作称为事件,在事件中消息在对象之间发送,接收消息的对象调用相应的方法进行响应。面向对象程序原理如图 4.13 所示。

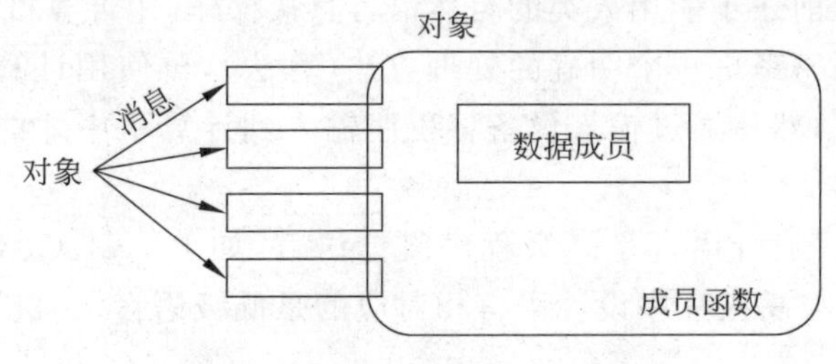

图 4.13　面向对象程序原理图

面向对象的程序设计最突出的特点是建立在对象和类的基础上,把问题所对应的现实世界中的事物抽象成对象或类,并建立对象之间的关系。每个对象或类不仅包含描述其特征的属性或数据结构，而且还包含对这些数据结构的操作（也称为方法或服务）。这些操作可能是以某种方式处理数据，或是执行某个运算，或是监督一个对象控制事件的发生。通过对象关系可以明确对象之间的消息（消息也可理解为事件），通过定义每个对象所能够接收的消息以及对象接收消息时执行的相应操作可以建立对象间的接口，同时还可以描述对象的私有部分即对象的内部属性或数据结构以及操作的过程细节。当操作比较复杂时，仍然可以使用传统的结构化设计技术将其模块化。由于操作始终是对类或对象中的属性进行操作，因此，能够反映属性的数据结构将对这些操作中所采用的算法有强烈的影响。通过对类的继承可以实现代码的重用。

当人们对对象中的每一个操作进行描述时，可以把一个操作理解为一个"过程"，这个"过程"需要完成一定的任务。但是，这里的"过程"与结构化程序设计中的过程本质上是两个不同的概念。因为结构化程序设计中的过程在对数据的操作中，数据是被动的；而这里的对象是主动的，对象是中心，是被封装了的抽象体，对象中的"过程"即操作只能通过接收消息时进行启动和执行并对对象中的属性进行改变，因此，可以把对象看成是一个"自身不断变化的事物"。例如，可以把"我将杯子从桌子上弄掉，杯子就被打碎了"这个叙述改成"我推杯子，杯子就在桌面上移动，杯子从桌子上落到了地板上，杯子碎了"。这里，"杯子"是一个对象，除了收到"我推杯子"这个消息之外，其余的动作全部都是"杯子"的主动操作。

综上所述，面向对象的程序设计方法可以简单地表示为

面向对象＝对象＋类＋继承＋消息通信

面向对象程序设计既使用对象又使用类和继承机制，而且对象之间仅能通过消息实现彼此之间的通信。

4.3.3 程序设计语言

计算机能够完全按照人们的"意愿"去工作，是因为计算机的"程序"起着关键性作用。编制程序的过程称为程序设计，书写程序用的"语言"，叫做程序设计语言或计算机语言。程序设计语言是用来定义计算机程序的一组记号和一组语法规则，它是一种被标准化的交流技巧，用来向计算机发出指令。

一般的计算机目前还不能用人类的自然语言直接操作，用计算机解决实际问题，必须对所要解决的问题周密考虑一个明确的处理方法（算法），再使用计算机能够理解的程序设计语言编制成程序，然后通过输入设备将程序输入到计算机中才能告诉计算机该怎么去做。

目前，常见的程序设计语言是高级程序设计语言，如 Pascal、C、Visual Basic、Visual C++ 、C# 、Java 等。与高级程序设计语言相对应的是低级语言，如机器语言和汇编语言。

1. 机器语言

机器语言是由一连串的"0"和"1"二进制代码组成，能被计算机直接理解和执行的指令集合。机器指令是指计算机可以执行的命令。每一条指令都会告诉计算机做什么，做加法，做减法，还是把数据存储等。机器指令一般包含两个部分：指令的操作码和指令的

操作数。也有少数指令在指令中不说明操作数。

例如：10110000 00001001；把 9 放入累加器 AL 中。

用机器语言编写程序，对编程人员的要求非常高。机器语言有“难学、难记、难写，难修改、难调试”的特点，现在，除了计算机生产厂家的专业人员外，绝大多数程序员已经不再去学习机器语言了。

2. 汇编语言

因为直接用机器语言编写程序非常不方便。1952 年，为了克服机器语言的缺点，一种称为汇编的低级语言得到了推广。在汇编语言中，使用“助词符”来表示指令的操作码（如用 ADD 表示加法操作码、SUB 表示减法操作码），使用存储单元或寄存器的名字表示地址码。汇编语言采用助记符来编写程序，是机器语言的符号化。符号化具体体现在以下两个方面：用指令的助记符代替指令的二进制代码；用符号代替二进制表示地址。

例如：MOV AL，9；把 9 放入累加器 AL 中。

汇编语言像机器语言一样，是面向硬件的语言，使用起来比较繁琐，通用性也差。但是，采用汇编语言编写的程序占用内存空间少，运行速度快，有着高级语言不可替代的用途。

3. 高级语言

从 20 世纪 50 年代末起，出现了许多高级程序设计语言。高级语言是面向用户的语言，是一种与自然语言（自然英语）相近并为计算机所接受和执行的计算机语言。每一种高级程序设计语言都有自己规定的专用符号、英文单词、语法规则和语句结构（书写格式）。高级语言与自然语言（英语）更接近，而与硬件功能相分离（彻底脱离了具体的指令系统），便于掌握和使用。高级语言的通用性强、兼容性好、便于移植。常见的高级语言有以下几种。

(1) FORTRAN 语言。FORTRAN 是第一个被广泛用来进行科学计算的高级语言。一个 FORTRAN 程序由一个主程序或一个主程序与若干个子程序组成。主程序及每一个子程序都是独立的程序单位，称为一个程序模块。在 FORTRAN 中，子程序是实现模块化的有效途径。

(2) ALGOL 语言。ALGOL 60 主导了 20 世纪 60 年代程序语言的发展。它有严格的文法规则，采用巴克斯范式（BNF）来描述语言的语法。ALGOL 是一个分程序结构的语言。一般来说，一个 ALGOL 程序本身就是一个分程序。每个分程序由 begin 和 end 括起来，以说明分程序的范围和它所管辖的名字的作用域。

(3) COBOL 语言。COBOL（Common Business Oriented Language，即通用商业语言）是一种面向事务处理的高级语言。在企业管理中，数值计算并不复杂，但数据处理信息量却很大。为专门解决企业经营管理问题，1959 年，由美国的一些计算机用户组织设计了专用于商务处理的计算机语言 COBOL，并于 1961 年美国数据系统语言协会发布。经不断修改、丰富完善和标准化，已发展为多种版本，广泛应用于情报检索、商业数据处理等管理领域。

COBOL 语言使用了 300 多个英语保留字，大量采用普通英语词汇和句型，COBOL 程序通俗易懂，有“英语语言”之称。

COBOL 语言语法规则严格。用 COBOL 语言编写的任一源程序，都要依次按标识部、环境部、数据部和过程部 4 部分书写，COBOL 程序结构的“部”包含“节”，“节”内包含“段”，段内包含语句，语句由字或字符串组成，整个源程序像一棵由根到干、由干到枝、由枝到叶的树，习惯上称之为树型结构。

（4）C 语言。C 语言是 20 世纪 70 年代发展起来的一种通用程序设计语言，它提供了一个丰富的运算符集合以及比较紧凑的语句格式。C 语言的主要特色是兼顾了高级语言和汇编语言的特点，简洁、丰富、可移植性好。相当于其他高级语言子程序的函数是 C 语言的补充，每一个函数解决一个具体问题，函数使程序模块化。C 语言提供了结构式编程所需要的各种现代化的控制结构。

C 语言是一种通用编程语言，正被越来越多的计算机用户所使用。使用 C 语言编写程序，既感觉到使用高级语言的自然，也体会到利用计算机硬件指令的直接，而程序员却无须卷入汇编语言的烦琐中。

（5）Pascal 语言。Pascal 是一种结构程序设计语言，由瑞士苏黎世联邦工业大学的沃斯教授研制，于 1971 年正式发表。作为一个能高效率实现的实用语言和较好的教学工具语言，Pascal 语言在高校计算机软件教学中仍然占有一席之地。

（6）C++ 语言。C++ 是在 C 语言基础上于 20 世纪 80 年代发展起来的，与 C 兼容。在 C++ 语言中，最重要的是添加了类机制，使其成为一种面向对象的程序设计语言。

（7）可视化编程语言。程序设计语言及编程环境在面向对象及可视化编程环境方面获得丰富成果，出现了许多第四代语言及其开发工具。如微软公司开发的 Visual Studio 系列（Visual C++ 、Visual Basic、Visual Foxpro、C＃）编程工具，及 Power Builder 和 Java 等，已在国内外得到了广泛的应用。

（8）LISP 语言。LISP 一名取自英语 List Processing Language，（表处理语言），由美国麻省理工学院的麦卡锡和他的研究小组于 1960 年首先设计实现的。LISP 语言是专用于人工智能和符号处理的计算机语言，是迄今在人工智能学科领域中应用最广泛的一种程序设计语言。LISP 处理的数据是符号。LISP 利用符号表达和处理知识时都以表的形式来表示，而且只使用 5 个基本函数就足以表达其字符集上任何可计算的函数，具有强有力的符号处理功能。

（9）PROLOG 语言。PROLOG 是 Programming in Logic 的缩写，意为“逻辑程序设计”。设计逻辑程序语言的思想最早由英国人科瓦尔斯基提出。具体设计 PROLOG 语言的是法国马赛大学的科默寥尔及其研究小组，设计工作于 1972 年完成。

PROLOG 以逻辑程序设计为基础，以处理一阶谓词演算为背景。它文法简捷，表达丰富，是一种具有推理功能的逻辑语言。PROLOG 语言已被广泛应用于关系数据库、抽象问题求解、数理推理、公式处理、自然语言理解、专家系统以及人工智能的许多领域。

4.3.4 程序设计语言的处理

计算机能认识的符号只有“0”和“1”两种。因此，在所有的程序设计语言中，除了用机器语言编制的程序能够被计算机直接理解和执行外，其他的程序设计语言编写的程序都必须经过一个翻译过程才能转换为计算机所能识别的机器语言程序。实现这个翻译过程的工具是语言处理程序，即翻译程序，翻译程序也被称为编译器。

1. 汇编程序

汇编程序是将汇编语言编制的程序（称为源程序）翻译成机器语言程序（称为目标程序）的工具。经过汇编程序翻译后的目标程序虽已是二进制，但它还不能直接执行，需要使用连接程序把目标程序与库文件或其他目标程序（如别人已经编写好的程序段）连接在一起，才能形成可以执行的程序（可执行程序），如图 4.14 所示。

汇编语言源程序 —汇编程序→ 目标程序 —连接程序→ 可执行程序

图 4.14　汇编程序的作用

2. 高级语言处理程序——翻译程序

高级语言翻译程序是将高级语言编写的源程序翻译成目标程序的工具。

翻译程序有两种工作方式，即解释方式和编译方式，相应的翻译工具也分别称为解释程序和编译程序。

(1) 解释方式。解释方式的翻译工作由“解释程序”来完成。解释程序对源程序进行逐句分析，若没有错误，将该语句翻译成一条或多条机器语言指令，然后立即执行这些指令；若当它解释时发现错误，会立即停止、报错并提醒用户更正代码。其工作过程如图 4.15 所示。

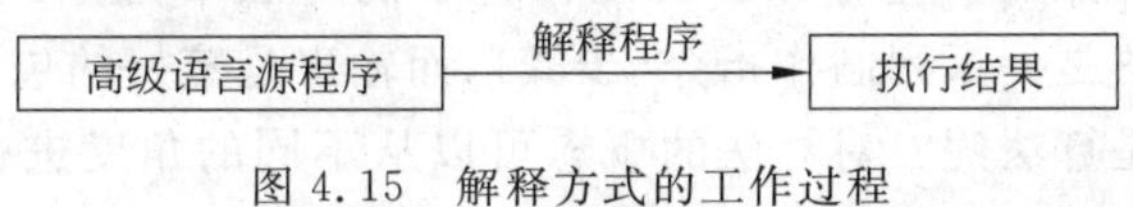

图 4.15　解释方式的工作过程

(2) 编译方式。编译方式的翻译工作由“编译程序”来完成。这种方式如同“笔译”，在纸上记录翻译后的结果。编译程序对整个源程序经过编译处理后，产生一个与源程序等价的目标程序，但目标程序还不能立即装入机器执行，因为还没有连接成一个整体。

在目标程序中还可能要调用一些其他语言编写的程序和标准程序库中的标准子程序，所有这些程序通过连接程序将目标程序和有关的程序库组合成一个完整的可执行程序。其工作过程如图 4.16 所示。

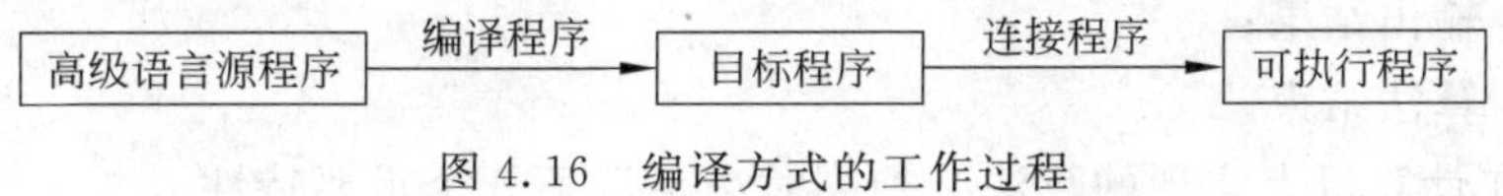

图 4.16　编译方式的工作过程

4.4　算法与数据结构

计算机能够为人们服务的前提是要编写程序告知计算机所要做的工作。要编写程序，程序员必须首先找到完成这个任务的步骤，即计算机科学中所谓的“算法”。一旦找到解决问题的算法,并将其转化为一个清晰的指令序列,再输入到计算机中执行,计算机就可按照人们的要求完成指定的任务了。另外,任何算法所处理的对象都是数据,在计算机的各种应用中,数据在存储器中的组织形式和存储结构将影响算法的设计和执行的效率(时间效率和空间效率),因此,在编写程序时,如何更有效地表示和组织程序要处理的数据并合理地存储在计算机中是程序设计的关键技术之一。

4.4.1 算法的概念

算法概念并不是在计算机问世后才产生,古希腊人在2000多年前就提出了算法的概念,我国古代数学家祖冲之计算圆周率的近似值就是采用的算法方式。生活中,我们也有运用算法的实例,如制作包子的过程可分解为以下几个步骤。

(1) 制作包子馅;

(2) 和面准备包子皮;

(3) 包包子;

(4) 锅放水,烧开;

(5) 将包好的包子放到锅中蒸;

(6) 将蒸好的包子盛出。

以上制作包子的步骤就是完成这项任务的一个算法。任何算法都要接受输入,根据它的要求来处理输入,然后产生输出。在制作包子的算法中,输入是一些制作包子的原料,如菜,肉和面,算法是一系列制作指令(步骤),而输出是蒸好的包子。

那么,究竟什么是算法呢?对算法的概念可以从不同的角度进行描述。一个问题经过适当说明和分析之后,必须建立一个能够在计算机上求解的操作序列,这个操作序列就是算法,或者说,在程序中对数据实施的操作即是算法。比较精确完整的定义是:算法是一个过程,这个过程由一组清楚的规则组成,这些规则指定了一个操作顺序,以便用有限的步骤,提供对特定类型问题的解答。求矩形面积的算法描述如下:

第1步:算法开始;

第2步:输入矩形的长和宽a,b;

第3步:求矩形的面积=a∗b;

第4步:输出结果;

第5步:算法结束。

一个能在计算机上实现的算法必须同时满足以下5个重要特性。

(1) 有穷性。一个算法必须能够在算法所涉及的每一种情况下,都能在执行有穷步操作之后结束,算法的有穷性特征是算法和计算方法之间最明显的区别,例如求和运算,如果没有表示出计算到何时为止,那么这样的描述只是计算方法而不是算法。当以某种方式表述了计算到多少项为止的时候(例如,求1～100所有整数的和)才能称之为算法。

(2) 确定性。对于每种情况应该执行的操作,在算法中都有确切的规定,使算法执行者或阅读者都能明确其含义及如何执行;在任何条件下,算法都只有一条执行路径,不能有任何歧义,无论使用何种符号、何种数据、何种操作都必须保证其唯一确定的意义。

(3) 有效性。算法所描述的每一步操作都必须是可行的，即必须是可以付诸实施并能够具体实现的基本操作。例如，若 b=0，则执行 a/b 是不能有效地执行的。

(4) 有输入(有零个或多个输入数据)。有些输入量需要在算法执行过程中输入，所谓 0 个输入是指有的算法表面上可以没有输入，实际上算法本身定出了初始条件。

(5) 有输出(有一个或多个输出数据)。输出数据是一组与"输入"数据有确定关系个量值，是算法进行信息加工后得到的结果。这种确定关系即为算法的功能。算法必须能够在执行后得到一个或一个以上的结果，否则算法将没有任何的意义。

为了描述算法，可以使用多种方法。常用的有自然语言、传统流程图、N-S 流程图、伪代码和计算机语言等。

4.4.2 算法的评价

对于解决同一个问题，往往可以编写出不同的算法。进行算法评价的目的，既在于从解决同一问题的不同算法中选择出较为合适的一种算法，也在于知道如何对现有算法进行改进，从而设计出更好的算法。

一般从以下 3 个方面对算法进行评价。

(1) 正确性。正确性是设计和评价一个算法的首要条件，如果一个算法不正确，其他方面就无从谈起。

一个正确的算法是指在合理的数据输入下，能在有限的时间内得出正确的结果。但要从理论上证明一个算法的正确性，并不是一件容易的事。

(2) 算法的时间特性。算法的时间特性是指依据算法编制成程序后在计算机中运行所耗费时间的长短。一个程序在计算机上运行时所需要耗费的时间取决于程序运行时输入的数据量、对源程序编译所需要的时间、执行每一条指令所需要的时间及程序中语句重复执行的次数。

算法的时间复杂度 $T(n)$实际上是表示当问题的规模 n 充分大时，该程序运行时间的一个数量级。

(3) 算法的空间特性。算法的空间特性是指依据算法编制成程序后在计算机中运行所占用的空间的大小。一个程序在计算机上运行所占用的空间同样也是问题规模 n 的一个函数，称为空间复杂度，记为 $S(n)$，其中 n 为问题规模。算法的空间度也用数量级表示。

4.4.3 数据结构的基本知识

数据结构是计算机科学与技术领域常用的术语，用来反映一个数据的内部构成，即一个数据由哪些数据元素构成、以什么方式构成、呈现什么结构。数据结构有逻辑上的数据结构和物理上的数据结构之分。逻辑上的数据结构反映数据之间的逻辑关系，而物理上的数据结构反映数据在计算机内部的存储安排。数据结构是数据存在的形式，是信息的一种组织方式，其目的是为了提高算法的效率，通常数据结构与一组算法的集合相对应，通过这组算法集合可以对数据结构中的数据进行操作。

1. 数据结构的定义

数据与数据之间彼此的相互关系称为结构。为了进一步理解什么是数据结构，下面举一个具体的例子：图书馆是大家所熟悉的，一本图书有书名、作者、出版社等数据来描述，根据需要，选择其中的若干项组成一个数据元素来对应一本书，图书馆的编目表反映了书与书之间的关系，是数据元素之间的结构。书是具体地放在某个书架上的，它是编目表的物理实现。这样图书馆从两个方面管理图书：物理的藏书和逻辑的编目表。同样的，计算机管理数据也有两个方面：物理的存储和逻辑的关系。

数据结构是相互之间存在一种或多种特定关系的数据元素的集合。数据结构是信息的组织形式，即一个数据由哪些数据元素构成，以什么方式构成，呈现什么结构，数据结构指的是数据之间的结构关系。具体地说，它包括数据的逻辑结构和数据的物理结构。

数据的逻辑结构仅考虑数据元素之间的逻辑关系，它包括线性结构（如线性表、栈、队列）和非线性结构（如树、二叉树和图）；数据的物理结构指数据元素在存储器中的表示，即存储结构（链表等）。

2. 数据结构的分类

一般情况下，数据元素之间不是孤立的，常常存在某些逻辑上的联系，这些联系与它们在计算机中的存储位置无关，是独立于计算机的。人们把客观事物本身的数据元素之间抽象化的相互关系，即对数据元素之间的逻辑关系的描述称为数据的逻辑结构。

数据的逻辑结构按数据元素之间的相互关系可以分为 4 种基本结构，如图 4.17 所示。图中每一个圆圈表示一个结点（或数据元素），两结点之间的连线表示两结点有相邻关系。集合结构，在该数据结构中，只有结点且它们属于同一集合，结点之间不存在关系，如图 4.17(a)所示。线性结构，在该数据结构中，除了一个首结点外，其他各个结点有唯一的前驱；除一个终端结点外，其他各结点有唯一后继，是一对一的关系，如图 4.17(b)所示。树状结构，在该数据结构中，除一个根结点外，各结点有唯一前驱；所有结点都可以有多个后继，是一对多的关系，如图 4.17(c)所示。图形结构，在该数据结构中，各结点可以有多个前驱或多个后继，是一种多对多的关系，如图 4.17(d)所示。

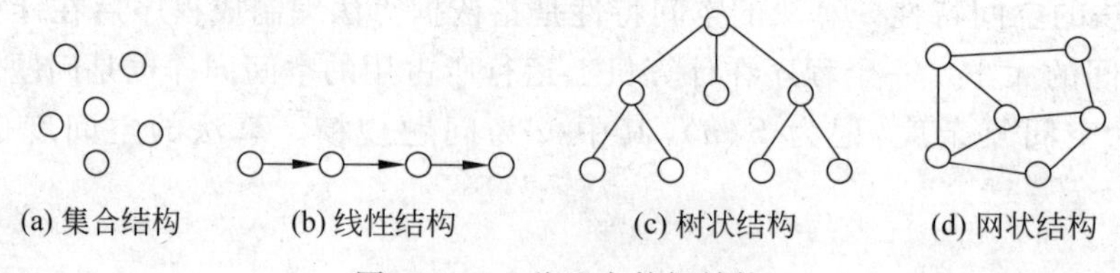

图 4.17　4 种基本数据结构

线性结构包括线性表（典型的线性结构）、栈（特殊的线性表，具有特殊限制的线性结构，其特殊限制表现在数据运算只能在表的一端进行）、队列（特殊的线性表，具有特殊限制的线性结构，其特殊限制表现在数据的插入运算只能在队尾进行，数据的删除运算只能在队头进行）、串（也是特殊的线性表，其特殊性只指它的数据元素仅由一个字符组成）、数组（是线性表的推广，它的数据元素是一个线性表）、广义表（也是线性表的推广，它的数据元素是一个线性表，但不同构，即或者是单元素，或者是列表）。

非线性结构包括树(具有多个分枝的层次结构)和二叉树(具有两个分枝的层次结构)、有向图(一种网状结构,边是顶点的有序对)和无向图(一种网状结构,边是顶点的无序对)。由于非线性结构的各数据元素之间的前驱后后继关系比较复杂,因此对非线性结构的存储与处理比线性结构复杂。

综上所述,数据结构可归结为如图 4.18 所示。

- 数据结构
  - 线性结构
    - 线性表
    - 栈
    - 队列
    - 串
    - 数组
  - 集合结构
  - 树状结构
    - 一般树
    - 二叉树
  - 图结构
    - 有向图
    - 无向图

图 4.18 数据结构的分类

3. 数据的存储结构

在实际的进行数据处理时,被处理的各数据元素总是存放在计算机的存储空间,并且各数据元素在计算机存储空间中的位置关系与他们的逻辑关系不一定相同。例如,在一年四季的数据结构中,“春”是“夏”的前驱,“夏”是“春”的后继。在计算机存储空间中,“春”这个数据元素不一定被存储在“夏”这个数据元素的前面,可能在后面,也可能没有相邻。由此可见,一个数据结构中的各数据元素在计算机存储空间中的位置关系与逻辑关系有可能不同。数据的逻辑结构在计算机存储空间中的存放形式称为数据的存储结构(也称为数据的物理结构)。由于数据元素在计算机存储空间中的位置关系可能与逻辑关系不同,所以在数据存储结构中,不仅要存放各数据元素的信息,还需要存放各数据元素之间的前驱和后继关系的信息。

数据的存储结构通常分为线性和非线性存储结构,而非线性存储结构主要有树形和图形存储结构。

(1) 线性存储结构。线性存储结构有顺序、链接、索引和散列 4 种。

顺序存储结构是把逻辑上相邻的结点存储在物理上也相邻的存储单元里,结点之间的关系由存储单元的邻接关系来体现,其优点是占用最少的存储空间,缺点是由于只能使用相邻的一整块储存单元,因此可能产生较多的碎片现象。例如,一年四季的顺序储存结构如图 4.19 所示。

链接存储结构是将结点所占的存储单元分为两部分,一部分存放结点本身的信息,即数据项。另一部分存放该结点后继结点所对应的存储单元的地址,即为指针项。优点是不会出现碎片现象,充分利用所有的存储单元;缺点是每个结点占用较多的存储空间。例如,一年四季的链接存储结构如图 4.20 所示。

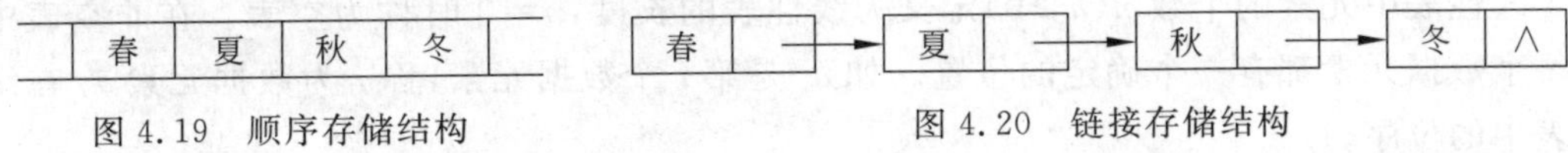

图 4.19 顺序存储结构　　图 4.20 链接存储结构

另外两种线性存储结构是索引和散列存储结构。索引存储结构是用结点的索引号来确定结点的存储地址,其优点是检索速度快,缺点是增加了附加索引表,会占用较多的存储空间。散列存储结构是根据结点的值确定它的存储地址,优点是检索、增加、删除结点的操作速度快,缺点是采用不好的散列函数时可能出现结点单元冲突,而需要附加时间和空间开销。

（2）树状存储结构。树是一种重要的非线性数据结构，直观地看，它是数据元素（在树中称为结点）按分支关系组织起来的结构，很像自然界中的树。树状结构在客观世界中广泛存在，如人类社会的家谱和各种社会组织机构都可以用树状结构表示。总之，一切具有层次关系的问题都可用树来描述。

在树状结构的数据中，除叶子结点外，每个结点可能有多个后继结点，因此一般只能采用链接的方式进行存储，链接方式正好表达树状结构中的父子和兄弟两种层次关系。由于链接的方式不能表达任意多个后继结点，所以常常使用较规则的树，如二叉树，要求每个结点最多只有两个后继结点。树状结构如图 4.21 所示。

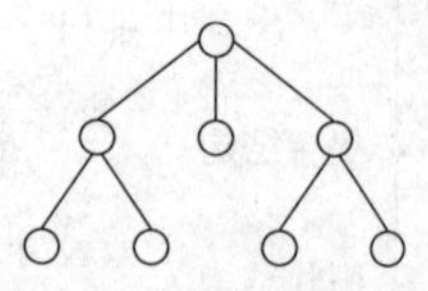

图 4.21　树状结构

（3）图存储结构。图是比线性和树状更为复杂的一种数据结构，在这种数据结构中，数据元素之间的联系是任意的。因此，可以更广泛地表示数据元素之间的联系。在图结构的数据中，每个结点可能有多个前驱结点和多个后继结点，因此一般只能采用链接的方式进行存储，图分为有向图和无向图两种结构，它们之间的区别在于有向图中的边是顶点的有序对，而无向图中的边是顶点的无序对。图有着非常广泛的应用，例如，图可以用来表示有公共交通联系的一组城市、可以描述化学结构式等。

4.4.4　常见的数据结构介绍

本节介绍几种最简单、最常用的数据结构，并简要说明与之相关的一些运算和操作。

1. 线性表

线性表（Linear List）是最常用且简单的一种数据结构。简言之，一个线性表是 n 个数据元素的有限序列。至于每个数据元素的具体含义，在不同的情况下各不相同，它可以是一个数或一个符号，甚至是其他更复杂的信息。例如，26 个英文字母的字母表：

```
(A,B,C,…,Z)
```

是一个线性表，表中的数据元素是单个字母字符。

在稍微复杂的线性表中，一个数据元素可以由若干个数据项组成。在这种情况下，常把数据元素称为记录，含有大量记录的线性表又称为文件。

线性表中元素的个数 $n(n \geqslant 0)$ 定义为线性表的长度，$n=0$ 时称为空表。在非空表中的每个数据元素都有一个确定的位置。如 a_i 是第 i 个数据元素，称 i 为数据元素 a_i 在线性表中的位序。

线性表采用线性存储结构，存储方式有顺序存放和链式存放。

线性表的顺序存放是把表中的数据元素一个接一个地依次存放在一组连续的单元之中。线性表的链式存储结构为每个数据元素增设一个指针信息，指示其直接后继，如图 4.22 所示。

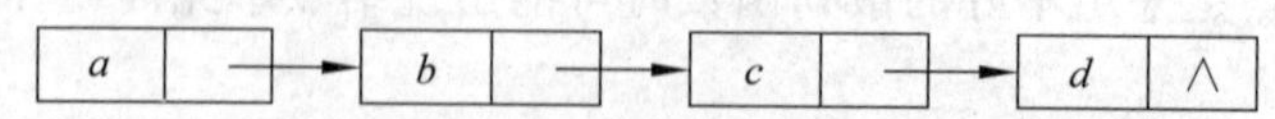

图 4.22　线性表的链式存储方式

线性表是一个相当灵活的数据结构，它的长度可根据需要增长或缩短，即对线性表的数据元素不仅可以访问，还可以插入和删除等，具体而言，有如下一些操作：求出一个线性表所含数据元素的个数；对于给定的关键字，查找线性表中相应的数据元素；在线性表中指定位置上插入一个数据元素；删除线性表指定位置上的数据元素；按某种要求对表中的数据元素重新排序。

2. 栈和队列

(1) 栈。如果对线性表的插入和删除操作仅限于在表的末端进行，则这样的线性表称为栈。通常将这个末端位置称为栈顶，起始位置称为栈底。

和线性表类似，栈也有两种存储方式：顺序栈和链栈。顺序栈即栈的顺序存储结构，它是利用一组地址连续的存储单元依次存放自栈底到栈顶的数据元素，同时附设指针top指示栈顶元素在顺序栈中的位置。链栈和链表的表示非常类似。为数据元素增设一个指针域用于指示其直接后继。

栈的操作与线性表类似，但具有以下两个特点：一是栈操作是按照后进先出的方式进行的；二是在一个栈中所能存放数据元素的最大数称为栈容量，通常是在建栈时已设定的。因此，栈中存满 n 个元素之后，就不能再进行进栈操作，否则将溢出。

(2) 队列。如果只允许从线性表的终端插入数据元素，从始端删除数据元素，则称这样的线性表为队列。在队列中，允许插入的一端叫队尾，允许删除的一端则称为队头。

和线性表类似，队列也有两种存储表示。用链表表示的队列称为链队列，一个链队列需要两个分别指示队头和队尾的指针（分别称为头指针和尾指针）才能唯一确定，链队列结构如图4.23所示。和顺序栈类似，在队列的顺序存储结构中，除了用一组地址连续的存储单元依次存放从队列头到队列尾的元素之外，还需要附设两个指针头指针和尾指针分别指示队列头元素和队列尾元素的位置。队列的顺序表示结构如图4.24所示。

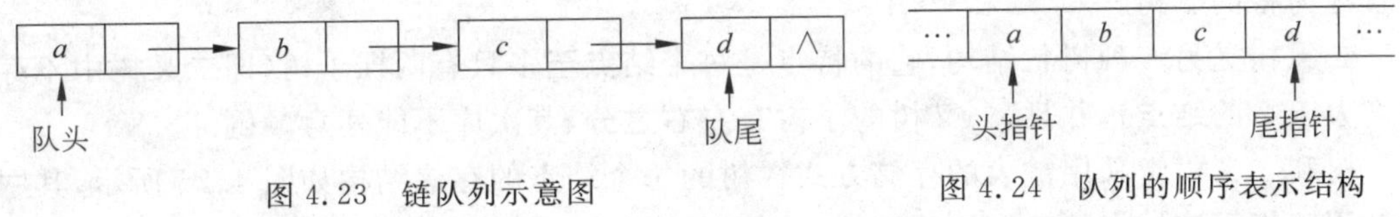

图4.23 链队列示意图　　图4.24 队列的顺序表示结构

队列的操作与线性表的操作类似，不同的是队列规定，删除只能在队头进行而插入只能在队尾进行。因此，先进入队列的元素总是先被删除，它是一种先进先出的数据结构。

3. 串

串是由零个或多个字符组成的有限序列，一般记为

$$S='a_1\ a_2\ a_3\cdots a_n'(n\geqslant 0)$$

其中 S 是串名，单引号括起来的是串的值，a_i 可以是字母、数字、汉字或其他字符，串中任意个连续字符组成的子序列称为该串的子串，字符在序列中的序号为该字符在串中的位置。

与线性表类似，串也有顺序存储结构和链式存储结构两种。串的顺序存储结构用一组地址连续的存储单元存储串值的字符序列，在串的定长顺序存储结构中，按照预定义的大小，为每个定义的串分配一个固定长度的存储区。串的链式存储方式与链表非常类似。

串的基本操作通常以“串的整体”作为操作对象，常用的基本运算包括：给一个字符串变量名赋值；比较两个字符串是否相等；从一个字符串的指定位置开始截取一定长度的子串；将两字符串并置，形成一个新的字符串。

4. 数组

数组是一种常用的数据类型，几乎所有的程序设计语言都设定数组类型为固有的数据类型。一组具有相同属性的数据元素（即数据元素的数据类型、长度相同）按一定的方式进行排列，使得其中每一数据元素都能由一个整数序列唯一确定它的位置（即该元素在数组中的序号），这样的数据结构称为数组。当数据元素的位置由一个整数确定时，为一维数组。当数据元素的位置由两个整数确定时，为二维数组。

在计算机内，用一组连续的存储单元来存放数组元素的值。由于存储单元是一维的，当数组是二维时，则用一组连续存储单元存放数组的数据元素就有个次序约定的问题。一般有两种约定：以行序为主序和以列序为主序。以行序为主序存储是指从第一行第一列起，按行顺序存放，存完一行接着存放下一行；以列序为主序存储是指从第一行第一列起，按列顺序存放，存完一列接着存放下一列。

数组一旦被定义，它的维数和维界就不再改变，也就是说一旦建立了数组，则结构中的数据元素个数和元素之间的关系就不再发生变化。因此，除了结构的初始化和销毁之外，数组只有存取和修改数据元素值的操作，一般不作插入和删除操作。

5. 树和二叉树

前面介绍的线性表、栈、队列、串和数组都是线性的数据结构。这里介绍的树则是一种非线性的数据结构。

树是 $n(n>0)$ 个结点的有限集。在任意一棵树中：有且仅有一个特定的称为根的结点；当 $n>1$ 时，其余结点可分为 m 个互不相交的有限集，其中每一集合本身又是一棵树，并且称为根的子树。

二叉树是另一种树状结构，它的特点是每个结点至多只有两棵子树（即二叉树中不存在度大于 2 的结点），并且，二叉树的子树有左右之分，其次序不能任意颠倒。

树和二叉树常采用链表的存储方式。树的每个结点的存储结构如图 4.25 所示，其中指针用于指示该结点的各直接后继结点，数据域存放相应的数据元素。

图 4.25　树的结点的存储结构

由于二叉树的每个结点的度最大为 2，所以二叉树链表的结点一般由数据元素、指向左子树的指针和指向右子树的指针构成。有时，为了便于找到结点的双亲，则还可在结点结构中增加一个指向双亲结点的指针。

树状结构常见的基本操作包括：在树中查找给定性质的结点；找出某结点的前驱结点和后继结点或全部直接后继结点；插入结点，对树进行扩展；删除树中的某个子树；按某种指定的顺序，遍历树中全部结点。

6. 图

在树状结构中，数据元素之间具有层次关系，即每个结点只能与上层中的一个结点

(即其父结点)以及下层的若干结点(即子结点)相关联。而在图结构中,结点之间的关系可以是任意的,图中任意两个元素之间都可能相关。

根据图中边是否为有向边,可将图分为有向图和无向图。若(v_i,v_j)与(v_j,v_i)代表同一条边,则称这样的图为无向图;反之称为有向图,如图 4.26 所示。

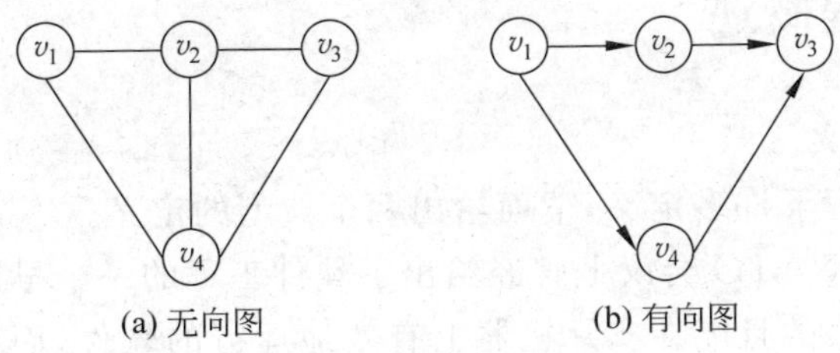

图 4.26　无向图和有向图

图的存储采用链表方式。对图中每个顶点都建立一个链表,称之为邻接表。与通常的链表结点的结构相似,每一结点中也有数据域和指针域两部分。图 4.26 对应的邻接表如图 4.27 所示。

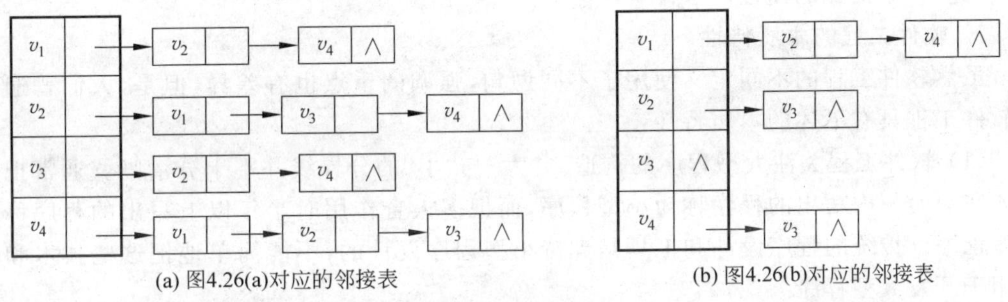

图 4.27　邻接表

4.5　软件设计方法

从 20 世纪 60 年代中期到 70 年代中期是计算机系统发展的第二代时期,这个时期的一个重要特征是出现了"软件作坊",广泛使用产品软件。但是,"软件作坊"基本上仍然沿用早期形成的个体化软件开发方法,这使得软件维护工作以令人吃惊的比例耗费资源。更严重的是,许多程序的个体化特性导致它们最终成为不可维护的。"软件危机"就这样出现了。所谓"软件危机"就是指在计算机软件的开发和维护过程中所遇到的一系列严重问题,大体来说,它包含下述两方面的问题:

(1) 如何开发软件,以满足对软件日益增长的需求;

(2) 如何维护数量不断膨胀的已有软件。为了解决软件危机,既要有技术措施(方法和工具),又要有必要的组织管理措施。软件工程正是从管理和技术两方面研究如何更好地开发和维护计算机软件的一门学科。

概括地说,软件工程是指导计算机软件开发和维护的一门工程学科。采用工程的概念、原理、技术和方法来开发与维护软件，把经过时间考验而证明正确的管理技术和当前能够得到的最好的技术方法结合起来，以经济地开发出高质量的软件并有效地维护它，这就是软件工程。本节将介绍软件开发中的一些方法和工具。

4.5.1 软件工程概述

1. 软件工程的定义

人们曾给软件工程下许多定义，下面给出两个典型的定义。

1968年在第一届NATO会议上曾经给出了软件工程的一个早期定义："软件工程就是为了经济地获得可靠的且能在实际机器上有效地运行的软件，而建立和使用完善的工程原理。"这个定义不仅指出了软件工程的目标是经济地开发出高质量的软件，而且强调了软件工程是一门工程学科，它应该建立并使用完善的工程原理。

1993年IEEE进一步给出了一个更全面更具体的定义："软件工程是：(1)把系统的、规范的、可度量的途径应用于软件开发、运行和维护过程，也就是把工程应用于软件；(2)研究(1)中提到的途径。"

2. 软件工程的本质特性

虽然软件工程的不同定义使用了不同词句，强调的重点也有差异，但是，人们普遍认为软件工程具有下述的本质特性：

(1) 软件工程关注大型程序的构造。"大"与"小"的分界线并不十分清晰。通常把一个人在短时间内写出的程序称为小型程序，而把多人合作用时半年以上写出的程序称为大型程序。传统的程序设计和工具是支持小型程序设计的，不能简单地把这些技术和工具用于开发大型程序。

(2) 软件工程的中心课题是控制复杂性。通常，软件所解决的问题十分复杂，以致不能把问题作为一个整体考虑。人们不得不把问题分解，使得分解出的每个部分是可理解的，而且各部分之间保持简单的通信关系。用这种方法并不能降低问题的复杂性，但是却可使它变成可以管理的。

(3) 软件经常变化。绝大多数软件都模拟了现实世界的某一部分。例如，处理读者对图书馆提出的需求或跟踪银行内钱的流通过程。现实世界在不断变化，软件为了不被很快淘汰，必须随着所模拟的世界一起变化。因此，在软件系统交付使用后仍然需要耗费成本，而且在开发过程中必须考虑软件将来可能的变化。

(4) 开发软件的效率非常重要。目前，社会对新应用系统的需求超过了人力资源所能提供的限度，软件供不应求的现象日益严重。因此软件工程的一个重要课题就是，寻求开发与维护软件的更好的更有效的方法和工具。

(5) 和谐地合作是开发软件的关键。软件处理的问题十分庞大，必须多人协同工作才能解决这类问题。为了有效地合作，必须明确地规定每个人的责任和互相通信的方法。事实上仅有上述规定还不够，每个人还必须严格地按规定行事。为了迫使大家遵守规定，应该运用标准和规程。通常，可以用工具来支持这些标准和规程。总之，纪律是成功地完成软件开发项目的一个关键。

(6) 软件必须有效地支持它的用户。开发软件的目的是支持用户的工作。软件提供的功能应该能有效地协助用户完成他们的工作。如果用户对软件系统不满意,可以弃用该系统,至少也会立即提出新的需求。因此,仅仅用正确的方法构造系统还不够,还必须构造出正确的,能有效地支持用户工作的系统。

(7) 在软件工程领域中是由具有一种文化背景的人替另一种文化背景的人创造产品。这个特性与前两个特性紧密相关。软件工程师是诸如 Java 程序设计、软件体系结构、测试或统一建模语言(UML)等方面的专家,他们通常不是图书管理、航空控制或银行事务等领域的专家,但是他们却不得不为这些领域开发应用系统。缺乏应用领域的相关知识,是软件开发项目出现问题的常见原因。

软件工程师不仅缺乏应用领域的实际知识,他们还缺乏该领域的文化知识。例如,软件开发者通过访谈、阅读书面文件等方法了解到用户组织的"正式"工作流程,然后用软件实现了这个工作流程。但是,决定软件系统成功与否的关键问题是,用户组织是否真正遵守这个工作流程。

3. 软件工程的基本原理

著名的软件工程专家 B. W. Boehm 于 1983 年在一篇论文中提出了软件工程的 7 条基本原理。他认为这 7 条原理是确保软件产品质量和开发效率的原理的最小集合。这 7 条原理是互相独立的,其中任意 6 条原理的组合都不能代替另一条原理,因此,它们是缺一不可的最小集合,然而这 7 条原理又是相当完备的。

(1) 用分阶段的生命周期计划严格管理。在软件开发与维护的漫长的生命周期中,需要完成许多性质各异的工作。这条基本原理意味着,应该把软件生命周期划分成若干个阶段,并相应地制定出切实可行的计划,然后严格按照计划对软件的开发与维护工作进行管理。

不同层次的管理人员都必须严格按照计划各尽其职地管理软件开发与维护工作,绝不能受客户或上级人员的影响而擅自背离预定计划。

(2) 坚持进行阶段评审。软件的质量保证工作不能等到编码阶段结束之后再进行,原因有两个:第一,大部分错误是在编码之前造成的;第二,错误发现与改正得越晚,所需付出的代价也越高。因此,在每个阶段都进行严格的评审,以便尽早发现在软件开发过程中所犯的错误,是一条必须遵循的重要原则。

(3) 实行严格的产品控制。在软件开发过程中,不应该随意改变需求,因为改变一项需求往往需要付出较高的代价。但是,在软件开发过程中改变需求又是难免的,只能依靠科学的产品控制技术来顺应这种要求。也就是说,当改变需求时,为了保持软件各个配置成分的一致性,必须实行严格的产品控制,其中主要是实行基准配置管理。

(4) 采用现代程序设计技术。从提出软件工程的概念开始,人们一直把主要精力用于研究各种新的程序设计技术,并进一步研究各种先进的软件开发与维护技术。实践表明,采用先进的技术不仅可以提高软件开发和维护的效率,而且可以提高软件产品的质量。

(5) 结果应能清楚地审查。软件产品不同于一般的物理产品,它是看不见摸不着的逻辑产品。软件开发人员(或开发小组)的工作进展情况可见性差,难以准确度量,从而使得软件产品的开发过程比一般产品的开发过程更难于评价和管理。为了提高软件开发过程的可见性,更好地进行管理,应该根据软件开发项目的总目标及完成期限,规定开发组织的责任和产品的标准,从而使得所得到的结果能够清楚地审查。

(6) 开发小组的人员应该少而精。这个基本原理的含义是,软件开发小组的组成人员的素质应该好,而人数则不宜过多。开发小组人员的素质和数量是影响软件产品质量和开发效率的重要因素。素质高的人员的开发效率比素质低的人员的开发效率可高几倍或几十倍,而且素质高的人员所开发的软件中的错误明显少于素质低的人员所开发的软件中的错误。

(7) 承认不断改进软件工程实践的必要性。遵循上述 6 条基本原理,就能够按照当代软件工程基本原理实现软件的工程化生产,但是,仅有上述 6 条原理并不能保证软件开发与维护的过程能赶上时代进步的步伐,能跟上技术不断进步。因此,应把承认不断改进软件工程实践的必要性作为软件工程的第 7 条原理。按照这个原理,不仅要积极主动地采纳新的软件技术,而且要注意不断总结经验。

4.5.2 软件开发方法

软件开发是一个把用户需要转化为软件需求,把软件需求转化为软件设计,用软件代码实现软件设计,对软件代码进行测试,并签署确认它可以投入运行使用的过程。从工程的角度出发,软件开发过程包括:计划、分析、设计、编码、测试和维护几个阶段,每个阶段都包含相应的文档编制工作。

软件是一种产品,具有与其他产品一样的特性。但是,与其他产品相比,软件是一种逻辑而不是物理的系统成分。在软件开发过程中,它不像加工一个机械零件那样看得见、摸得着。由于不存在物理上的损伤和磨损用坏等问题,所以软件的开发过程中,人们往往不易或不愿意像开发机器产品、房屋建筑产品那样有计划、有步骤、按规范进行。直至现在,还常常有人喜欢按照自己的一套方法来"编程序",拿到一个软件开发项目后,没有搞好需求分析、结构设计等工作的情况下,就急急忙忙动手编起程序来;由于急于求成,编写程序往往忽略好的编程风格,结果事倍功半,造成不必要的多次反复,甚至给软件留下严重的后遗症,给软件的维护工作带来了很大的困难。

当前主要采用的软件开发方法有:结构化方法、面向对象方法和专家系统方法。

1. 结构化方法

结构化软件开发方法采用结构分析技术对问题进行分析建模,它将问题表述为"数据流图+实体联系图"的形式。其中,数据流图描述问题空间中的数据变换处理之间的逻辑关系,实体联系图描述问题空间中数据存储之间的逻辑关系,同时,借用数据词典、结构化语言、判定表、判定树等工具对它们进行详细说明。因此,结构化分析工作主要包括分析确定数据流图和分析确定实体联系图,具体工作内容和步骤如下:

首先,根据对问题的功能需求方面的调查了解分析数据流图;然后对问题的数据需求方面的了解以及对数据流图分析建立实体联系图;最后,根据数据流图、实体联系图以及对问题的性能、资源、可靠性、安全和保密、开发费用、开发进度等其他方面的需求,按照有关规范编写需求规格说明书和数据需求说明书并进行复审，完成对问题的结构化分析建模。

2. 面向对象方法

(1) 分析建模。面向对象软件开发方法采用面向对象分析对问题进行分析建模，它将问题表述为“对象+关联”的形式，其中，对象描述问题空间中的事物，关联描述问题空间中事物和事物之间的关系。同时，可以像结构分析技术一样，借助数据词典、结构化语言、判定表、判定树等工具对它们进行详细说明。

因此，面向对象分析方法主要包括对问题空间中对象的确定和对对象和对象之间的关联的确定，对对象的确定包括对对象的属性和行为的确定，对关联的确定包括对对象结构关系、实例关联关系和消息关联关系的确定。具体工作内容和步骤如下：

首先，根据对问题的调查和了解编写描述问题的剧本，从剧本中找出问题空间中存在的事物，将事物抽象成对象；接着通过寻找和确定结构进一步扩展问题空间中的对象，根据需要按照主题将问题分解为不同的子问题，确定对象属性、对象和对象之间的实例关联；然后找出问题空间中存在的行为，通过分析行为和事物之间的关系确定对象的行为，通过分析对象行为之间关系确定对象之间的消息关联；最后对对象规格进行详细说明，按照有关规范编写软件需求规格说明书和进行复审，完成对问题的面向对象分析建模。

(2) 设计解决方案。面向对象软件开发方法采用面向对象设计技术进行问题解决方案的设计工作，它将问题的解决方案表述为“类+关联”的形式。其中，类包括问题空间类、用户界面类、任务管理类和数据管理类，是从设计的角度出发对问题解决方案中的对象的抽象和描述，关联则用于描述这些类和类之间的关系。

因此，面向对象设计工作主要包括问题空间类、用户界面类、任务管理类和数据管理类的设计。首先，根据在分析阶段建立起来的问题的面向对象分析模型的基础上建立问题解决空间中的问题空间类；然后通过分析用户的具体使用要求，在问题空间类的基础上建立用户界面类、任务管理类和数据管理类；最后，对类的设计进行详细说明，按照有关规范编写设计说明书和进行复审，完成对问题的面向对象设计建模。

3. 专家系统方法

采用专家系统方法进行软件开发的主要目的是为了解决需要借助人类专家知识和经验以及推理分析手段才能解决的问题。为了达到这一目的，相应的软件系统必须具备数据库、推理机、解释器、知识获取器几个基本成分。

其中，知识库用于存放从人类专家处获取到的知识和经验；推理机用于应用知识库中的知识对问题进行推理、分析和求解。数据库用于存放问题的信息、求解过程和求解结果；解释器用于对求解过程进行解释，以使用户相信对问题的求解是正确的、合理的。知识获取器用于补充和完善知识库中的知识和经验。

利用专家系统方法开发实现的软件系统与利用其他方法开发实现的软件系统不同的地方主要在于它拥有知识库和推理机两个重要组成部分。因此建立知识库、设计建立推理机是专家系统方法的主要工作内容和任务，而系统的其他部分，包括用户界面等可采用结构化方法和面向对象方法中的技术手段实现。

用专家系统方法开发实现的软件系统通常称为专家系统，像其他类型的计算机软件系统一样，它能够帮助人们更快更有效地解决问题，但它不可能代替人，仅仅作为人们手中的一个工具。在实际运用中，评价一个专家系统一般是讲符合率而不是讲准确率。这是因为专家系统的设计是根据专家们的方法、知识和经验而进行的，所以只要系统的结论与专家们的结论相同，那么设计就达到了要求。至于准确率，那就要看专家的水平了。

4.5.3 软件生存周期

概括地说，软件生命周期由软件定义、软件开发和运行维护(也称为软件维护)3个时期组成，每个时期又进一步划分成若干个阶段。

软件定义时期的任务是，确定软件开发工程必须完成的总目标；确定工程的可行性；导出实现工程目标应该采用的策略及系统必须完成的功能；估计完成该项工程需要的资源和成本，并且制定工程进度表。这个时期的工作通常又称为系统分析，由系统分析员负责完成。软件定义时候通常进一步划分成3个阶段，即问题定义、可行性研究和需求分析。

开发时期具体设计和实现在前一个时期定义的软件，它通常由下述4个阶段组成：总体设计、详细设计、编码和单元测试、综合测试。其中前两个阶段又称为系统设计，后两个阶段又称为系统实现。

维护时期的主要任务是使软件持久地满足用户的需要。具体地说，当软件在使用过程中发现错误时应该及时加以改正；当环境改变时应该修改软件以适应新的环境；当用户有新要求时应该及时改进软件以满足用户的新需要。通常对维护时期不再进一步划分阶段，但是每一次维护活动本质上都是一次压缩和简化了的定义和开发过程。

下面简要介绍软件生命周期每个阶段的基本任务。

(1) 问题定义。问题定义阶段必须回答的关键问题是“要解决的问题是什么?”如果不知道问题是什么就试图解决这个问题，显然是盲目的，只会白白浪费时间和金钱，最终得出的结果也很可能是毫无意义的。尽管确切地定义问题的必要性是十分明显的，但是实践中它却可能是最容易忽视的一个步骤。

通过对客户的访问调查，系统分析员扼要地写出关于问题性质、工程目标和工程规模的书面报告，经过讨论和必要的修改之后这份报告应该得到客户的确认。

(2) 可行性分析。这个阶段要回答的关键问题是：“对于上一个阶段所确定的问题有行得通的解决办法吗?”为了回答这个问题，系统分析员需要进行一次大大压缩和简化了的系统分析和设计过程，也就是在较抽象的高层次上进行的分析和设计过程。可行性研究应该比较简短，这个阶段的任务不是具体解决问题，而是研究问题的范围，探索这个问题是否值得去解决，是否有可行的解决方法。

(3) 需求分析。这个阶段的任务仍然不是具体地解决问题，而是准确地确定“为了解决这个问题，目标系统必须做什么”，主要是确定目标系统必须具备哪些功能。

用户了解他们所面对的问题，知道必须做什么，但是通常不能完整准确地表达出他们的要求，更不知道怎么利用计算机解决他们的问题；软件开发人员知道什么样软件实现人们的要求，但是对特定用户的具体要求还不完全清楚。因此，系统分析员在需求分析阶段必须和用户密切配合，充分交流信息，以得出经过用户确认的系统逻辑模型。通常用数据流图、数据字典和简要的算法表示系统的逻辑模型。

在需求分析阶段确定的系统逻辑模型是以后设计和实现目标系统的基础，因此必须准确完整地体现用户的要求。

(4) 总体设计。这个阶段必须回答的关键问题是"概括地说，应该怎样实现目标系统?"总体设计又称为概要设计，首先应该设计出实现目标系统的几种可能方案，软件工程师应该用适当的表达工具描述每种方案，分析每种方案的优缺点，并在充分权衡各种方案的利弊的基础上，推荐一个最佳方案。此外，还应该制订出实现最佳方案的详细计划。如果客户接受所推荐的方案，则应该设计程序的体系结构，也就是确定程序由哪些模块组成以及模块间的关系。

(5) 详细设计。详细设计也称为模块设计，它的任务就是把解法具体化，也就是回答下面这个关键问题："应该怎样具体地实现这个系统?"在这个阶段将详细地设计每个模块，确定实现模块功能所需要的算法和数据结构。

(6) 编码和单元测试。这个阶段的关键任务是写出正确的容易理解、容易维护的程序模块。

程序员应该根据目标系统的性质和实际环境，选取一种适当的高级程序设计语言(必要时用汇编语言)，把详细设计的结果翻译成用选定语言书写的程序，并且仔细测试编写出的每一个模块。

(7) 综合测试。这个阶段的关键任务是通过各种类型的测试(及相应的调试)使软件达到预定的要求。最基本的测试是集成测试和验收测试，必要时还可以再通过现场测试或平行运行等方法对目标系统进一步测试检验。

(8) 软件维护。维护阶段的关键任务是，通过各种必要的维护活动使系统持久地满足用户的需要。

通常有 4 类维护活动：改正性维护，也就是诊断和改正在使用过程中发现的软错误；适应性维护，即修改软件以适应环境的变化；完善性维护，即根据用户的要改进或扩充软件是它更完善；预防性维护，即修改软件为将来的维护活动预先做准备。

4.5.4 软件开发工具

在软件开发的不同过程中，不同的开发方法有不同的开发工具，下面简单介绍几种结构化分析工具和面向对象开发工具。

1. 数据流图

数据流图(Data Flow Diagram，DFD)是一种常用的结构化分析工具，它从数据传递和加工角度，以图形的方式刻画出系统内的数据运行情况。某工厂采购部的订货系统数据流图如图 4.28 所示。

数据流表示数据的流动情况、对数据的加工处理过程。数据存储在数据流图中起着保存数据的作用，指向数据存储的数据流可以理解为写数据，从数据存储引出的数据流可以理解为读数据。

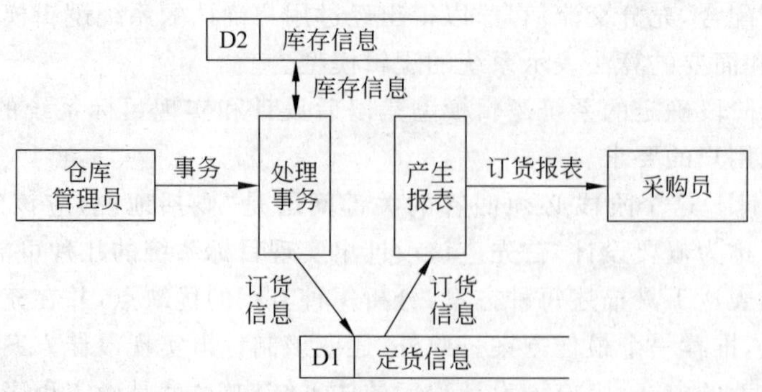

图 4.28 订货系统数据流图

画数据流图时，需要注意如下几个问题。

(1) 画数据流图而不是画程序框图。注意数据流图与程序流程图的区别。程序流程图是从对数据加工的角度描述系统的，其箭头是控制流，表示的是对数据进行加工的次序，它用于描述怎样解决问题；数据流图则是从数据的角度来描述系统的，其箭头是数据流，表示的是数据的流动方向，它用于描述的是数据处理流程问题。

(2) 数据流及加工的命名。通常是先为数据流命名，然后再为加工命名。在给数据流命名时，应避免使用像“数据”、“输入”之类的缺乏具体含义的名字；在给加工命名时，通常是取由一个具体的及物动词加一个具体的宾语构成的名字，如果必须用两个动词，则可以考虑将这个加工再分解成两个加工。在命名时，所取的名字应适合整个数据流或加工，而不是仅仅反映它的某些成分。如果发现某个数据流或加工难以命名，那么很可能是数据流图分解不当造成的，此时应该考虑重新分解数据流图。

尽管数据流图给出了系统数据流向和加工等情况，但其各个成分的具体含义仍然不清楚或不明确，因此，在实际中常采用数据词典这一基本工具对其做进一步的详细说明。数据词典(Data Dictionary，DD)和数据流图密切配合，能清楚地表达数据处理的要求。

数据词典用于对数据流图中出现的所有成分给出定义，它使数据流图上的数据流名字、加工名字和数据存储名字具有确切的解释。每一条解释就是一个词条，按一定的顺序将所有词条排列起来，就构成了数据词典，就像日常使用的英汉词典、新华词典一样。

2. 实体联系图

实体联系图(Entity-Relationship Diagram，ERD)是分析和设计软件系统中使用的工具，它是关于系统中的信息项(实体)以及这些信息之间关系的图示描述。

例如在学校的教学活动中，教师、课程和学生的关系。一名教师可以教多门课程、一名学生也可以选学多门课程、每门课程允许多名学生同时选修。教师、课程和学生的这种关系分别称为一对多和多对多联系。实体间的关系有 3 种基本类型，即一对一、一对多、多对多。用实体联系图来标识这些关系(如图 4.29 所示)，其中矩形表示实体，菱形表示联系。

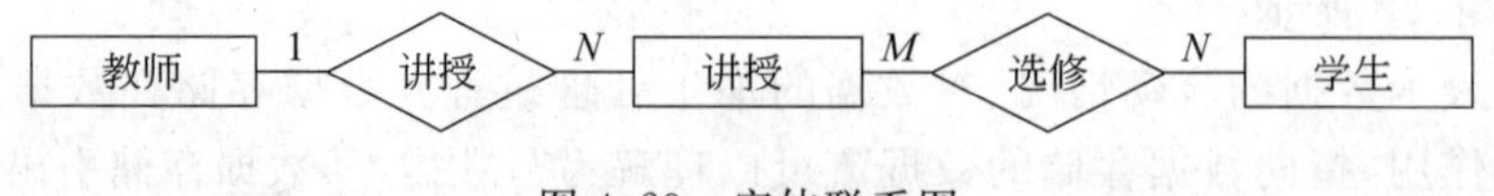

图 4.29 实体联系图

3. 面向对象开发工具

软件工程的发展和软件技术的发展使软件工具、语言、软件开发环境的区别越来越模糊。例如 Microsoft Visual Studio，它提供了在 Windows 下的开发语言，如 Visual Basic、Visual C++、ASP、Visual FoxPro 等，同时它们也是一套开发工具，可以提高开发的效率和质量。此外，还提供了在 Windows 下进行数据集成、过程集成（窗口、交互、命令集成）的工具和方法。其中，Visual SourceSafe 还是支持团队开发的管理工具。

4. CASE 工具

CASE（计算机辅助软件工程）工具是为软件工程服务的工具。它是一组工具和方法的集合，可以支持软件生命周期的各个活动，它把软件工程的方法、开发环境和工具集成到统一的框架中。一个比较重要的 CASE 工具是 Rational Rose，它是一个面向对象技术的 CASE 工具和建模语言。

Rational Rose 是 Rational 公司开发的一个适用于大型系统开发的面向对象的可视化分析、设计建模工具。在 Rose 工具中，可以通过用例视图、逻辑视图、构件视图和配置视图 4 种视图来描述系统的模型。通过这些视图可以对系统需求、处理过程、对象、构件、系统结构等进行可视化建模。该软件支持统一建模语言（UML）、OOSE 及 OMT。

第5章

数据库系统基础

5.1　数据库的概念

诞生于20世纪中叶的计算机科学较之其他现代科学技术的发展更迅速，在21世纪到来之际，它几乎可以称为"知识爆炸"了。21世纪是信息和知识的社会，如何组织和利用这些庞大的信息和知识已成为衡量一个国家科学技术水平高低的重要标志。

早在20世纪60年代，数据库技术作为现代信息系统基础的一门软件学科便应运而生了。现在，数据库技术已是计算机领域中最重要的技术之一，它是软件学科中一个独立的分支。数据库技术研究和解决了计算机信息处理过程中大量数据有效地组织和存储的问题，在数据库系统中减少数据存储冗余、实现数据共享、保障数据安全以及高效地检索数据和处理数据。数据库技术的出现使得计算机应用渗透到工农业生产、商业、行政、教育、科学研究、工程技术和国防军事的各个部门。如管理信息系统(MIS)、办公自动化系统(OA)、决策支持系统等都是使用了数据库管理系统或数据库技术。

数据库(Database,DB)是长期存储在计算机内、有组织的、可共享的、大量数据的集合。

数据是数据库中存储的基本对象。它是描述事物的符号记录。数据的种类包括文本、数值、图形、图像、音频、视频等。

5.2　数据管理技术的发展

数据管理技术是对数据进行分类，组织，编码，输入，存储，检索，维护和输出的技术。数据管理技术的发展大致经过了以下3个阶段：人工管理阶段、文件系统阶段和数据库系统阶段。

(1) 人工管理阶段。20世纪50年代以前，计算机主要用于数值计算。从当时的硬件看，外存只有纸带，卡片，磁带，没有直接存取设备；从软件看(实际上，当时还未形成软件的整体概念)，没有操作系统以及管理数据的软件；从数据看，数据量小，数据无结构，由用户直接管理，且数据间缺乏逻辑组织，数据依赖于特定的应用程序，缺乏独立性。

人工管理数据的特点如下：

① 数据不保存；

② 应用程序管理数据；

③ 数据不共享；

④ 数据不具有独立性。

(2) 文件系统阶段。20 世纪 50 年代后期到 60 年代中期，出现了磁鼓、磁盘等数据存储设备。新的数据处理系统迅速发展起来，这种数据处理系统是把计算机中的数据组织成相互独立的数据文件，系统可以按照文件的名称对其进行访问，对文件中的记录进行存取，并可以实现对文件的修改，插入和删除，这就是文件系统。文件系统实现了记录内的结构化，即给出了记录内各种数据间的关系。但是，文件从整体来看却是无结构的。其数据面向特定的应用程序，因此数据共享性，独立性差，且冗余度大，管理和维护的代价也很大。

用文件系统管理数据具有如下特点：

① 数据可以长期保存；

② 由文件系统管理数据；

③ 数据共享性差，冗余度大；

④ 数据独立性差。

(3) 数据库系统阶段。20 世纪 60 年代后期，出现了数据库这样的数据管理技术。数据库的特点是数据不再只针对某一特定应用，而是面向全组织，具有整体的结构性、共享性高、冗余度小、具有一定的程序与数据间的独立性，并且实现了对数据进行统一的控制。

与人工管理和文件系统相比，数据库系统主要有以下 4 个方面的特点。

① 数据结构化。数据库系统实现整体数据的结构化，是数据库的主要特征之一，也是数据库系统与文件系统的本质区别。在数据库系统中，数据不再针对某一应用，而是面向全组织，具有整体的结构化。不仅数据是结构化的，而且存取数据的方式也很灵活，可以存取数据库中的某一个数据项、一组数据项、一个记录或一组记录。而在文件系统中，数据的最小存取单位是记录。

② 数据的共享性高，冗余度低，易扩充。数据库系统从整体角度描述数据，数据不再面向某个应用而是面向整个系统，因此数据可以被多个用户、多个应用共享使用。数据共享可以大大减少数据冗余，节约存储空间。数据共享还能够避免数据之间的不相容性与不一致性。由于数据面向整个系统，是有结构的数据，不仅可以被多个应用共享使用，而且容易增加新的应用，这就使得数据库系统弹性大，易于扩充，可以适应各种用户要求。

③ 数据的独立性高。数据的独立性是数据库领域中的一个常用术语，包括数据的物理独立性和数据的逻辑独立性。物理独立性是指用户的应用程序与存储在磁盘上的数据库中的数据是相互独立的。也就是说，数据在磁盘上的数据库中的存储是由数据库管理系统(DBMS)管理的，用户程序不需要了解，应用程序要处理的只是数据的逻辑结构，这样当数据的物理存储改变了，而应用程序却不用改变。逻辑独立性是指用户的应用程序与数据库的逻辑结构是相互独立的，也就是说，数据的逻辑结构改变了，用户程序也可以不变。数据与程序的独立，把数据的定义从程序中分离出去，加上数据的存取又由 DBMS

负责，从而简化了应用程序的编制，大大减少了应用程序的维护和修改。

④ 数据控制功能。数据库的共享是并发的共享，即多个用户可以同时存取数据库中的数据，甚至可以同时存取数据库中的同一数据。为此，DBMS 还必须提供以下几方面的数据控制功能。

- 数据的安全性(Security)保护。数据的安全性是指保护数据以防止不合法的使用造成数据的泄密和破坏。使每个用户只能按规定，对某些数据以某些方式进行使用和处理。
- 数据的完整性(Integrity)检查。数据的完整性指数据的正确性、有效性和相容性。完整性检查将数据控制在有效的范围内，或保证数据之间满足一定的关系。
- 并发(Concurrency)控制。当多个用户的并发进程同时存取、修改数据库时，可能会发生相互干扰而得到错误的结果，或使得数据库的完整性遭到破坏，因此必须对多用户的并发操作加以控制和协调。
- 数据库恢复(Recovery)。数据库系统能恢复由于计算机系统的硬件故障、软件故障、操作员的失误，以及故意的破坏会影响数据库中数据的正确性，甚至造成数据库部分或全部数据的丢失的数据。

5.3 数据模型

模型(Model)是现实世界的抽象。数据模型(Data Model)是数据特征的抽象，是数据库管理的教学形式框架。数据库系统中用以提供信息表示和操作手段的形式构架。数据模型所描述的内容包括 3 个部分：数据结构、数据操作、数据约束。

(1) 数据结构。数据模型中的数据结构主要描述数据的类型、内容、性质以及数据间的联系等。数据结构是数据模型的基础，数据操作和约束都建立在数据结构上。不同的数据结构具有不同的操作和约束。

(2) 数据操作。数据模型中数据操作主要描述在相应的数据结构上的操作类型和操作方式。

(3) 数据约束。数据模型中的数据约束主要描述数据结构内数据间的语法、词义联系、它们之间的制约和依存关系，以及数据动态变化的规则，以保证数据的正确、有效和相容。

5.3.1 数据模型的分类

数据模型按不同的应用层次分成 3 种类型：概念数据模型、逻辑数据模型、物理数据模型。

(1) 概念数据模型(Conceptual Data Model)。简称概念模型，是面向数据库用户的实现世界的模型，主要用来描述世界的概念化结构，它使数据库的设计人员在设计的初始阶段，摆脱计算机系统及 DBMS 的具体技术问题，集中精力分析数据以及数据之间的联系等，与具体的数据管理系统(Database Management System，DBMS)无关。概念数据模型必须换成逻辑数据模型，才能在 DBMS 中实现。

(2) 逻辑数据模型(Logical Data Model)。简称逻辑模型，这是用户从数据库所看到的模型，是具体的 DBMS 所支持的数据模型，如网状数据模型(Network Data Model)、层次数据模型(Hierarchical Data Model)等。此模型既要面向用户，又要面向系统，主要用于数据库管理系统(DBMS)的实现。

(3) 物理数据模型(Physical Data Model)。简称物理模型，是面向计算机物理表示的模型，描述了数据在储存介质上的组织结构，它不但与具体的 DBMS 有关，而且还与操作系统和硬件有关。每一种逻辑数据模型在实现时都有其对应的物理数据模型。DBMS 为了保证其独立性与可移植性，大部分物理数据模型的实现工作由系统自动完成，而设计者只设计索引、聚集等特殊结构。

5.3.2 数据库系统中常用的数据模型

数据库领域采用的数据模型有层次模型、网状模型和关系模型，其中应用最广泛的是关系模型。

1. 层次模型

它的特点是将数据组织成一对多关系的结构。层次结构采用关键字来访问其中每一层次的每一部分。

(1) 优点：存取方便且速度快；结构清晰，容易理解；数据修改和数据库扩展容易实现；检索关键属性十分方便。

(2) 缺陷：结构呆板，缺乏灵活性；同一属性数据要存储多次，数据冗余大(如公共边)；不适合于拓扑空间数据的组织。

2. 网状模型

网状模型用连接指令或指针来确定数据间的显式连接关系，是具有多对多类型的数据组织方式。

(1) 优点：

① 能明确而方便地表示数据间的复杂关系。

② 数据冗余小。

(2) 缺陷：

① 网状结构的复杂，增加了用户查询和定位的困难。

② 需要存储数据间联系的指针，使得数据量增大。

③ 数据的修改不方便(指针必须修改)。

3. 关系模型

关系数据库模型是以记录组或数据表的形式组织数据，以便于利用各种地理实体与属性之间的关系进行存储和变换，不分层也无指针，是建立空间数据和属性数据之间关系的一种非常有效的数据组织方法。

(1) 优点：

① 结构特别灵活，满足所有布尔逻辑运算和数学运算规则形成的查询要求。

② 增加和删除数据非常方便。

(2) 缺陷:

① 数据库大时,查找满足特定关系的数据费时。

② 对空间关系无法满足。

5.4 数据库系统

数据库系统(Data Base System,DBS)一般由 4 个部分组成。

(1) 数据库(Database,DB)。它是指长期存储在计算机内的,有组织,可共享的数据的集合。数据库中的数据按一定的数学模型组织、描述和存储,具有较小的冗余,较高的数据独立性和易扩展性,并可为各种用户共享。

(2) 硬件。它是构成计算机系统的各种物理设备,包括存储所需的外部设备。硬件的配置应满足整个数据库系统的需要。

(3) 软件。它包括操作系统、数据库管理系统及应用程序。数据库管理系统(Database Management System,DBMS)是数据库系统的核心软件,是在操作系统的支持下工作,解决如何科学地组织和存储数据,如何高效获取和维护数据的系统软件。其主要功能包括数据定义功能、数据操纵功能、数据库的运行管理和数据库的建立与维护。

(4) 人员。人员主要分为 4 类。第一类为系统分析员和数据库设计人员:系统分析员负责应用系统的需求分析和规范说明,他们和用户及数据库管理员一起确定系统的硬件配置,并参与数据库系统的概要设计。数据库设计人员负责数据库中数据的确定、数据库各级模式的设计。第二类为应用程序员,负责编写使用数据库的应用程序。这些应用程序可对数据进行检索、建立、删除或修改。第三类为最终用户,他们利用系统的接口或查询语言访问数据库。第四类用户是数据库管理员(Data Base Administrator,DBA),负责数据库的总体信息控制。DBA 的具体职责包括:具体数据库中的信息内容和结构,决定数据库的存储结构和存取策略,定义数据库的安全性要求和完整性约束条件,监控数据库的使用和运行,负责数据库的性能改进、数据库的重组和重构,以提高系统的性能。

5.5 数据库管理系统

数据库管理系统是一种操纵和管理数据库的大型软件,用于建立、使用和维护数据库。它对数据库进行统一的管理和控制,以保证数据库的安全性和完整性。

主要功能如下。

(1) 数据定义。DBMS 提供数据定义语言(Data Definition Language,DDL),供用户定义数据库的三级模式结构、两级映像以及完整性约束和保密限制等约束。DDL 主要用于建立、修改数据库的库结构。DDL所描述的库结构仅仅给出了数据库的框架，数据库的框架信息被存放在数据字典(Data Dictionary)中。

(2) 数据操作。DBMS提供数据操作语言(Data Manipulation Language，DML)，供用户实现对数据的追加、删除、更新、查询等操作。

(3) 数据库的运行管理。数据库的运行管理功能是DBMS的运行控制、管理功能，包括多用户环境下的并发控制、安全性检查和存取限制控制、完整性检查和执行、运行日志的组织管理、事务的管理和自动恢复，即保证事务的原子性。这些功能保证了数据库系统的正常运行。

(4) 数据组织、存储与管理。DBMS要分类组织、存储和管理各种数据，包括数据字典、用户数据、存取路径等，需确定以何种文件结构和存取方式在存储级上组织这些数据，如何实现数据之间的联系。数据组织和存储的基本目标是提高存储空间利用率，选择合适的存取方法提高存取效率。

(5) 数据库的保护。数据库中的数据是信息社会的战略资源，随数据的保护至关重要。DBMS对数据库的保护通过4个方面来实现：数据库的恢复、数据库的并发控制、数据库的完整性控制、数据库安全性控制。DBMS的其他保护功能还有系统缓冲区的管理以及数据存储的某些自适应调节机制等。

(6) 数据库的维护。这一部分包括数据库的数据载入、转换、转储、数据库的重组合重构以及性能监控等功能，这些功能分别由各个使用程序来完成。

(7) 通信。DBMS具有与操作系统的联机处理、分时系统及远程作业输入的相关接口，负责处理数据的传送。对网络环境下的数据库系统，还应该包括DBMS与网络中其他软件系统的通信功能以及数据库之间的互操作功能。

5.6 关系数据库

1970年美国IBM公司San Jose研究室的研究员E. F. Codd首次提出了数据库系统的关系模型，开创了数据库的关系方法和关系数据理论的研究，为数据库技术奠定了理论基础。由于E. F. Codd的杰出工作，他于1981年获得ACM图灵奖。

关系数据库，是建立在关系数据库模型基础上的数据库，借助于集合代数等概念和方法来处理数据库中的数据。目前主流的关系数据库有Oracle、Access、DB2、MS SQL、Sybase等。

在数据库理论中，关系是指由行与列构成的二维表。在关系模型中，实体和实体间的联系都是用关系表示的。也就是说，二维表格中既存放着实体本身的数据，又存放着实体间的联系。关系不但可以表示实体间一对多的联系，通过建立关系间的关联，也可以表示多对多的联系。

从用户的角度看，一个关系模型的逻辑结构是一张二维表格，如表5.1所示。它由行和列组成。

表 5.1 成绩表

学 号	姓 名	高等数学	计算机基础	英语	总分
2012001	章晓兰	89	78	87	254
2012002	刘大武	67	96	65	228
2012003	王明发	87	89	45	221
2012004	李立	56	61	64	181
2012004	黄国章	85	92	93	270

5.6.1 基本概念

(1) 关系。一个关系就是一张二维表,每个关系有一个关系名。

对关系的描述称为关系模式,一个关系模式对应一个关系结构,其格式如下:

关系名 (属性名 1,属性名 2,…,属性名 n)

在数据库表中则表示为如下的表结构:

表名 (字段名 1,字段名 2,…,字段名 n)

例如,部门表的表结构可以写为

部门 (部门号,部门名称,部门电话,负责人)

(2) 字段(Field)。关系中的列称为字段,又称属性。字段有字段名和字段值之分。一个关系中可以有多个字段,为了标记不同的字段,引出了字段名,如描述一个部门的字段名可以为“部门号”、“部门名称”、“部门电话”、“负责人”。字段值为字段的具体内容,如“01”、“信息学院”、“2200903210321”、“周燕”。字段是表中不可再分的数据单位。

(3) 域。域是指字段值的类型、取值范围及约束。如“性别”字段为字符型且只占两个字节,取值范围只能是“男”或“女”。

(4) 记录(Record)。关系中的一行称为一个记录,或称元组、实体,是用于描述某一实体相关属性值的集合。例如,“部门”表中的“01 信息学院 2200903210321 周燕”。

(5) 关键字(Key)。键是指表中的一个字段或多个字段。关键字是指一个字段名或多个字段名的组合,其值能唯一地标识一条记录,如部门表中的“部门号”、职工表中的“职工号”,都可以作关键字。一个关系中可以有一个或多个关键字。如果有多个关键字,当我们选择其中的一个关键字作为当前唯一标识记录的依据,则该关键字就称为主关键字(Primarykey),简称主键或主码,其他关键字则可称为候选关键字。例如,在职工表中增加一个字段“身份证”,则“职工号”、“身份证”字段都是关键字,假如以“职工号”作为主关键字,则“身份证”就可作为候选关键字。

注意,关键字字段中的值不允许重复或为空(NULL)。

(6) 外部关键字(Foreignkey)。外部关键字又叫外码,是指该键不是本表的关键字,但却是另外一个表的关键字。例如,职工表中的“部门号”,它在职工表中不是关键字(允许重复),但在部门表中是关键字,则称职工表中的“部门号”为外部关键字。

5.6.2　关系数据库的特点

关系模型看起来简单,但是不能简单地把日常手工管理所使用的各种表格直接拿过来,按照一张表一个关系直接放到数据库中。在关系模型中对关系是有一定约定的,一个关系必须具有以下特点。

(1) 关系中每个属性必须是不可分割的数据单元,即表中不能包含表。如表5.2所示的复合表就不能直接作为关系来存储。

表5.2　复合表

编　号	姓　名	基本工资	扣　除		实发工资
			保障金	所得税	

只要去掉复合表中的"扣除",成为规范的二维表格就可以了,如表5.3所示。

表5.3　规范的二维表

编　号	姓　名	基本工资	保障金	所得税	实发工资

(2) 每一列中的各个数据项(字段值)应是同类型的数据,并且取自同一个域。

(3) 一个关系中,不能出现相同的字段名,但各列的次序可以任意。

(4) 一个关系中不允许有完全相同的记录,即冗余。

(5) 一个关系中记录的次序可以任意。

在实际应用中,一个具体的关系模型通常由若干个关系模式组成,称为实际关系模型。例如在Visual FoxPro中,一个数据库就是一个实际关系模型,允许包含相互之间存在联系的多个表。

例如,在人事管理数据库中,可以包含部门、职工、工资、图书等多个表。

5.6.3　关系数据库基本运算

对关系型数据库进行查询统计时,需要查询到用户感兴趣的数据,这就需要对关系以及关系间进行一定的运算。

(1) 选择。选择又叫筛选,指从关系中选取满足给定条件的记录的操作,结果构成新的关系。

(2) 投影。投影运算是指从关系模式中指定若干个属性组成新的关系的操作。例如,从"部门"表中查询各部门的"负责人"、"部门名称"。

(3) 联接。联接运算是关系的横向结合,是将两个关系模式拼接成一个新的、更宽的关系模式的操作。例如,结合职工、部门、工资3个表,查询每个部门职工及工资信息。

联接过程是通过联接条件来控制的，而联接条件必须表现出两个表中的公共属性名或者具有相同语义、可比的属性。一般格式为：表 1. 公共属性＝表 2. 公共属性。例如，部门表与职工表的联接条件为：部门. 部门号＝职工. 部门号。

在联接运算中，按照字段值对应相等为条件进行的联接操作称为等值联接，去掉重复属性的等值联接称为自然联接。自然联接是最常用的联接运算，上面的例子均属于自然联接，也称为内部联接。

第6章

多媒体技术基础

在计算机发展的早期，人们只能用数值这种媒体承载信息。当时只能通过 0 和 1 两种符号表示信息，即用纸带和卡片的有孔和无孔表示信息，纸带机和卡片机是主要的输入输出设备。用 0 和 1 表示信息很不直观，很不方便，输入输出的内容很难理解，而且容易出错，出错时也不容易发现。这一时代是使用机器语言的时代，因此计算机应用仅限于极少数计算机专业人员。

从 20 世纪 80 年代开始，人们致力于研究将声音、图形和图像作为新的信息媒体输入输出计算机，这将使计算机的应用更为直观、容易。随着电子技术和大规模集成电路技术的发展，计算机、广播电视和通信这三大原来各自独立的领域，相互渗透相互融合，进而形成了一门崭新的技术即多媒体技术。经过近 30 年的不断摸索和研究，人们对"多媒体"的认识进一步加深，在有关多媒体的概念、定义、媒体类型、多媒体系统的特征等方面逐渐达成了共识，并推出了大量多媒体应用系统，使之渗透到了人们生活的各个方面，以于如今的多媒体计算机变成了家用计算机的代名词。多媒体技术已经成为计算机技术最重要的热点之一。

6.1 多媒体技术概述

在多媒体技术的发展和对其客观规律认识不断加深的过程中，人们同时也发现人体本身就是一个绝妙的多媒体信息处理系统。人类通过视觉、听觉、触觉、嗅觉和味觉来感知外部世界，并获取有关图像、图形、声音、文本、数据等信息，通过神经网络传到全身各个部位去控制发声器官发出声音、控制肢体做出各种动作等。多媒体系统在协助人类获取外部信息和对外部世界进行控制的过程中，充分利用了人类的各种感觉、语言和肢体动作，使人与多媒体系统的界面变得越来越友好。

多媒体技术的不断发展给人们的工作、生活和娱乐带来了深刻的革命。1984 年 Apple 公司的 Macintosh 个人计算机，首先引进了"位映射"的图形机理，用户接口开始使用 Mouse 驱动的窗口技术和图符(Windows and Icon)，受到广大用户的欢迎。这使得文化水平较低的公众，包括儿童在内都能使用计算机。由于 Apple 采取发展多媒体技术、扩大用户层的方针，使得它在个人计算机市场上成为唯一能同 IBM 公司相抗衡的力量。

今天,国际上下述几项技术又有了突出的进展。

(1) 超大规模集成电路的密度增加了;

(2) 超大规模集成电路的速度增加了;

(3) CD-ROM 可作为低成本、大容量只读存储器,每片为 650MB,以及每片单面 DVD 容量为 4.7GB;

(4) 双通道 VRAM 的引进;

(5) 网络技术的广泛使用。

以上技术的进展,有效地带动了数字视频压缩算法和视频处理器结构的改进,促使三十几年前单色文本/图形子系统转变成今天的彩色丰富、高清晰度显示子系统,同时能够做到全屏幕、全运动的视频图像,高清晰度的静态图像,视频特技,三维实时的全电视信号以及高速真彩色图形。同时还有高保真度的音响信息。多媒体主要是指信息的载体,根据信息被人们感觉、加以表示、使之呈现、实现存储或进行传送的载体的不同,一般分为以下 5 类。

(1) 感知媒体(Perception Medium)。指人的感觉器官所能感觉到的信息的自然种类。如声音、图形、图像和文本等。人的感觉器官包括视觉、听觉、触觉、嗅觉、味觉等。感知媒体帮助人类来感知环境。目前,人类主要靠视觉和听觉来感知环境的信息,触觉作为一种感知方式也慢慢引入到计算机中。

(2) 表示媒体(Representation Medium)。指被交换的数据类型,它们定义了信息的特性。表示媒体的特性用信息的计算机内部编码表示,例子有语音 PCM 编码、图像 JPEG 编码、文本 ASCII 编码和乐谱等。

(3) 呈现媒体(Presentation Medium)。指为人们再现信息的物理工具和设备(输出设备),或者指获取信息的工具和设备(输入设备)。如显示器、扬声器、打印机等输出类显现媒体,以及键盘、鼠标器、扫描器等输入类呈现媒体。

(4) 存储媒体(Storage Medium)。指存储数据的物理介质,如磁盘、光盘、磁带等。

(5) 传输媒体(Transmission Medium)。指传输数据的物理媒介,如双绞线、同轴电缆、光缆、无线电链路等传输媒体。

其中最重要的是表示媒体,即信息的存在和表现形式,例如数值、文字、声音、图形、图像等。多媒体最初的含义是把两个或更多的媒体组合成单一产品或呈现系统,以通过多种感官通道来交流信息。在计算机行业里,媒体有两种含义:其一是指传播信息的载体,如语言、文字、图像、视频、音频等;其二是指存储信息的载体,如 ROM、RAM、磁带、磁盘、光盘、优盘等,目前,主要的载体有 CD-ROM、VCD、DVD、网页等。近年来,随着研究的不断深入,尤其随着多媒体和计算机技术的紧密结合,多媒体被赋予了更深刻的含义,也正在飞速发展和完善之中。

6.1.1 多媒体的定义

关于多媒体的概念,国内外也产生了不同的定义。有代表性的几种解释如下。

(1) 计算机交互式综合处理多种媒体信息。文本、图形、图像和声音,使多种信息建立逻辑连接,集成为一个系统并且具有交互性。

(2) 多媒体是以下两种以上媒体组成的结合体。文本、图形、动画、静态视频、动态视频、声音。这就意味着电视节目、动画片、个人视话表现都可以被看作是多媒体。

(3) 多媒体是传统的计算媒体。文字、图形、图像以及逻辑分析方法等与视频、音频以及为了知识创建和表达的交互式应用的结合体。

(4) 多媒体技术就是能对多种载体(媒介)上的信息和多种存储体(媒质)上的信息进行处理的技术。

(5) 多媒体是声音、动画、文字、图像和录像等各种媒体的组合。多媒体系统是指用计算机和数字通信网技术来处理和控制多媒体信息的系统。

多媒体(Multimedia)一词大约从 1960—1965 年开始使用,指的是文本、图形、视频、声音、音乐或数据等多种形态信息的处理和集成呈现(Processing and Integrated Presentation)。顾名思义,Multimedia 意味着非单一媒体。在多媒体技术中所说的"多媒体",主要是多种形式的感知媒体,广义的"多媒体",则同时也包括上述其他几种媒体。在现代社会中,多媒体的采集或生成、处理、存储、传送和呈现等过程,是离不开计算机的。现代社会广泛使用的计算机是数字计算机,在数字计算机中的信息都是数字化的信息,多媒体信息当然也不例外。也就是说,人们指的多媒体,首先是计算机处理的数字化的多媒体。

也许读者要问,电视也是使用活动画面和声音来表达和传播信息,也使用文字、图片和图形来点缀,多媒体和电视到底有什么不同?这需要让简单地回顾一下计算机和电视机所走过的历程,看看多媒体和电视在技术上的差别。

计算机是 20 世纪 40 年代的伟大发明,一直沿着数字信号处理技术的方向发展,而且是沿着数值计算和金融管理发展起来的。20 世纪 60 年代文字进入计算机,20 世纪 70 年代图像、声音进入计算机,20 世纪 80 年代电视进入计算机,进入 20 世纪 90 年代个人计算机已经能够实时处理数据量很大的声音和影视图像信息。

电视是 20 世纪 20 年代的伟大发明,在 20 世纪 50 年代开发电视技术时,用任何一种数字技术来传输和再现真实世界的图像和声音都是极其困难的,因此电视技术一直沿着模拟信号处理技术的方向发展,直到 20 世纪 70 年代才开始开发数字电视。由于数字技术具有许多优越性,而且数字技术发展到足以使模拟电视向数字电视过渡的水平,电视和计算机才开始融合在一起。

由于多媒体和模拟电视采用的技术不同,对于同样内容的信息或者节目,它们所表现出的特性就很不相同,对人们所产生的不同影响也引起了许多有识之士的高度重视。人们现在看的模拟电视的特性是线性播放,简单地说就是影视节目是从头到尾播放的,而收看者是最活跃的人,人与电视之间,人是被动者而电视是主动者;多媒体是由计算机参与的,计算机的一个重要特性是交互性,就是人们可以使用像键盘、鼠标器、触摸屏、声音、数据手套等设备,通过计算机程序去控制各种媒体的播放,人与计算机之间,人驾驶多媒体,人是主动者而多媒体是被动者。

多媒体的实质是将自然形式存在的各种媒体数字化,然后利用计算机对这些数字信息进行加工或处理,以一种最友好的方式提供给用户使用。因此,多媒体是一个丰富多彩的感官世界，它能使人的眼睛，耳朵，手指，特别是大脑兴奋起来。人类感知信息的第一个途径是视觉，通过视觉可以从外部世界获取80％左右的信息。其次是听觉，通过听觉可以从外部世界获取10％左右的信息。第三个途径是触觉，嗅觉和味觉，它们合起来能获取的信息量约占10％。目前，多媒体只利用了人的视觉和听觉，虚拟现实中用到了触觉，而嗅觉和味觉尚未集成进来。随着多媒体技术的进步，多媒体的含义和范围还将扩展。

需要指出的是，一般所说的"多媒体"，不仅指多种媒体信息本身，而且指处理和应用多媒体信息的相应技术，因此"多媒体"常被当作"多媒体技术"的同义词。人们所提到多媒体技术中的媒体主要是指就是利用计算机把文字、图形、影像、动画、声音及视频等媒体信息都数位化，并将其整合在一定的交互式界面上，使电脑具有交互展示不同媒体形态的能力。它极大地改变了人们获取信息的传统方法，符合人们在信息时代的阅读方式。

6.1.2 多媒体技术的特性

多媒体技术是电脑技术，音频视频技术，图像压缩技术，多媒体网络技术，超媒体技术，文字处理技术等多种技术的一种结合，是高科技的产物，是多种技术综合的结晶。它是一种能同时综合处理多种信息，在这些信息之间建立逻辑联系，使其集成为一个交互式系统的技术。多媒体技术所处理的文字、数据、声音、图像、图形等媒体数据是一个有机的整体，而不是一个个"分立"的信息类的简单堆积，多种媒体之间无论在时间上还是在空间上都存在着紧密的联系，是具有同步性和协调性的群体。因此，多媒体技术的关键特性在于信息载体的多样性，集成性，交互性，实时性和协同性。这也是多媒体技术研究中必须解决的主要问题。

1. 信息载体多样性

信息载体的多样性是多媒体的主要特征之一，也是多媒体研究需要解决的关键问题。多媒体技术的多样性体现在信息采集或生成、传输、存储、处理和显现的过程中，要涉及多种感知媒体、表示媒体、传输媒体、存储媒体或呈现媒体，或者多个信源或信宿的交互作用。这种多样性，当然不是指简单的数量或功能上的增加，而是质的变化。例如，多媒体计算机不但具备文字编辑、图像处理、动画制作以及通过电话线路（经由调制解调器）或网络（经由网络接口卡）收发电子函件等功能，又有处理、存储、随机地读取包括伴音在内的电视图像的功能，能够将多种技术、多种业务集合在一起。

信息载体的多样化使计算机所能处理的信息空间范围扩展和放大，而不再局限于数值、文本或特殊对待的图形和图像，这是计算机变得更加人性化所必须的条件。计算机以及与之相类似的设备都远远没有达到人类的水平，在信息交互方面与人的感官空间就相差更远。多媒体就是要把机器处理的信息多维化，通过信息的捕获，处理与展现，使之交互过程中具有更加广阔和更加自由的空间，满足人类感官空间全方位的多媒体信息要求。

2. 交互性

多媒体的第二个关键特性是交互性。所谓交互就是通过各种媒体信息，使参与的各方（不论是发送方还是接收方）都可以进行编辑、控制和传递。交互性在于，使用者对信息处理的全过程能进行完全有效的控制，并把结果综合地表现出来，而不是单一数据、文字、图形、图像或声音的处理。多媒体系统一般具有如下功能：捕捉、操作、编辑、存储、显现和通信，用户能够随意控制声音、影像，实现用户和用户之间、用户和计算机之间的数据双向交流的操作环境，以及多样性、多变性的学习和展示环境。

交互性向用户提供更加有效地控制和使用信息的手段和方法，同时也为应用开辟了更加广阔的领域。交互可做到自由地控制和干预信息的处理，增加对信息的注意力和理解，延长信息的保留时间。当交互性引入时，活动（Activity）本身作为一种媒体便介入了信息转变为知识的过程。借助于活动，人们可以获得更多的信息。如在计算机辅助教学、模拟训练、虚拟现实等方面都取得了巨大的成功。媒体信息的简单检索与显示，是多媒体的初级交互应用；通过交互特性使用户介入到信息的活动过程中，才达到了交互应用的中级水平；当用户完全进入到一个与信息环境一体化的虚拟信息空间自由遨游时，这才是交互应用的高级阶段，但这还有待于虚拟现实（Virtual Reality，又译作灵境）技术的进一步研究和发展。

3. 集成性

多媒体技术是多种媒体的有机集成。它集文字、文本、图形、图像、视频、语音等多种媒体信息于一体。它像人的感官系统一样，从眼、耳、口、鼻、脸部表情、手势等多种信息渠道接收信息，并送入大脑，然后通过大脑综合分析、判断，去伪存真，从而获得准确的信息。目前，还在进一步研究多种媒体，如触觉、味觉、嗅觉媒体。多种媒体的集成是多媒体技术的一个重要特点，但要想完全像人一样从多种渠道获取信息，还有相当的距离。所谓集成性，除了声音、文字、图像、视频等媒体信息的集成，另一方面还包括传输、存储和呈现媒体设备的集成。多媒体系统一般不仅包括了计算机本身，而且包括了像电视、音响、录像机、激光唱机等设备。

多媒体的集成性应该说是在系统级上的一次飞跃。早期多媒体中的各项技术和产品几乎都是由不同厂商根据不同的方法和环境开发研制出来的，基本上只能单一零散和孤立地被使用，在能力和性能上很难满足用户日益增长的信息处理要求。但当它们在多媒体的大家庭里统一时，一方面意味着技术已经发展到相当成熟的阶段，另一方面也意味着各自独立的发展不再能满足应用的需要。信息空间的不完整，开发工具的不可协作性，信息交互的单调性等都将严重地制约和限制着多媒体信息系统的全面发展。

因此，多媒体的集成性主要表现在多媒体信息的集成以及操作这些媒体信息的工具和设备集成这两个方面。对于前者而言，各种信息媒体应能按照一定的数据模型和组织结构集成，后者强调了与多媒体相关的各种硬件的集成和软件的集成，为多媒体系统的开发和实现建立一个理想的集成环境，提高了多媒体软件的生产力。

4. 实时性

所谓实时性是指在多媒体系统中多种媒体之间无论在时间上还是在空间上都存在着紧密的联系，是具有同步性和协调性的群体。例如，声音及活动图像是强实时的（Hard Real Time），多媒体系统提供同步和实时处理的能力。这样，在人的感官系统允许的情况下，进行多媒体交互，就好像面对面（Face-To-Face）一样，图像和声音都是连续的。实时多媒体分布系统是把计算机的交互性、通信的分布性和电视的真实性有机地结合在一起。

5. 协同性

每一种媒体都有其自身规律,各种媒体之间必须有机地配合才能协调一致。多种媒体之间的协调以及时间、空间和内容方面的协调是多媒体的关键技术之一。

6.1.3 多媒体元素的类型

多媒体媒体元素是指多媒体应用中可显示给用户的媒体组成。目前主要包含文本、图形、图像、声音、动画和视频图像等媒体元素。

(1) 文本。文本指各种文字,包括各种字体 、尺寸、格式及色彩的文本。文本具有准确性和概括性的特点给人充分的想象空间,常用于知识的描述性表示。文本可用文本编辑软件、多媒体编著软件、扫描仪的文字识别软件进行编辑。常见的文本文件格式有TXT、RTF、DOC、WPS 等。

(2) 图像。图像是指从点、线、面到三维空间的黑白或彩色几何图;图像是由像素点阵组成的画面。图像具有直观、形象的特点,可以将复杂和抽象的信息非常直观形象的表达出来,有助于分析理解内容、解释观念或现象;为应用系统实现美观的界面提供强有力的手段,并可以提高想象力。图像处理软件进行编辑。常见的图像文件格式有 BMP、GIF、JPEG、TIF 等。

(3) 动画。动画是利用了人眼的视觉暂留特性,快速播放一连串静态图像,在人的视觉上产生平滑流畅的动态效果就是动画。二维计算机动画按生成的方法可以分为逐帧动画、关键帧动画和造型动画等几大类。图像具有形象化、生动性的特点,常用于强调主题,添加趣味,通过模拟,使有关理论和现象直观化,形象化。需用专门的动画制作软件进行编辑。常见的动画文件格式有 MOV、GIF、SWF 等。

(4) 音频。音频包括音乐语音和各种音响效果。音频具有瞬态性、顺序性的特点。语言可强化刺激、吸引听众的注意,音乐可深化主题,烘托渲染气氛,具有画龙点睛的效果。对音频进行编辑必须用专门的声音处理软件。常见的视频动画文件格式有 WAV、MIDI、MP3、WMA、RA 等。

(5) 视频影像。视频影像是图像数据的一种,若干有联系的图像数据连续播放便形成了视频。视频具有时序性、复杂性的特点,常用于交代事物发生的过程。对视频进行编辑前必须经过数字摄像、电视摄像、视频捕捉等。常见的视频文件格式有 AVI、MOV、MPG、RM、WMV、DAT 等。

6.1.4 多媒体处理的关键技术

1. 数据压缩与编码技术

节省存储空间,提高通信介质的传输效率,使计算机实时处理和播放视频、音频信息成为可能。在普通情况下,一幅像素(Pixel)为 352×240 近似真彩色图像,15 位/像素(bit/pixel)在数字化后的数据量为 352×240pixel×15bit/pixel=1267200bit。在动态视频中,采用 NTSC 制式的帧率为 30 帧/秒,那么要求视频信息的传输率为 1267200bit×

30/s＝3.8016E＋07bit/s。因此在一张容量为700MB的光盘上全部存放视频信息，最多所存储的动态视频数字信号所能播放的时间最大也只有700×1280×1024×8bit＝7.340032E＋09bit/s(3.8016E＋07bit/s)＝193,077s，即3.218min。由此可知，不采用压缩技术，一张700MB的光盘存放动态视频数字信号只能播放3.218min。

以计算机的150KBps传输率，在没压缩的前提下，是无法处理3.8016E＋07bit/s的大数据量的。在处理音频信号时也会遇到类似的需要处理大信号量的问题。所以要把音频和视频信号在有限的空间上存储和在现行的PC总线上正确传输，必须采用数据压缩与编码技术。这就是多媒体计算机发展的关键技术。如果采用MPEG-1标准的压缩比50：1，则700MB的VCD光盘，在同时存放视频和音频信号的情况下，其最大可播放时间能达到96min。目前所采用的多媒体数字信息图像压缩标准分为静态JPEG和动态MPEG的两个标准，这两个标准是由国际标准化组织ISO和CCITT于1986年成立的联合图片专家组(Joint Photographic Expert Group，JPEG)，运动图像专家组(Moving Picture Experts Group，MPEG)来完成。

2. 数字化技术

(1) 数字图像技术。在图像，文字和声音这3种形式的媒体中，图像所包含的信息量是最大的。人们的知识绝大部分是通过视觉获得的。图像的特点是只能通过人的视觉感受，并且非常依赖于人的视觉器官。数字图像技术就是对图像进行计算机处理，使其更适合人眼或仪器的分辨，并拾取其中的信息。

数字图像处理的过程包括输入，处理和输出。输入即图像采集和数字化，就是对模拟图像信号进行抽样，量化处理后得到数字图像信号，并将其存储到计算机中以待进一步处理。处理是按一定的要求对数字图像进行诸如滤波，锐化，复原，重现和矫正等一系列处理，以提取图像中的主要信息。输出则是将处理后的数字图像通过显示，打印等方式表现出来。

(2) 数字音频技术。多媒体技术中的数字音频技术包括声音采集及回放技术，声音识别技术和声音合成技术3个方面。3个方面的技术在计算机的硬件上都是通过"声卡"实现的。声卡具有将模拟的声音信号数字化的功能。数字化后的信号可作为计算机文件进行存储或处理。同时声卡还具有将数字化音频信号转换成模拟音频信号而回放出来的功能。而数字声音处理，声音识别和声音合成则是通过计算机软件来实现的。

(3) 数字视频技术。数字视频技术与数字声频技术相似，只是视频的带宽更高，大于6MHz，而声频的带宽只有20kHz。数字视频技术一般应包括视频采集及回放，视频编辑和三维动画视频制作。视频采集及回放与音频采集及回放类似，需要有图像采集卡和相应软件的支持。不同的是在视频采集时要考虑制式(NTSC制，PAL制等)和每秒帧数(NTSC制：30帧/秒；PAL制：25帧/秒)的问题。视频采集数据在磁盘上存放时的文件格式多为.AVI和.MPG。其中MPG文件的大约为AVI文件的1/5～1/10。

3. 多媒体通信技术

多媒体通信技术突破了计算机，通信，广播和出版的界限，使它们融为一体，向人类提供了诸如多媒体电子邮件，视频会议等全新的信息服务。多媒体通信技术是指利用通信网络综合性地完成多媒体信息的传输和交换的技术。

(1) 多媒体同步技术。在 MPEG-1 标准中,包含了 MPEG 视频,MPEG 音频和 MPEG 系统 3 个部分。在音频视频回放时,必须实现同步输出。因此同步技术是多媒体通信的又一关键技术。多媒体信息同步有分层同步,时间轴同步和参考点同步 3 种方法。MPEG 的压缩算法在综合考虑音频和视频的基础上,得到了一个重现图像为电视效果的传播速率。

(2) 多媒体传输技术。在多媒体技术中,信息的传输是实现多媒体通信的关键。多媒体信息的传输又以图像的传输为核心。多媒体信息传输技术主要包括静态图像传输,动态视频图像传输,图像信息的模拟信号 A/D 和数字信号 D/A 转换,模拟视频信号和数字视频信号的传输,图像信号的压缩编码及解码,调制/解调等多方面的技术。

多媒体通信是多媒体技术和通信技术结合的产物,它将计算机的交互性,通信的分布性和广播电视的真实性融为一体。多媒体系统要通过通信网络传送文本,图形,图像,动画,音频和视频等不同媒体,这些媒体对通信网各有不同的要求。文本和图片要求的平均速率较低,音频信号的传输速率不要求太高,但实时要求高,视频则需要极高的传输速率。

4. 多媒体数据库技术

多媒体数据库是一种包括文本、图形、图像、动画、声音、视频图像等多种媒体信息的数据库。由于一般的数据库管理系统处理的是字符,数值等结构化的信息,无法处理图形、图像、声音等大量非结构化的多媒体信息,因而这就需要一种新的数据库管理系统对多媒体数据进行管理。这种多媒体数据库管理系统 MDBMS 能对多媒体数据进行有效的组织,管理和存取,而且还可以实现以下功能:多媒体数据库对象的定义,多媒体数据存取,多媒体数据库运行控制,多媒体数据组织,存储和管理,多媒体数据库的建立和维护,多媒体数据库在网络上的通信功能。

多媒体数据具有复合性、分散性、时序性等特点。复合性指媒体数据的形式多种多样,既可以是文本、图形、图像、声音、视频图像等结构或非结构的数据对象,也可以是通过各种数据集成而得到复合数据的对象。分散性指关联的数据可以分散地存储在不同的机器上。实时性则是指编组时要求保证数据对象之间时间上的同步和空间上的衔接。

由于多媒体数据的以上特点,使得多媒体数据库的研究除了数据存储管理,数据共享,并发控制,事务处理等内容之外,还具有以下的研究内容。

(1) 支持图形、图像、动画、声音、视频图像、文字等媒体字段类型及用户定义的特殊类型。

(2) 支持定长数据和非定长数据的集成管理。

(3) 支持复杂对象的表示和处理,要求有表示和处理对象间复杂关系的能力,有保证复杂对象完整性和一致性的机制。

(4) 对多媒体数据的处理需要有较高的实时性,以保证具有时序性的信息单元之间在时间或空间上的衔接。

(5) 多媒体数据库具有巨额数据量,一方面需要有光盘等巨大容量的硬件设备作支持,另一方面要求考虑多媒体数据压缩与解压缩。

(6) 支持多媒体操作的用户界面,比如,选择浏览图像,视听声音,观看视频文件等。

近年来,大容量光盘,高速 CPU,高速 DSP 以及宽带网络等硬件技术的发展,为多媒体数据库从研究到应用的发展提供了良好的物理基础，多媒体数据库广泛用于办公信息系统，商业行销系统，地址信息系统，计算机辅助设计和计算机辅助制造系统，期刊出版系统，医疗信息系统以及军事应用系统中。

5. 超文本和超媒体

多媒体系统中的媒体种类繁多且数据量巨大，各种媒体之间既有差别又有信息上的关联。处理大量多媒体信息主要有两种途径：一是利用上述所讲的多媒体数据库系统，以存储和检索特定的多媒体信息；二是使用超文本和超媒体，它一般采用面向对象的信息组织和管理形式，是管理多媒体信息的一种有效方法。

超文本和超媒体允许以事物的自然联系组织信息，实现多媒体信息之间的连接，从而构造出能真正表达客观世界的多媒体应用系统。超文本和超媒体的数据模型是一个复杂的非线性网络结构，结构中包含的3要素是结点、链、网络。结点是表达信息的单位，链将结点连接起来，网络是由结点和链构成的有向图。在超文本和超媒体中，信息的组织将不再是线性的，而是以非线性的形式进行存储，管理和浏览。这样，用户对信息的使用将更加灵活方便。

6. 虚拟现实技术

虚拟现实VR是在许多相关技术(如仿真技术，计算机图形学，多媒体技术等)的基础上发展起来的一门综合技术，是多媒体技术发展的更高境界。虚拟现实技术提供了一种完全沉浸式的人机交互界面，用户处在计算机产生的虚拟世界中，无论看到的，听到的，还是感觉到的，都像在真实的世界里一样，并通过输入输出设备可以同虚拟现实环境进行交互。虚拟现实的本质是人与计算机之间或人与人借助计算机进行交流的一种方式，这种方式具有相当逼真的三维虚拟世界，即具有三维交互接口。虚拟现实具有如下特征。

(1) 多感知性。所谓多感知是指除了一般多媒体计算机具有的视觉感知和听觉感知外，还有触觉感知，力觉感知，运动感知，甚至包括嗅觉感知和味觉感知等。理想的虚拟现实技术应有一切人所具有的感知功能，目前由于传感器技术的限制尚不能提供嗅觉感知和味觉感知。

(2) 临场感。临场感又称存在感，它是指用户作为主角存在于模拟环境中感觉到的真实程度。理想的模拟环境应该达到使用户难以分辨真假，如实现比现实更逼真的照明和音响效果；如天文学专业的学生可以在虚拟星系中遨游，英语专业的学生可以在虚拟剧院观看莎士比亚戏剧。

(3) 交互性。交互性是指用户对模拟环境内物体的可操作程度和从环境得到反馈的自然程度。如用户可以用手去直接抓取模拟环境中的物体，这时手有握着东西的感觉，并可以感觉物体的重量，视场中被抓的物体也会随着手的移动而移动。

(4) 自主性。自主性是指虚拟环境中物体依据物理定律动作的程度，如当物体受到力的推动时会向力的方向移动或翻倒。

虚拟现实技术推动了通用计算机中多媒体设备的发展，在输入输出方面也由普通的键盘和二维鼠标器发展为三维球，三维鼠标器，数据手套，数据衣服以及头盔显示器等。

6.1.5 多媒体技术的应用领域及发展

多媒体技术使计算机具有综合处理文本,图形,图像,声音,视频的能力,它以形象丰富友好的声、文、图信息界面和方便的交互性,极大地改变了使用计算机的方式,给人们的学习,工作,生活和娱乐带来了深刻的变化。

近年来多媒体技术的发展,大容量光盘,高速 CPU,高速 DSP 以及宽带网络等硬件技术的发展,促使多媒体计算机(MPC)进入家庭,改变了传统家电的格局。在 MPC 中可以播放 CD、VCD、DVD 等光碟,组成家庭影院。MPC 以其逼真的音响效果,良好的图形界面和优质的动画效果,使计算机游戏变得更加生动有趣。如果是在网络上,不同地方的用户可以通过网络一起玩交互式游戏。多媒体技术在 Internet 互联网应用最多,除传统 E-mail、FTP、Telnet、WWW、Gopher 和 Talk 等应用外,还包括电子商务,广域电子生产管理系统,视频会议,远程诊断,远程教育和远程合作研究。

1. 多媒体技术的应用

近年来,多媒体技术得到迅速发展,多媒体系统的应用更以极强的渗透力进入人类生活的各个领域,如游戏、教育、档案、图书、娱乐、艺术、股票债券、金融交易、建筑设计、家庭、通信等。其中,运用最多最广泛也最早的就是电子游戏,千万青少年甚至成年人为之着迷,可见多媒体的威力。大商场、邮局里是电子导购触摸屏也是一例,它的出现极大地方便了人们的生活。近年来又出现了教学类多媒体产品,一对一专业级的教授,使不少莘莘学子受益匪浅。正因为如此,许多有眼光的企业看到了这一形式,纷纷运用其做企业宣传之用甚至运用其交互能力加入了电子商务,自助式维护,教授使用的功能,方便了客户,促进了销售,提升了企业形象,扩展了商机,在销售和形象两方面都获益。

人类社会经由计算机网络相连,民族和国家的许多价值观将会改变,取而代之的将是大大小小的电子社区的价值观。人类将拥有数字化的邻居,在这一数字化的环境中,物理空间变得无关紧要,时间的分离也将缩到最短。现在,多媒体技术在工业、农业、商业、金融、教育、娱乐、旅游、房地产开发等各行各业、各个领域中,尤其在信息查询、产品展示、广告宣传等方面正得到越来越广泛的应用。

(1) 教育培训。多媒体能够产生出一种新的图文并茂、丰富多彩的人机交互方式,而且可以立即反馈。采用这种交互,学习者可按自己的学习基础、兴趣来选择自己所要学习的内容,主动参与。此外,以互联网络为基础的远程教学,使得远隔千山万水的学生、教师和科研人员突破时空的限制,及时地交流信息、共享资源。目前网络大学在国内外都迅速地发展起来了。由于多媒体具有图、文、声并茂甚至有活动影像这样的特点,所以能提供最理想的教学环境,它必然会对教育、教学过程产生深刻的影响。多媒体技术将会改变教学模式、教学内容、教学手段、教学方法,最终导致整个教育思想、教学理论甚至教育体制的根本变革。

(2) 电子商务。将有关的合同和各种单证按照一定的国际通用标准,通过互连网络进行传送,从而提高交易与合同执行的效率。通过网络,顾客能够浏览商家在网上展示的各种产品,并获得价格表、产品说明书等其他信息,据此可以定购自己喜爱的商品。电子商务能够大大缩短销售周期，提高销售人员的工作效率，改善客户服务，降低上市、销售、管理和发货的费用，形成新的优势条件，因此必将成为未来社会一种重要的销售手段。

(3) 信息发布。各公司、企业、学校、甚至政府部门都可以建立自己的信息网站，用各种大量的媒体资料详细地介绍本部门的历史、实力、成果、需求等信息，以进行自我展示并提供信息服务。另一方面，信息的发布并不是大的组织机构的特权，每一个人都可以建立自己的信息主页或网站。此外，网上众多的讨论区(Bulletin Board System，BBS)可以让任何人发布信息，实时交流讨论，为人类社会提供一个全新的交流和交友方式。

(4) 娱乐。计算机和网络游戏由于具有多媒体感官刺激并使游戏者通过与计算机的交互或互动身临其境、进入角色，真正达到娱乐的效果，故大受欢迎。此外，数字照相机，数字摄像机，数字摄影机和 DVD 光碟的投放市场，直至数字电视的到来，将为人类的娱乐生活开创一个新的局面。

(5) 电子出版。电子出版是多媒体传播应用的一个重要方面。多媒体大容量存储技术以及信息高速公路为人们提供了方便快捷的信息处理、存储和传递方式，它是解决信息爆炸的一条出路。利用多媒体技术制作的光盘出版物，在音像娱乐、电子图书、游戏及产品广告的光盘市场上，呈现出迅速发展的销售趋势。电子出版物的产生和发展，不仅改变了传统图书的发行、阅读、收藏、管理等方式，也将对人类传统文化概念产生巨大影响。

(6) 虚拟现实。虚拟现实是一项与多媒体技术密切相关的边缘技术，它通过综合应用计算机图像、模拟与仿真、传感器、显示系统等技术和设备，以模拟仿真的方式，给用户提供一个真实反映操纵对象变化与相互作用的三维图像环境所构成的虚拟世界，并通过特殊设备(如头盔和数据手套)提供给用户一个与该虚拟世界相互作用的三维交互式用户界面。利用多媒体系统生成的逼真的视觉、听觉、触觉及嗅觉的模拟真实环境，大众可以用人的自然技能对这一虚拟的现实进行交互体验，犹如在真实现实中的体验一样。虚拟现实是多媒体技术发展的理想。

2. 多媒体的发展

(1) 多媒体从单机单点向分布、协同多媒体环境的网络及其设备的研究和网上分布应用与信息服务研究。

(2) 利用已较成熟的图像理解、语音识别，全文检索等技术研究多媒体基于内容的处理，开发能进行基于内容的处理系统(包括编码、创作、表现及应用)是多媒体信息管理的重要方向。

(3) 多媒体标准仍是研究的重点。各类标准的研究将有利于产品规范化，应用更方便。因为以多媒体为核心的信息产业突破了单一行业的限制，涉及诸多行业。而多媒体系统的集成特性对标准化提出很高的要求，所以必须开展标准化研究，它是实现多媒体信息交换和大规模产业化的关键所在。

(4) 以网络为中心的计算机将是信息技术中一场新的革命，它将使计算机成为人与人交流的媒介。

(5) 多媒体技术将与相邻技术结合以提供完善的人机交互环境。同时多媒体技术继续向其他领域扩展，使其应用的范围进一步扩大。

6.2 多媒体计算机系统

多媒体系统是一个能处理多媒体信息的计算机系统。它是在现有 PC 基础上加上硬件板卡和相应的软件,使其具有综合处理声音、文字、图像、视频等多种媒体信息的多功能计算机。可见,多媒体系统是计算机和视觉、听觉等多种媒体系统的综合。多媒体计算机系统与普通计算机一样,也是由多媒体硬件和多媒体软件两部分组成。其核心是一台计算机,外围主要是视听等多种媒体设备。

因此,简单地说,多媒体系统的硬件是计算机主机及可以接收和播放多媒体信息的各种输入输出设备,其软件是音频/视频处理核心程序、多媒体操作系统及各种多媒体工具软件和应用软件。多媒体系统是围绕着计算机构成的,并在计算机的控制之下:以交互方式表示信息;捕获、处理和产生信息;提供共享存储能力;传送多媒体信息。

6.2.1 多媒体计算机硬件系统

多媒体硬件系统由主机、多媒体外部设备接口卡和多媒体外部设备构成。它是构成多媒体系统的基础,是指系统中所有的物理设备,多媒体计算机的硬件除一些常规硬件外,还应包括音频、视频信息处理硬件,如音频卡、视频卡、扫描仪、打印机和光盘驱动器等。

多媒体计算机的主机可以是大、中型计算机,也可以是工作站,用得最多的还是微机。多媒体外部设备接口卡根据获取、编辑音频、视频的需要插接在计算机上。常用的有声卡、视频压缩卡、VGA/TV 转换卡、视频捕捉卡、视频播放卡和光盘接口卡等。多媒体外部设备十分丰富,按功能分为视频/音频输入设备、视频/音频输出设备、人机交互设备、数据存储设备四类。视频/音频输入设备包括摄像机、录像机、影碟机、扫描仪、话筒、录音机、激光唱盘和 MIDI 合成器等;视频/音频输出设备包括显示器、电视机、投影电视、扬声器、立体声耳机等;人机交互设备包括键盘、鼠标、触摸屏和光笔等;数据存储设备包括 CD-ROM、磁盘、打印机、可擦写光盘等。多媒体计算机硬件系统组成示意图如图 6.1 所示。

6.2.2 多媒体计算机软件系统

多媒体软件系统按功能可分为系统软件和应用软件。

系统软件是多媒体系统的核心,它不仅具有综合使用各种媒体、灵活调度多媒体数据进行媒体的传输和处理的能力,而且要控制各种媒体硬件设备协调地工作。多媒体各种软件要运行于多媒体操作系统平台(例如 Windows)上,故操作系统平台是软件的核心。多媒体计算机系统的主要系统软件有:

(1) 多媒体驱动软件。它是最底层硬件的软件支撑环境,直接与计算机硬件相关的,完成设备初始、各种设备操作、设备的打开和关闭、基于硬件的压缩/解压缩、图像快速变换

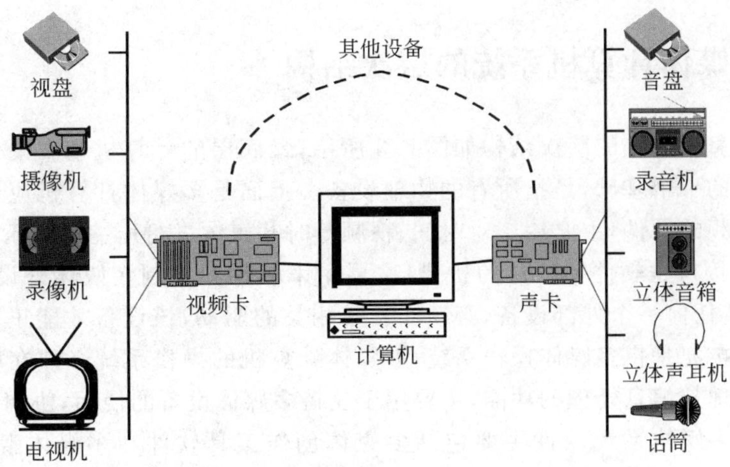

图 6.1　多媒体计算机硬件系统组成图

及功能调用等。通常驱动软件有视频子系统、音频子系统、及视频/音频信号获取子系统。

(2) 驱动器接口程序。它是高层软件与驱动程序之间的接口软件。为高层软件建立虚拟设备。

(3) 多媒体操作系统。它可实现多媒体环境下多任务调度,保证音频视频同步控制及信息处理的实时性,提供多媒体信息的各种基本操作和管理,具有对设备的相对独立性和可操作性。操作系统还具有独立于硬件设备和较强的可扩展性。

(4) 多媒体素材制作软件及多媒体库函数:为多媒体应用程序进行数据准备的程序,主要为多媒体数据采集软件,作为开发环境的工具库,供设计者调用。

(5) 多媒体创作工具、开发环境:主要用于编辑生成多媒体特定领域的应用软件。是在多媒体操作系统上进行开发的软件工具。

应用软件是在多媒体创作平台上设计开发的面向应用领域的软件系统,通常由应用领域的专家和多媒体开发人员共同协作、配合完成。例如,教育软件、电子图书等。多媒体计算机软件系统结构图如图 6.2 所示。

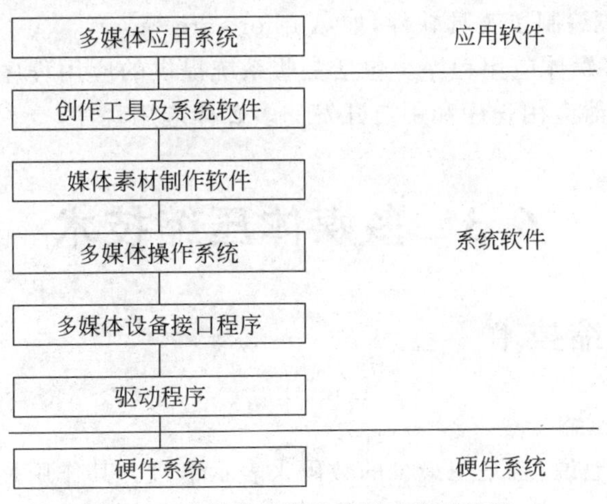

图 6.2　多媒体计算机软件系统结构图

6.2.3 多媒体计算机系统的层次结构

多媒体计算机系统的层次结构如图 6.3 所示，最底层的计算机基本硬件设备是多媒体计算机系统的一个基础，是指所有的物理设备。上面是多媒体计算机应该具备的最基本支持声音视频的硬件，主要用于对时间、视频等时基媒体进行压缩和解压缩。多媒体设备的 I/O 控制接口是软件和硬件的桥梁，主要用来驱动和控制多媒体外设，以提供软件接口，比如安装任何一个外部设备，必须安装其相关的驱动，该设备才能正常运行。操作系统的多媒体扩充是指多媒体操作系统，多媒体计算机的操作系统必须在原基础上扩充多媒体资源管理与信息处理的功能，主要用于支持多媒体设备的使用，协调窗口软件环境的各项操作。多媒体系统软件主要包括多媒体创作工具软件和多媒体素材编辑软件。MIDI 是多媒体计算机中除数字波形声音意外生成音乐和音响效果更常用的方法。

多媒体系统的层次结构与计算机系统的结构在原则上是相同的，由底层的硬件系统和其上的各层软件系统组成，只是考虑多媒体的特性各层次的内容有所不同，如图 6.3 所示。

多媒体应用程序
多媒体工具软件
多媒体操作系统
多媒体核心软件
多媒体硬件设备驱动程序
多媒体硬件设备

图 6.3 多媒体系统的层次结构图

其中多媒体软件层次：

(1) 最底层是直接和多媒体底层硬件打交道的驱动程序，在系统初始化引导程序作用下把它安装到系统 RAM 中，常驻内存。

(2) 第 2 层是多媒体计算机的核心软件，即视频/音频信息处理核心部件，其任务是支持随机移动或扫描窗口下的运动及静止图像的处理和显示，为相关的音频和视频数据流的同步问题提供需要的实时任务调度等。

(3) 第 3 层是多媒体操作系统，除一般的操作系统功能外，它为多媒体信息处理提供设备无关的媒体控制接口。例如，Windows 操作系统提供的媒体控制接口。

(4) 第 4 层是开发工具/著作语言。为了方便开发者和用户编制应用程序，不少厂商为多媒体计算机系统编制了工具软件，如 Authorware 等。

(5) 第 5 层是多媒体应用程序。包括一些系统提供的应用程序，如 Windows 系统中的录音机、媒体播放器应用程序和用户开发的多媒体应用程序。

6.3 多媒体压缩技术

6.3.1 数据压缩技术

1. 什么是数据压缩

数据压缩，通俗地说，就是用最少的数码来表示信号。其作用是能较快地传输各种信号，如传真、Modem 通信等；在现有的通信干线并行开通更多的多媒体业务，如各种增值业务；紧缩数据存储容量，如 CD-ROM、VCD 和 DVD 等；降低发信机功率，这对于多媒体移动通信系统尤为重要。由此看来，通信时间、传输带宽、存储空间甚至发射能量，都可能成为数据压缩的对象。数据压缩是通过减少计算机中所存储数据或者通信传播中数据的冗余度，达到增大数据密度，最终使数据的存储空间减少的技术。数据压缩在文件存储和分布式系统领域有着十分广泛的应用。数据压缩也代表着尺寸媒介容量的增大和网络带宽的扩展。数据压缩就是将字符串的一种表示方式转换为另一种表示方式，新的表示方式包含相同的信息量，但是长度比原来的方式尽可能的短。

2. 数据为何能被压缩

首先，数据中间常存在一些多余成分，既冗余度。如在一份计算机文件中，某些符号会重复出现、某些符号比其他符号出现得更频繁、某些字符总是在各数据块中可预见的位置上出现等，这些冗余部分便可在数据编码中除去或减少。冗余度压缩是一个可逆过程，因此叫做无失真压缩，或称保持型编码。

其次，数据中间尤其是相邻的数据之间，常存在着相关性。如图片中常常有色彩均匀的背影，电视信号的相邻两帧之间可能只有少量的变化影物是不同的，声音信号有时具有一定的规律性和周期性等。因此，有可能利用某些变换来尽可能地去掉这些相关性。但这种变换有时会带来不可恢复的损失和误差，因此叫做不可逆压缩，或称有失真编码、摘压缩等。

此外，人们在欣赏音像节目时，由于耳、目对信号的时间变化和幅度变化的感受能力都有一定的极限，如人眼对影视节目有视觉暂留效应，人眼或人耳对低于某一极限的幅度变化已无法感知，故可将信号中这部分感觉不出的分量压缩掉或“掩蔽掉”。这种压缩方法同样是一种不可逆压缩。

对于数据压缩技术而言，最基本的要求就是要尽量降低数字化的在码事，同时仍保持一定的信号质量。不难想象，数据压缩的方法应该是很多的，但本质上不外乎上述完全可逆的冗余度压缩和实际上不可逆的摘压缩两类。冗余度压缩常用于磁盘文件、数据通信和气象卫星云图等不允许在压缩过程中有丝毫损失的场合中，但它的压缩比通常只有几倍，远远不能满足数字视听应用的要求。

在实际的数字视听设备中，差不多都采用压缩比更高但实际有损的压缩技术。只要作为最终用户的人觉察不出或能够容忍这些失真，就允许对数字音像信号进一步压缩以换取更高的编码效率。摘压缩主要有特征抽取和量化两种方法，指纹的模式识别是前者的典型例子，后者则是一种更通用的摘压缩技术。

3. 数据压缩与编码

数据压缩跟编码技术联系紧密，压缩的实质就是根据数据的内在联系将数据从一种编码映射为另一种编码。压缩前的数据要被划分为一个一个的基本单元。基本单元既可以是单个字符，也可以是多个字符组成的字符串。称这些基本单元为源消息，所有的源消息构成源消息集。源消息集映射的结果为码字集。可见，压缩前的数据是源消息序列，压缩后的数据是码字序列。

若定义块为固定长度的字符或字符串，可变长为长度可变的字符或字符串，则编码可分为块到块编码、块到可变长编码、可变长到块编码、可变长到可变长编码等。应用最广泛的 ASCII 编码就是块到块编码。

4. 数据压缩的分类

数据压缩按照映射是否固定可分为静态数据压缩和动态数据压缩。静态数据压缩是指压缩前源消息集到码字集之间的映射是固定的，出现在被压缩数据中的源消息每次都被映射为同一码字。动态数据压缩是指源消息集到码字集的映射会随着压缩进度的变化而变化。静态压缩编码需要两步，先计算出源消息出现的频率，确定源消息到码字之间的映射；然后完成映射。动态数据压缩则只需一步就能完成，它在压缩过程中只对源消息集扫描一次。有些数据压缩算法是混合型的，综合应用了静态数据压缩和动态数据压缩技术。

6.3.2 图像、视频、音频压缩技术

数据压缩技术作为多媒体技术中最为关键的核心技术，在技术本身和应用方面近年来都取得了引人注目的进展，而其中图像压缩算法更是如此。一般来说，图像编码方法可以分成 3 类：第一类是考虑图像信源的统计特性，采用预测编码方法、变换编码方法、矢量量化编码方法、子带—小波编码法、神经网络编码法等，以香农信息论为基础；第二类根据人眼视觉特性，采用基于方向滤波的图像编码法、基于图像轮廓—纹理的编码法，充分考虑到了信息接受者的主观特性和主观意义。第三类则考虑到了图像传递的景物特征，采用分形编码方法、基于模型的编码方法。

目前，国际标准化组织(ISO)、国际电工委员会(IEC)和国际电信联盟(ITU)陆续完成了各种数据压缩与通信的标准和建议，如面向静止图像压缩的 T. 81 及 ISO 10918 (JPEG)；在运动图像方面用于视频会议的 H. 261 (Px64) 、用于可视电话的 H. 263；针对 CD-ROM 应用，传输率为 1. 5Mbps 的 MPEG-1；以及针对 DVD、数字电视、高清晰度电视应用，传输率为 2～8Mbps 的 MPEG-2。MPEG 已经制订完成 MPEG-4 的第一、二版，目前正在制订 MPEG-4 的第三、四版和 MPEG-7，并在酝酿 MPEG-21。世界各国和各大电子公司均十分重视对视频压缩编码的研究，在已定稿的各种视频压缩编码标准 MPEG-1、MPEG-2、H. 261、H. 263 中，已注册的专利就多达上千个，从目前 MPEG 组织的活动情况看，基于内容的压缩编码方法将是未来压缩编码的主要发展趋势。常见的多媒体数据压缩标准：

(1) MJPEG。MJPEG 是指 Motion JPEG，即动态 JPEG，按照 25 帧/秒速度使用 JPEG 算法压缩视频信号，完成动态视频的压缩。是由 JPEG 专家组制订的，其图像格式是对每一帧进行压缩，通常可达到 6：1 的压缩率，但这个比率相对来说仍然不足。就像每一帧都是独立的图像一样。MJPEG 图像流的单元就是一帧一帧的 JPEG 画片。因为每帧都可任意存取，所以 MJPEG 常被用于视频编辑系统。动态 JPEG 能产生高质量、全屏、全运动的视频，但是，它需要依赖附加的硬件。而且，由于 MJPEG 不是一个标准化的格式，各厂家都有自己版本的 MJPEG，双方的文件无法互相识别。

MJPEG 的优点是画质较清晰，缺点是压缩率低，占用带宽很大。一般单路占用带宽 2M 左右。

(2) H.263。H.263视频编码标准是专为中高质量运动图像压缩所设计的低码率图像压缩标准。H.263采用运动视频编码中常见的编码方法,将编码过程分为帧内编码和帧间编码两个部分。在帧内用改进的DCT变换并量化,在帧间采用1/2像素运动矢量预测补偿技术,使运动补偿更加精确,量化后适用改进的变长编码表(VLC)地量化数据进行熵编码,得到最终的编码系数。

H.263标准压缩率较高,CIF格式全实时模式下单路占用带宽一般在几百,具体占用带宽视画面运动量多少而不同。缺点是画质相对差一些,占用带宽随画面运动的复杂度而大幅变化。

(3) MPEG-1。VCD标准。制定于1992年,为工业级标准而设计,可适用于不同带宽的设备,如CD-ROM,Video-CD、CD-I。它用于传输1.5Mbps数据传输率的数字存储媒体运动图像及其伴音的编码,经过MPEG-1标准压缩后,视频数据压缩率为1/100～1/200,影视图像的分辨率为360×240×30(NTSC制)或360×288×25(PAL制),它的质量要比家用录像系统(VHS-Video Home System)的质量略高。音频压缩率为1/6.5,声音接近于CD-DA的质量。MPEG-1允许超过70min的高质量的视频和音频存储在一张CD-ROM盘上。VCD采用的就是MPEG-1的标准,该标准是一个面向家庭电视质量级的视频、音频压缩标准。MPEG-1的编码速率最高可达4～5Mbps,但随着速率的提高,其解码后的图像质量有所降低。MPEG-1也被用于数字电话网络上的视频传输,如非对称数字用户线路(ADSL),视频点播(VOD),以及教育网络等。同时,MPEG-1也可被用做记录媒体或是在INTERNET上传输音频。MPEG1标准占用的网络带宽在1.5Mbps左右。

(4) MPEG-2。DVD标准。制定于1994年,设计目标是高级工业标准的图像质量以及更高的传输率,主要针对高清晰度电视(HDTV)的需要,传输速率在3-10Mbps间,与MPEG-1兼容,适用于1.5～60Mbps甚至更高的编码范围。分辨率为720×480×30(NTSC制)或720×576×25(PAL制)。影视图像的质量是广播级的质量,声音也是接近于CD-DA的质量。MPEG-2是家用视频制式(VHS)录像带分辨率的两倍。MPEG-2的音频编码可提供左右中及两个环绕声道,以及一个加重低音声道,和多达7个伴音声道(DVD可有8种语言配音的原因)。由于MPEG-2在设计时的巧妙处理,使得大多数MPEG-2解码器也可播放MPEG-1格式的数据,如VCD。除了作为DVD的指定标准外,MPEG-2还可用于为广播,有线电视网,电缆网络以及多级多点的直播(Direct Broadcast Satellite)提供广播级的数字视频。MPEG-2的另一特点是,其可提供一个较广的范围改变压缩比,以适应不同画面质量,存储容量,以及带宽的要求。对于最终用户来说,由于现存电视机分辨率限制,MPEG-2所带来的高清晰度画面质量(如DVD画面)在电视上效果并不明显,到是其音频特性(如加重低音,多伴音声道等)更引人注目。

MPEG-2的画质质量最好,但同时占用带宽也非常大,在4～15Mbps之间,不太适于远程传输。

(5) MPEG-4。MPEG-1文件小,但质量差;而MPEG-2则质量好,但更占空间,MPEG-4则很好的结合了前两者的优点。它于1998年10月定案,在1999年1月成为一个国际性标准,随后为扩展用途又进行了第二版的开发,于1999年底结束。MPEG-4是超低码率运动图像和语言的压缩标准,它不仅是针对一定比特率下的视频、音频编码,更加注重多媒体系统的交互性和灵活性。MPEG-4 标准主要应用于视像电话(Video Phone),视像电子邮件(Video Email)和电子新闻(Electronic News)等,其传输速率要求较低,在 4.8～64Kbps 之间,分辨率为 176×144。MPEG-4 利用很窄的带宽,通过帧重建技术,压缩和传输数据,以求以最少的数据获得最佳的图像质量。与 MPEG-1 和 MPEG-2 相比,MPEG-4 为多媒体数据压缩提供了一个更为广阔的平台。它更多定义的是一种格式、一种架构,而不是具体的算法。它可以将各种各样的多媒体技术充分用进来,包括压缩本身的一些工具、算法,也包括图像合成、语音合成等技术。MPEG-4 的特点是其更适于交互 AV 服务以及远程监控。MPEG-4 是第一个使你由被动变为主动(不再只是观看,允许你加入其中,即有交互性)的动态图像标准;它的另一个特点是其综合性;从根源上说,MPEG-4 试图将自然物体与人造物体相融合(视觉效果意义上的)。MPEG-4 的设计目标还有更广的适应性和可扩展性。

MPEG-4 标准的占用带宽可调,占用带宽与图像的清晰度成正比。以目前的技术,一般占用带宽大致在几百千比特每秒左右。

6.3.3 多媒体压缩工具介绍

使用压缩格式的理由有很多。比如用 U 盘在两台计算机之间传递文件,文件太大,U 盘中装不下怎么办呢?这时通过压缩就能装下;硬盘中的资料越来越多,也越来越乱,如果将它们压缩打包后存放,不仅节约了空间,还利于查找;在带宽还不尽如人意的今天,通过网络传输的文件(上传下载文件)当然越小越好;实时的影音服务(流媒体技术)也需要使用压缩技术。

1. 常见的压缩文件格式

(1) ZIP 格式。ZIP 格式的压缩文件是一种最常见的压缩格式,在 Windows 下解开 ZIP 格式的压缩文件可以用 WinZip、ZipMagic 等压缩/解压工具。

(2) RAR 格式。RAR 格式是由 DOS 下唯一采用图形界面的压缩软件 RAR 压缩而成的,其方便的图形化操作和极高的压缩率。人们可以使用 RAR 或 WinRAR 对其进行解压。

(3) CAB 格式。CAB 格式是 Microsoft 公司在发布 Windows 95 时采用的一种全新的压缩格式,是公认压缩率最大的压缩格式,但是解压缩速度比较慢。

(4) ARJ 格式。由 DOS 下红极一时的压缩软件 ARJ 压缩而成的文件格式,它具有功能强大、压缩率高等优点。我们可使用 WinARJ、WinZip 等软件对其进行解压。

(5) ACE 格式。ACE 格式的压缩率在某些情况下比 CAB 格式的文件还要大许多,但其对系统的要求比较高,软件运行速度也比较慢。可以使用 WinACE 来支持 ACE 格式。

尽管现在计算机的硬盘容量变得越来越大,但是,随着在计算机中存储文件的增多,特别是个人计算机用户,常常在计算机中存储大量的图片文件、音频文件以及视频文件等,这些越来越多的文件占据了大部分的磁盘空间。而通过使用压缩工具,不但可以减少这些文件对磁盘空间的占有量,而且可以让用户更有条理地管理文件。

2. 常用的压缩工具

(1) WinZip。WinZip 是最流行的面向 Windows 的压缩工具,它操作简便、压缩运行速度快，几乎支持目前所有常见的压缩文件格式，但是不支持常用的 RAR 格式的压缩文件。WinZip 全面支持 Windows 中的鼠标拖曳操作，用户用鼠标将压缩文件拖到 WinZip 程序窗口，即可快速打开该压缩文件。启动 WinZip，其操作主界面如图 6.4 所示。

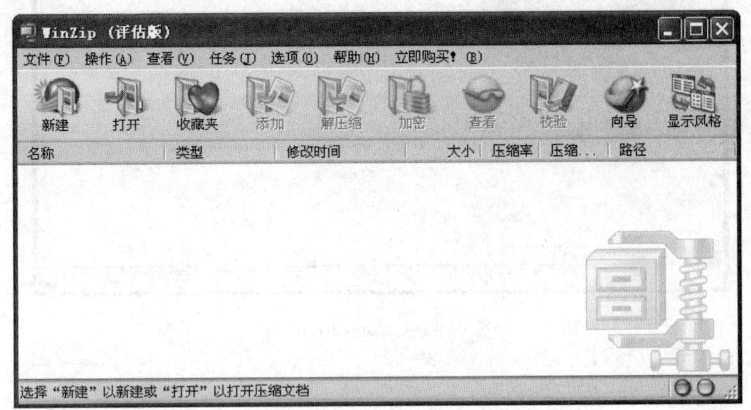

图 6.4　WinZip 界面

基本操作有创建并添加压缩文件；解压缩文件；分卷压缩文件；创建加密压缩文件；创建自解压文件。

(2) WinRAR。WinRAR 是当前流行的压缩工具，它完全支持 Zip 压缩文件格式，压缩比例比 Zip 文件还要高出 30%以上，内置程序可以解开 CAB、ARJ、ACE、JAR、ISO 等多种类型的压缩文件；具有估计压缩功能，可以在压缩文件之前得到用 Zip 和 RAR 两种压缩工具的大概压缩率；具有历史记录和收藏夹功能；压缩率相当高，而资源占用相对较少，固定压缩、多媒体压缩和多卷自释放压缩功能是大多压缩工具所不具备的。操作主界面如图 6.5 所示。

图 6.5　WinRAR 界面

(3) ChinaZip。ChinaZip 是中国人自己开发的功能强大的压缩/解压缩软件，支持 28 种压缩格式，是全球支持缩格式最多的功能强大的中国压缩/解压缩软件。其界面如图 6.6 所示。

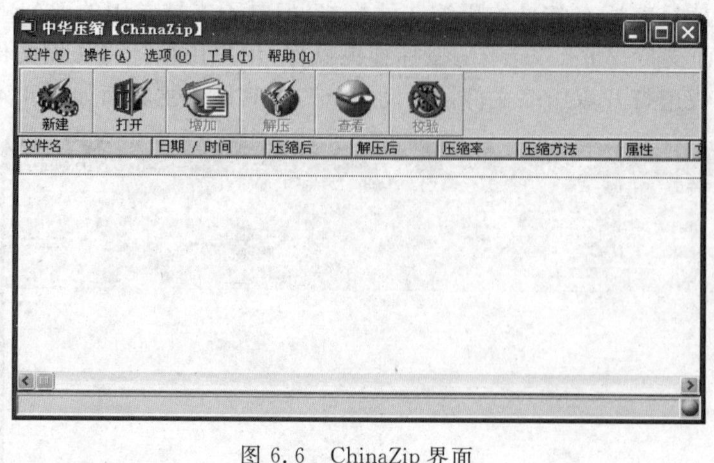

图 6.6 ChinaZip 界面

6.4 多媒体制作工具简介

多媒体创作工具很多,下面介绍常见的图像图形类、动画类、音频类和视频类处理软件。

6.4.1 图像图形类处理软件

图像图形处理类软件有很多,比较出名的有 Photoshop,CorelDRAW 等。下面将介绍 Photoshop。

Adobe Photoshop 是公认的最好的通用平面美术设计软件。由 Adobe 公司开发设计。其用户界面易懂,功能完善,性能稳定。所以,在几乎所有的广告、出版、软件公司,Photoshop 都是首选的平面工具。

1985 年,美国 Apple(苹果)公司率先推出图形界面的 Macintosh(麦金塔)系列计算机。广泛应用于排版印刷行业。至 1990 年,美国计算机行业著名的 3A(Apple,Adobe,Aldus)公司共同建立了一个全新的概念 DTP(Desk Top Publishing)它把计算机融入传统的植字和编排,向传统的排版方式提出了挑战。在 DTP 系统中,先进的计算机是其硬件基础,而排版软件和字库则是它的灵魂。为了处理图形图像,当然也需要专门设计软件。为此,科学家们根据艺术家及平面设计师的工作特点开发了对应的软件,其中 Adobe 公司开发的 Photoshop 是最著名的软件之一。DTP 和图像软件的结合,使设计师可在计算机上直接完成文字的录入、排版、图像处理、形象创造和分色制板的全过程,开创了"计算机平面设计"时代。

如今风靡世界,在平面图像处理领域成为行业权威和标准的 Photoshop 软件源于 20 世纪 80 年代中期,Michigan 大学的一位研究生 Thomas Kaon 编制的一个在 Macintosh Plus 机上显示不同图形文件的程序。其最新版本已出到 Photoshop 9.0,且已有一个全中文版 Photoshop，这对于广大中国用户来说是一个莫大的福音。

最初的 Photoshop 只支持 Macintosh(麦金塔)平台，并不支持 Windows。由于 Windows 在 PC 上的出色表现，Adobe 公司也紧跟发展的潮流，自 Photoshop 以来开始推出 Windows 版本(包括 Windows 95 和 Windows NT)；注意到中国无限广阔的市场，首次推出了 Photoshop 5.02 中文版，并且开通了中文站点，成立了 Adobe 中国公司，总部设在北京。启动 Photoshop 后，其操作的主界面如图 6.7 所示。

图 6.7　Photoshop 界面

Photoshop 的专长在于图像处理，而不是图形创作。有必要区分一下这两个概念。图像处理是对已有的位图图像进行编辑加工处理以及运用一些特殊效果，其重点在于对图像的处理加工；图形创作软件是按照自己的构思创意，使用矢量图形来设计图形，这类软件主要有 Adobe 公司的另一个著名软件 Illustrator 和 Micromedia 公司的 Freehand。

6.4.2　动画制作类软件

动画制作类软件比较流行的有 GIF Animator、Flash、AutoCAD、3ds max、Maya 等。下面简单介绍 GIF Animator、Flash。

1. GIF Animator

这是一个很方便的 GIF 动画制作软件，由 Ulead Systems. Inc 创作。Ulead GIF Animator 不但可以把一系列图片保存为 GIF 动画格式，还能产生二十多种 2D 或 3D 的动态效果，足以满足您制作网页动画的要求。

GIF 的全称是 Graphics Interchange Format(可交换的文件格式)，是 CompuServe 公司提出的一种图形文件格式。GIF 文件格式主要应用于互联网，GIF 格式提供了一种压缩比较高的高质量位图，但 GIF 文件的一帧中只能有 256 种颜色。GIF 格式的图片文件的扩展名就是“.gif”。

与其他图形文件格式不同的是，一个 GIF 文件中可以储存多幅图片，这时，GIF 将其中存储的图片像播放幻灯片一样轮流显示，这样就形成了一段动画。

GIF 文件还有一个特性：它的背景可以是透明的，也就是说，GIF 格式的图片的轮廓不再是矩形的，它可以是任意的形状，就好像用剪刀裁剪过一样。GIF 格式还支持图像交织，当您在网页上浏览 GIF 文件时，图片先是很模糊地出现，然后才逐渐变得很清晰，这就是图像交织效果。

很多软件都可以制作 GIF 格式的文件，如 Macromedia Flash，Microsoft PowerPoint 等，相比之下，Ulead GIF Animator 的使用更方便，功能也很强大。Ulead GIF Animator 不但可以制作静态的 GIF 文件，还可以制作 GIF 动画，这个软件内部还提供了 20 多种动态效果，使您制作的 GIF 动画栩栩如生，其操作界面图如 6.8 所示。

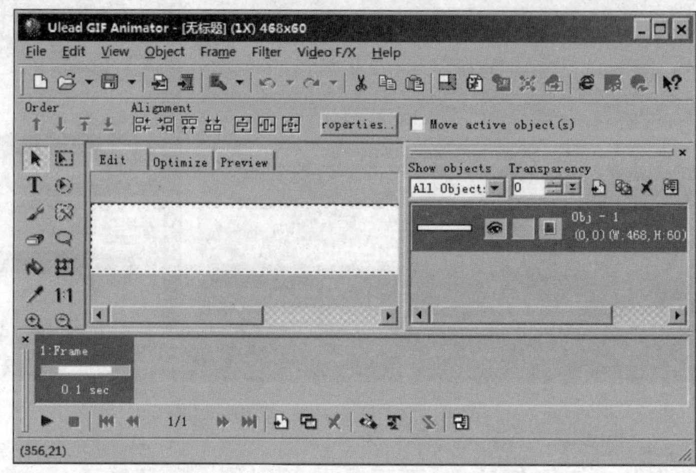

图 6.8　Ulead GIF Animator 界面

2. Flash

Flash 是美国 Macromedia 公司出品的矢量图形编辑和动画创作的软件，它与该公司的 Dreamweaver(网页设计)和 Fireworks(图像处理)组成了网页制作的 Dreamteam，在国内称其为网页设计“三剑客”，而 Flash 则被誉为“闪客”。

Flash 是当今 Internet 上最流行动画作品(如网上各种动感网页、LOGO、广告、MTV、游戏和高质量的课件等)的制作工具，并成为实事上的交互式矢量动画标准，就连软件巨头微软也不得不在其新版的 Internet Explorer 内嵌 Flash 播放器。

由于在 Flash 中采用了矢量作图技术，各元素均为矢量，因此只用少量的数据就可以描述一个复杂的对象，从而大大减少动画文件的大小。而且矢量图像还有一个优点，就可以真正做到无极放大和缩小，用户可以将一幅图像任意地缩放，而不会有任何失真。

Flash 之所以在网上广为流传，其块头小是一个方面，还一点就是采用了流控制技术。简单地说，也就是边下载边播放的技术，不用等整个动画下载完，就可以开始播放。Flash 动画是由时间发展为先后顺序排列的一系列编辑帧组成的，在编辑过程中，除了传统的“帧一帧”动画变形以外，还支持了过渡变形技术，包括移动变形和形状变形。“过渡变形”方法只需制作出动画序列中的第一帧和最后一帧（关键帧），中间的过渡帧可通过 Flash 计算自动生成。这样可以不但大大减少动画制作的工作量，缩减动画文件的尺寸，而且过渡效果非常平滑。对帧序列中的关键帧的制作，产生不同的动画和交互效果。播放时，也是以时间线上的帧序列为顺序依次进行的。

Flash 动画与其他电影的一个基本区别就是具有交互性。所谓交互就是通过使用键盘、鼠标等工具，可以在作品各个部分跳转，使受众参与其中。Flash 交互是通过 Action Script 实现的。Action Script 是 Flash 的脚本语言，随着其版本的不断更新，日趋完美。使用 Action Script 可以控制 Flash 电影中的对象、创建导航和交互元素，制作非常具有魅力的作品。运行 Flash 后，其操作主界面如图 6.9 所示。

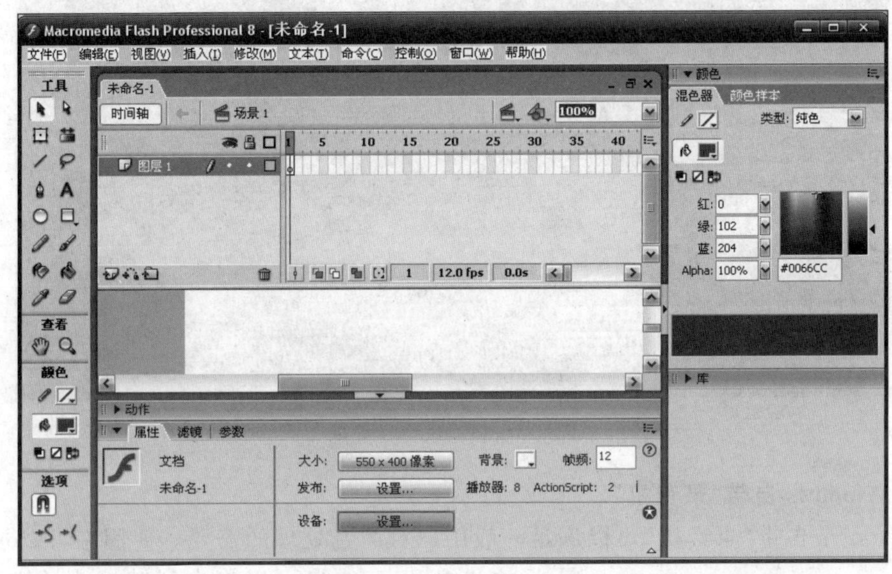

图 6.9　Flash 界面

尽管如上所述 Flash 功能强大，但学习 Flash 并不是一件很难的事。Flash 的设计界面友好，操作方便。对有兴趣的设计者即使从未接触过，只要经过一段时间培训，就可以轻松地用 Flash 做出简单的动画；而闪客高手则更可以发挥想象力，随心所欲的制作复杂的动画，在作品中实现自己的梦想，创造出动感十足、交互性强、精美绝伦的意境。

6.4.3　音频类处理软件

对于音频类处理的专业软件很多，常见的有 Sound Edit、Cool Edit、Sound Design、Master Tracks、Audio Trax、Alchenvy、Wave Edit 及 MIDI Soft Studio 等。下面介绍 Cool Edit 和 Windows 自带“录音机”。

1. Cool Edit

Cool Edit Pro 是一个非常出色的数字音乐编辑器和 MP3 制作软件。不少人把 Cool Edit 形容为音频“绘画”程序。你可以用声音来“绘”制：音调、歌曲的一部分、声音、弦乐、颤音、噪声或是调整静音。而且它还提供有多种特效为你的作品增色：放大、降低噪声、压缩、扩展、回声、失真、延迟等。可以同时处理多个文件，轻松地在几个文件中进行剪切、粘贴、合并、重迭声音操作。使用它可以生成的声音有噪声、低音、静音、电话信号等。该软件还包含有 CD 播放器。其他功能包括支持可选的插件；崩溃恢复；支持多文件；自动静音检测和删除；自动节拍查找；录制等。运行该软件后，其操作主界面如图 6.10 所示。

图 6.10　Cool Edit 界面

2. Windows 自带“录音机”

Windows 自带“录音机”可以满足一般用户对声音处理的需要。使用它可以录制、混合、播放和编辑声音，也可以将声音链接或插入到另一声音文件中。打开“开始”菜单，选择“程序\附件\娱乐\录音机”项，启动该软件（界面如图 6.11 所示）。如果没有这一项，可以通过控制面板中的“添加\删除程序”来安装录音程序。

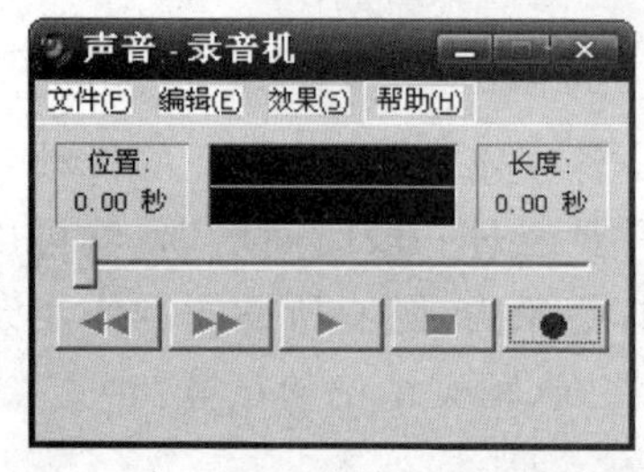

图 6.11　Windows 自带“录音机”界面

单击录音机程序界面中的录音按钮，然后打开录音机、收音机、随身听，或者对着麦克风讲话，录音程序即开始录制。注意，Windows 中的录音机只能录制 60s 内的声音（录制完 60s 后，可以将录制的声音保存，然后再接着录制），因此用它来录制歌曲等意义不大，只能来录制自己的。一些短小的嘱咐话语，可以选择其他录音程序或者声卡自带录音程序来录音。

6.4.4　视频类处理软件

目前，广泛使用的视频处理软件也有很多。下面简介 Windows Movie Maker 和绘声绘影。

1. Windows Movie Maker

Windows Movie Maker，是 Windows 自带的一个简单视频编辑软件，一般原版系统都有。使用 Movie Maker，您可以在 PC 上创建、编辑和分享自己制作的家庭电影。通过简单的拖放操作，精心的筛选画面，然后添加一些效果、音乐和旁白，家庭电影就初具规模了。之后就可以通过 Web、电子邮件、PC 或 CD，甚至 DVD，与亲朋好友分享您的成果了。还可以将电影保存到录影带上，在电视中或者摄像机上播放。

启动该软件，单击“开始”按钮，选择“所有程序”|Windows Movie Maker 命令，即可打开这个软件(如图 6.12 所示)。虽然简小，很多人都忽视了它，但却是相当实用，用来简单编辑录制下来的视频很方便。(比如说 FRAPS 录制的游戏视频，数字照相机、数字录像机所拍摄的视频)。它可以实现简单视频编辑与压缩，比如片头片尾、片段之间的过渡、背景音乐、字幕等，都可以简单的实现，如果要求不是很高，不是制作高质量的视频的话，又或者懒于耗费大量时间去学习专业的视频制作软件，这个软件完全适合了。它还具有压缩功能，FRAPS、拍摄视频，一般都很大，它可以把这些视频保存为低规格格式，虽然说是低规格格式，但是画面还是可以接受的。这个软件支持一般 Windows 格式视频，支持 AVI、MPG、WMV 等视频格式导入，导出一般为 WMV 格式。Windows Movie Maker 软件主界面如图所示，包含 3 个主要区域：菜单栏和工具栏、窗格以及情节提要/时间线。按照窗口左边任务提示可完成电影以及图片的编辑处理。

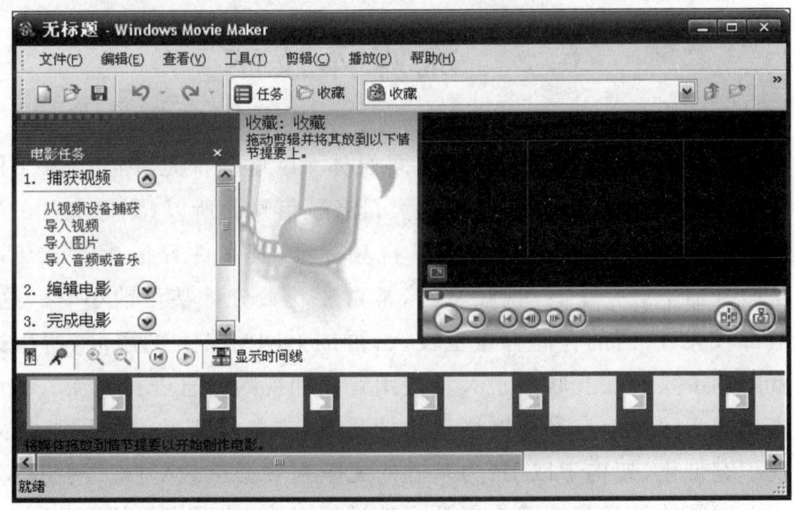

图 6.12 Windows Movie Maker 界面

2. 绘声绘影

Ulead VideoStudio 是友立公司出品。是一个功能强大的“视频编辑”软件，具有图像抓取和编修功能，可以抓取，转换 MV、DV、V8、TV 和实时记录抓取画面文件，并提供有超过 100 多种的编制功能与效果，可制作 DVD、VCD、VCD 光盘。除了支持多种视频来源，例如 DV、V8、TV-Tuner、WebCam 之外，还抢先支持 Sony 最新型的

MicroMV 摄像机，该软件是家庭和专业数字影音工作者不可或缺的利器。其界面如图 6.13 所示。

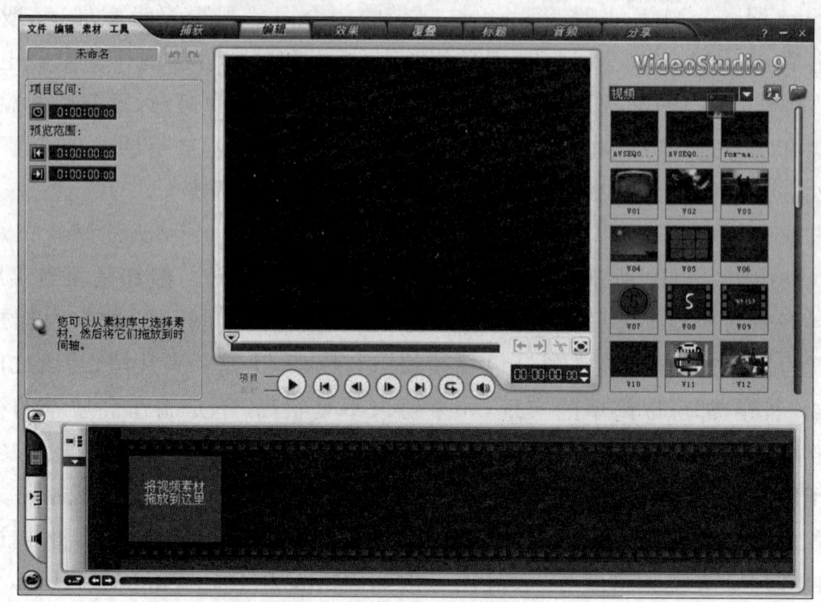

图 6.13 Ulead VideoStudio 界面

6.5 流媒体技术

在日常生活中接触较多的 DVD、VCD、多媒体 CD 这些都是存储影像文件的。影像文件不仅包含了大量图像信息，同时还容纳大量音频信息。所以，影像文件的容量往往是非常大的。例如，Sony 公司目前推出的 4K 视频标准，其文件容量达到 100GB。如果采用下载方式从服务器下载一个音/视频文件，常常要花数分钟甚至数小时。这是因为音/视频文件一般都较大，所需的存储容量也较大；再加上网络带宽的限制，所以这种方法延迟很大。这就限制了人们在互联网上大量使用音频和视频信息进行交流。

随着宽带化成为建设信息高速网络架构的重点，许多城市的城域网从接入到核心各个部分都实现了宽带化，架构了以 IP 为基础的无阻塞数据承载平台。网络的宽带化不仅是为了使人们在宽阔的信息高速路上更顺畅地进行交流，使网络上的信息不再只是文本、图像或简单的声音文件，而且人们越来越希望宽带网络带来更直观更丰富的新一代的媒体信息表现。流媒体便由此孕育产生了。

流媒体不同于传统的多媒体，它的主要特点就是运用可变带宽技术，以“流”的形式进行声音、影像或动画等数字媒体通过音/视频服务器向用户终端连续、实时地传送，使人们在从 28～1200Kbps 的带宽环境下都可以在线欣赏到连续不断的高品质的音频和视频节目。流媒体技术发源于美国。流媒体技术的出现，也弥补了视频点播技术(VoD)技术的不足之处。在美国目前流媒体的应用已很普遍，比如惠普公司的产品发布和销售人员培训都用网络视频进行。在互联网大发展的时代，流媒体技术的产生和发展必然会给我们的日常生活和工作带来深远的影响。

6.5.1 流媒体及其传输技术

1. 流媒体的定义

流媒体(Streaming Media)是指在 Internet/Intranet 中使用流式传输技术的连续时基媒体，如：音频、视频或多媒体文件。流媒体技术就是把连续的影像和声音经过压缩处理后放在网站服务器上，让用户边下载边观看和收听，而不需要等整个文件全部下载完毕后才观看。流媒体数据流具有连续性、实时性、时序性三大特点，具有严格的前后时序关系。

在网络上传输音/视频等多媒体信息，目前主要有下载和流式传输两种方案。下载延迟很大。流式传输时，只需经过几秒或十数秒的启动延时即可边下载边观看，而且不需要太大的缓存容量。流式传输避免了用户必须等待整个文件全部从 Internet 上下载才能观看的缺点。流式传输方式是将视频和音频等多媒体文件经过特殊的压缩方式分成一个个压缩包，由服务器向用户计算机连续、实时传送。这个过程的一系列相关的包称为“流”。两种方式的区别如表 6.1 所示。流媒体实际指的是一种新的媒体传送方式，而非一种新的媒体。流媒体技术全面应用后，人们在网上聊天可直接语音输入；如果想彼此看见对方的容貌、表情，只要双方各有一个摄像头就可以了；在网上看到感兴趣的商品，单击以后，讲解员和商品的影像就会跳出来；更有真实感的影像新闻也会出现。

表 6.1 传统下载和流式传输方式的区别

比较内容 \ 方式	传统下载方式	流式传输方式
传输内容	文本、图片、二进制文件	视频、音频
传输模式	先下载，后享用	边传输，边播放
等待时间	下载等待时间漫长	初始等待时间非常短
磁盘缓存	需要大量的磁盘缓存	无须磁盘缓存或需要量非常少

2. 流媒体文件格式

流媒体文件格式是支持采用流式传输及播放的媒体格式。流媒体文件格式是经过特殊编码的，以适合在网络上边下载边播放，甚至可以随时暂停、快进、快倒。在编码时还需要向流媒体文件中加入一些附加信息。由于不同公司发展的文件格式不同，传送的方式也有所差异，主要流媒体格式见表 6.2 所示。以下是目前流行的几种流媒体文件格式。

表 6.2 主要流媒体文件格式表

流媒体文件格式	所属公司	媒体播放器
ASF(Advanced Stream Format)	微软	Media Player
RM(Real Video)	Real Networks	Real Player
RA(Real Audio)		
RP(Real Pix)		
RT(Real Text)		
SWF(Shock Wave Flash)	Macro Media	Flash Player
MOV(QuickTime Movie)	苹果	QuickTime
QT(QuickTime Movie)		

(1) Real Networks 公司的.rm 视频影像格式和.ra 的音频格式。Real Networks 公司的 Real System 由媒体内容制作工具 Real Producer、服务器端 Real Server、客户端软件(Client Software)组成,其流媒体文件包括 Real Audio、Real Video、Real Presentation 和 Real Flash。RealAudio 和 Real Video 中所采用的自适应流(Sure Stream)技术是 Real Networks 公司具有代表性的技术,可自动并持续地调整数据流的流量以适应实际应用中的各种不同网络带宽需求,轻松地在网上实现视、音频和三维动画的回放。Real 格式具有极高的压缩比和很好的传输能力,其流式文件采用 Real Producer 软件进行制作,将源文件或实时输入变为流式文件,再把流式文件传输到服务器上供用户点播。服务器端软件为 Real Server 8,具有网络管理功能,支持广泛的媒体格式与流媒体商业模式。客户端播放器 Real Player 的全球注册人数已经超过了1.6 亿人,占据了60%的网上视频流点播市场。

由于其成熟、稳定的技术性能,互联网巨人美国在线(AOL),ABC,AT&T,Sony 和 Time Life 等公司和网上主要电台都使用 Real System 向世界各地传送实时影音媒体信息以及实时的音乐广播。在我国,大量的影视、音乐点播和春节晚会、昆明世博会开幕式的网上直播都采用了 Real System 系统。

(2) Microsoft 公司的.asf 格式。微软公司也推出了一整套包括流媒体制作(Media Tools)、发布(Media Server)和播放软件(Media Player)的信息流式播放方案 Microsoft Media Technology。Media Tools 提供了一系列的工具帮助用户生成 ASF 格式的多媒体流(包括实时生成的多媒体流),是整个方案的重要组成部分,它分为创建工具和编辑工具两种,创建工具主要用于生成 ASF 格式的多媒体流,包括 Media Encoder、Author、Vid To ASF、Wav To ASF、Presenter 5 个工具;编辑工具主要对 ASF 格式的多媒体流信息进行编辑与管理,包括后期制作编辑工具 ASF Indexer 与 ASF Chop,以及对 ASF 流进行检查并改正错误的 ASF Check。ASF 是一种包含音频、视频、图像以及控制命令、脚本等多媒体信息在内的数据格式,通过分成一个个的网络数据包在 Internet 上传输,实现流式多媒体内容发布。ASF 支持任意的压缩/解压缩编码方式,并可以使用任何一种底层网络传输协议,具有很大的灵活性。Media Server 可以保证文件的保密性,不被下载,并使每个使用者都能以最佳的影片品质浏览网页，具有多种文件发布形式和监控管理功能。Media Player 则提供强大的流信息的播放功能，不仅用于 Web 方式播放，还可以用于在浏览器以外的地方播放影音文件。

微软公司将 Microsoft Media 技术捆绑在 Windows 2000 中，具有方便、先进、集成、低费用等特点。此外，ASF 还将被用作 Windows 版本中多媒体内容的标准文件格式，这无疑将对 Internet，特别是流式技术的应用和发展产生重大影响。但目前在整体解决方案方面和 Real Networks 的软件相比还有差距，且只能在微软平台上使用。

(3) Apple 公司的 QuickTime。Apple 公司于 1991 年开始发布 QuickTime，它几乎支持所有主流的个人计算平台和各种格式的静态图像文件、视频和动画格式，是创建 3D 动画、实时效果、虚拟现实、A/V 和其他数字流媒体的重要基础。

QuickTime 包括服务器 QuickTime Streaming Server、带编辑功能的播放器 QuickTime Player(免费)、制作工具 QuickTime 4 Pro、图像浏览器 Picture Viewer 以及使 Internet 浏览器能够播放 QuickTime 影片的 QuickTime 插件。QuickTime 4 支持两种类型的流：实时流和快速启动流。使用实时流的 QuickTime 影片必须从支持 QuickTime 流的服务器上播放，是真正意义上的流媒体，使用实时传输协议(RTP)来传输数据。快速启动影片可以从任何 Web Server 上播放，使用超文本传输协议(HTTP)或文件传输协议(FTP)来传输数据。

目前，FOX 新闻在线、FOX 体育在线、BBCWORLD、气象频道(Weather Channel)等机构都加入 QuickTime 内容供应商行列，使用 QuickTime 技术制作实况转播节目。通过好莱坞影视城(www.hollywood.com)检索到的许多电影新片片段，也都是以 QuickTime 格式存放的。

(4) 其他。除了上述 3 种主要格式外，在多媒体课件和动画方面的流媒体技术还有 Macromedia 的 Shockwave 技术和 Meta Creation 公司的 Meta Stream 技术等。

通过 Macromedia 的 Shockwave 技术可以方便地在 Web 页面中加入图像、动画以及交互式界面等操作。Shockwave 与 Macromedia 产品紧密联系在一起，包括 Flash，Shockwave for Authorware，Shockwave for Director 等技术。

Meta Stream 3D 的图形设计软件是 Ray Dream Studio 5 以及 Ray Dream 3D，可以方便地在网上创建、发布及浏览被缩放的 3D 图形，它具有小文件量及流传输的特点，比其他任何一种已存在的 Internet 3D 技术压缩率都高，主要应用于游戏开发厂商、页面设计者、电子商务、科学研究者、专业设计者等。

此外，MPEG-4 被认为是对抗微软向媒体市场进军的一种技术。MPEG-4 将块头很大的数字文件压缩成较小的文件，以便在互联网上进行传输，并提供交互功能，使影视节目具有在当今只有互联网网站和视频游戏才能提供的交互性。

3. 流媒体的传输技术

流媒体的实现的基本技术包含网络通信技术、多媒体数据采样技术、多媒体数据压缩技术、多媒体数据存储技术、多媒体数据传输技术。其中流媒体实现的关键技术就是流式传输技术。

流式传输定义很广泛，现在主要指通过网络传送媒体(如视频、音频)的技术总称。其特定含义为通过 Internet 将影视节目传送到 PC。实现流式传输有两种方法：实时流式传输(Realtime streaming)和顺序流式传输(progressive streaming)。一般说来，如视频为实时广播，或使用流式传输媒体服务器，或应用如 RTSP 的实时协议，即为实时流式传输。如使用 HTTP 服务器，文件即通过顺序流发送。采用哪种传输方法依赖你的需求。当然，流式文件也支持在播放前完全下载到硬盘。

(1) 实时流式传输。实时流式传输指保证媒体信号带宽与网络连接配匹，使媒体可被实时观看到。实时流与 HTTP 流式传输不同，他需要专用的流媒体服务器与传输协议。实时流式传输总是实时传送，特别适合现场事件，也支持随机访问，用户可快进或后退以观看前面或后面的内容。理论上，实时流一经播放就可不停止，但实际上，可能发生周期暂停。实时流式传输必须配匹连接带宽，这意味着在以调制解调器速度连接时图像质量较差。而且，由于出错丢失的信息被忽略掉，网络拥挤或出现问题时，视频质量很差。如欲保证视频质量，顺序流式传输也许更好。实时流式传输需要特定服务器，如 QuickTime Streaming Server、Real Server 与 Windows Media Server。这些服务器允许你对媒体发送进行更多级别的控制，因而系统设置、管理比标准 HTTP 服务器更复杂。实时流式传输还需要特殊网络协议，如 RTSP (Realtime Streaming Protocol)或 MMS (Microsoft Media Server)。这些协议在有防火墙时有时会出现问题，导致用户不能看到一些地点的实时内容。

(2) 顺序流式传输。顺序流式传输是顺序下载，在下载文件的同时用户可观看在线媒体，在给定时刻，用户只能观看已下载的那部分，而不能跳到还未下载的前头部分，顺序流式传输不像实时流式传输在传输期间根据用户连接的速度做调整。由于标准的 HTTP 服务器可发送这种形式的文件，也不需要其他特殊协议，它经常被称作 HTTP 流式传输。顺序流式传输比较适合高质量的短片段，如片头、片尾和广告，由于该文件在播放前观看的部分是无损下载的，这种方法保证电影播放的最终质量。这意味着用户在观看前，必须经历延迟，对较慢的连接尤其如此。对通过调制解调器发布短片段，顺序流式传输显得很实用，它允许用比调制解调器更高的数据速率创建视频片段。尽管有延迟，毕竟可让你发布较高质量的视频片段。顺序流式文件是放在标准 HTTP 或 FTP 服务器上，易于管理，基本上与防火墙无关。顺序流式传输不适合长片段和有随机访问要求的视频，如讲座、演说与演示。它也不支持现场广播，严格说来，它是一种点播技术。

4. 流媒体播放方式

(1) 单播。在客户端与媒体服务器之间需要建立一个单独的数据通道，从一台服务器送出的每个数据包只能传送给一个客户机，这种传送方式称为单播。每个用户必须分别对媒体服务器发送单独的查询，而媒体服务器必须向每个用户发送所申请的数据包拷贝。这种巨大冗余首先造成服务器沉重的负担，响应需要很长时间，甚至停止播放；管理人员也被迫购买硬件和带宽来保证一定的服务质量。

(2) 组播。IP 组播技术构建一种具有组播能力的网络，允许路由器一次将数据包复制到多个通道上。采用组播方式，单台服务器能够对几十万台客户机同时发送连续数据流而无延时。媒体服务器只需要发送一个信息包，而不是多个；所有发出请求的客户端共享同一信息包。信息可以发送到任意地址的客户机，减少网络上传输的信息包的总量。

网络利用效率大大提高，成本大为下降。

(3) 点播与广播。点播连接是客户端与服务器之间的主动的连接。在点播连接中，用户通过选择内容项目来初始化客户端连接。用户可以开始、停止、后退、快进或暂停流。点播连接提供了对流的最大控制，但这种方式由于每个客户端各自连接服务器，却会迅速用完网络带宽。

广播指的是用户被动接收流。在广播过程中，客户端接收流，但不能控制流。例如，用户不能暂停、快进或后退该流。广播方式中数据包的单独一个拷贝将发送给网络上的所有用户。使用单播发送时，需要将数据包复制多个副本，以多个点对点的方式分别发送到需要它的那些用户，而使用广播方式发送，数据包的单独一个副本将发送给网络上的所有用户，而不管用户是否需要，上述两种传输方式会非常浪费网络带宽。组播吸收了上述两种发送方式的长处，克服了上述两种发送方式的弱点，将数据包的单独一个副本发送给需要的那些客户。组播不会复制数据包的多个副本传输到网络上，也不会将数据包发送给不需要它的那些客户，保证了网络上多媒体应用占用网络的最小带宽。

6.5.2 流媒体技术原理

流媒体技术的实现要满足这些条件：对普通多媒体信息必须进行处理才能适合流式传输，流式传输的实现需要合适的传输协议，需要浏览器对流媒体的支持，流媒体传输的实现需要缓存。

流式传输的实现需要缓存。因为一个实时音视频源或存储的音视频文件在传输中被分解为许多数据包，而网络又是动态变化的，各个包选择的路由可能不相同，故到达客户端的延迟也就不同，甚至先发的数据包有可能后到。为此，需要使用缓存系统来消除延迟和抖动的影响，以保证数据包顺序正确，从而使媒体数据能够连续输出。通常高速缓存所需容量并不大，因为通过丢弃已经播放的内容可以重新利用空出的空间来缓存后续尚未播放的内容。

流式传输的实现需要合适的传输协议。在流式传输的实现方案中，一般采用HTTP/TCP来传输控制信息，而用RTP/UDP来传输实时音/视频数据。

流式传输的过程如图6.14所示，包含以下几个步骤。

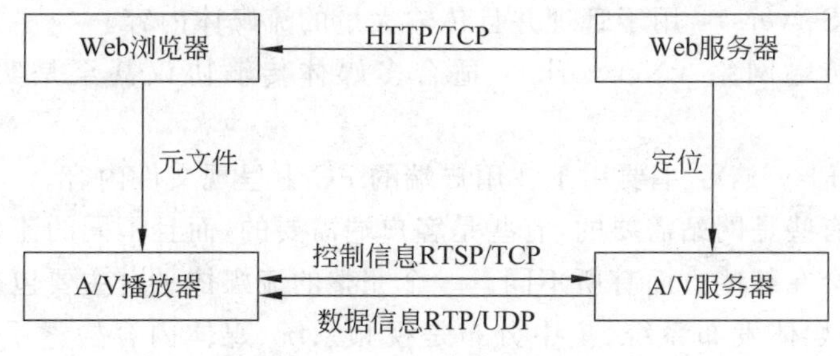

图6.14 流式传输基本原理

(1) 用户选择某一流媒体服务后，Web浏览器与Web服务器之间使用HTTP/TCP

交换控制信息，以便把需要传输的实时数据从原始信息中检索出来。

(2) Web 浏览器启动音视频客户程序，使用 HTTP 从 Web 服务器检索相关参数对音视频客户程序初始化，这些参数可能包括目录信息、音视频数据的编码类型或与音视频检索相关的服务器地址。

(3) 音视频客户程序及音视频服务器运行实时流协议，以交换音视频传输所需的控制信息，实时流协议提供执行播放、快进、快倒、暂停及录制等命令的方法。

(4) 音视频服务器使用 RTP/UDP 协议将音视频数据传输给音视频客户程序，一旦音视频数据抵达客户端，音视频客户程序即可播放输出。

需要说明的是，在流式传输中，使用 RTP/UDP 和 RTSP/TCP 两种不同的通信协议与音视频服务器建立联系，目的是为了能够把服务器的输出重定向到一个非运行音视频客户程序的客户机的目的地址。另外，实现流式传输一般都需要专用服务器和播放器。

6.5.3 流媒体系统的基本构成

现存流媒体解决方案采用的技术是多样的，但其体系结构的本质是相近的。流媒体系统包括以下 5 个方面的内容，如图 6.15 所示。

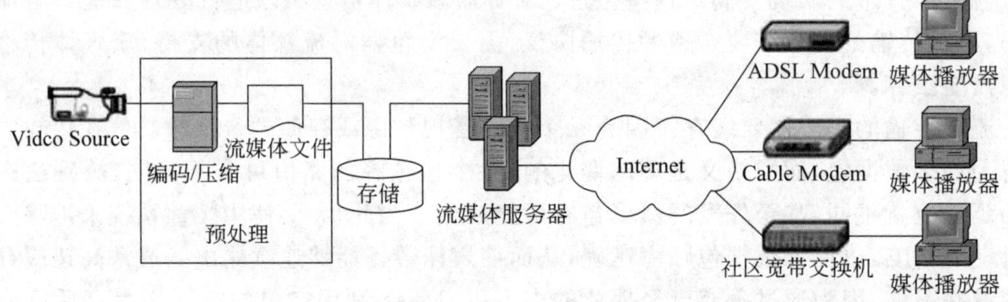

图 6.15 流媒体系统的构成

(1) 编码工具(Encoders)：用于创建、捕捉和编辑、压缩多媒体数据，形成流媒体格式。

(2) 流媒体数据(Stream Data)：它包括视频、音频等多媒体信息。

(3) 服务器(Servers)：用于管理并且传输大量的流媒体内容。

(4) 流媒体传输网络 (Network)：适合多媒体传输协议甚至是实时传输协议的网络。

(5) 播放器(Players)：主要用于在用户端的 PC 上呈现文件内容。

这 5 个部分有些是网站需要的，有些是客户端需要的，而且不同的流媒体标准和不同公司的解决方案会在某些方面有所不同。一个完整的流媒体平台主要包括流服务应用软件、视频业务管理媒体发布系统、集中分布是视频系统、媒体内容检索系统、媒体储存系统、数字版权管理、和客户端系统等部分。

6.5.4 基于网络的流媒体应用系统简介

Internet的迅猛发展和普及为流媒体业务发展提供了强大的市场动力，流媒体业务正变得日益流行。流媒体技术广泛用于多媒体新闻发布、在线直播、网络广告、电子商务、视频点播(VoD)、远程教育、远程医疗、网络电台、实时视频会议等互联网信息服务的方方面面。商业网站利用流媒体播放新闻，开展音/视频直播和点播服务。企业和机构采用点播和流媒体进行员工培训、信息发布、公司介绍等，从而提高效率，节约开支。流媒体技术的应用将为网络信息交流带来革命性的变化，对人们的工作和生活产生深远的影响。总之，目前基于流媒体的应用非常多，发展非常快。丰富的流媒体应用对用户有很强的吸引力，在解决了制约流媒体的关键技术问题后，可以预料，流媒体应用必然会成为未来网络的主流应用。下面介绍流媒体技术在视频点播、远程教育、视频会议、Internet直播方面的应用。

1. 视频点播

最初的视频点播应用于卡拉OK点播，随着计算机技术的发展，VoD技术逐渐应用于局域网及有线电视网，此时的VoD技术趋于完善，但音视频文件的庞大容量仍然阻碍了VoD技术的进一步发展。由于服务器端不仅需要大容量的存储系统，同时还要承担大量数据的传输，因而服务器根本无法支持大规模的点播。同时，由于局域网中的视频点播覆盖范围小，用户也无法通过Internet等网络媒介收听或观看局域网中的节目。

由于以下的原因使得基于流媒体技术的VoD完全可以从局域网转向Internet。

(1) 流媒体经过了特殊的压缩编码后很适合在Internet上传输；

(2) 客户端采用浏览器方式进行点播，基本无须维护；

(3) 采用先进的机群技术可以对大规模的并发点播请求进行分布式处理，使其能适应大规模的点播环境。

随着宽带网和信息家电的发展，流媒体技术会越来越广泛地应用于视频点播系统。目前，很多大型的新闻娱乐媒体，如中央电视台、北京电视台等，都在Internet上提供基于流媒体技术的节目。

2. 远程教育

随着计算机的普及、多媒体技术的发展以及Internet的迅速崛起，给远程教育带来了新的机遇。在远程教学过程中，最基本的要求就是将信息从教师端传到远程的学生端，需要传送的信息可能是多元的，如视频、音频、文本、图片等。

将这些信息从一端传送到另一端是实现远程教学需要解决的问题，在当前网络带宽的限制下，流式传输将是最佳选择。学生在家通过一台计算机、一条电话线、一个调制解调器就可以参加远程教学。教师也无须另外做准备，授课的方法基本与传统授课方法相同，只不过面对的是摄像头和计算机而已。

目前，能够在Internet上进行多媒体交互教学的技术多为流媒体技术，如Real System、Flash、Shockwave等技术就经常被应用到网络教学中。远程教育是对传统教育模式的一次革命，它集教学和管理于一体，突破了传统面授的局限，为学习者在空间和时间上都提供了便利。

除了实时教学外，使用流媒体的 VoD 技术还可以进行交互式教学，达到因材施教的目的。学生可以通过网络共享学习经验。大型企业可以利用基于流媒体技术的远程教育对员工进行培训。

3. 视频会议

市场上的视频会议系统有很多，这些产品基本上都支持 TCP/IP 协议，但采用流媒体技术作为核心技术的系统并不占多数。虽然流媒体技术并不是视频会议的必需选择，但为视频会议的发展起了重要的推动作用。采用流媒体格式传送音视频文件，使用者不必等待整个影片传送完毕就可以实时、连续地观看，这样不但解决了观看前的等待问题，还达到了即时的效果。虽然在画面质量上有一些损失，但就一般的视频会议来讲，并不需要很高的图像质量。

视频会议是流媒体技术的一个商业用途，通过流媒体可以进行点对点的通信，最常见的就是可视电话。只要两端都有一台接入 Internet 的计算机和一个摄像头，在世界任何地点都可以进行音视频通信。此外，大型企业可以利用基于流媒体的视频会议系统来组织跨地区的会议和讨论。

4. Internet 直播

随着 Internet 技术的发展和普及，在 Internet 上直接收看体育赛事、重大庆典、商贸展览成为很多网民的愿望，而很多厂商希望借助网上直播的形式将自己的产品和活动传遍全世界。这些需求促成了 Internet 直播的形成，但是网络的带宽问题一直困扰着 Internet 直播的发展，不过随着宽带网的不断普及和流媒体技术的不断改进，Internet 直播已经从实验阶段走向实用，并能够提供较满意的音视频效果。

流媒体技术在 Internet 直播中充当着重要角色，主要表现在以下方面：

(1) 首先，流媒体技术实现了在低带宽环境下提供高质量的音视频信息；

(2) 智能流媒体技术可以保证不同连接速率下的用户能够得到不同质量的音视频效果；

(3) 流媒体的组播技术可以大大减少服务器端的负荷，同时最大限度地节省带宽。

5. IPTV

据国际电信联盟的一份报告指出，全球的宽带用户目前已经达到几亿的规模，其中中国电信的宽带用户在 2012 年就突破了 1 亿，用户的主要接入方式是 ADSL 和以太网线，其实际的连接速率可以达到 1Mbps。而且随着高性能的编码技术的采用，如 H.264 和最新的 Windows Media 视频编码器，800kbps 的视频流就可以接近或达到 DVD 质量。

在这种情况下，扩展流媒体技术用来提供电视服务也就顺理成章了。IPTV，也叫交互式网络电视，就是利用流媒体技术通过宽带网络传输数字电视信号给用户，这种应用有效地将电视、通信和 PC 这 3 个领域结合在一起，具有很强的发展前景。IPTV 可以采用两种不同的方式提供用户电视服务，组播或者广播方式和视频点播（VoD）方式。一个明显的优势是 IPTV 是基于现在互联网的方式来实现服务器和用户终端的连接，因此很容易同时提供现有的互联网的服务，将电视服务和互联网浏览，电子邮件，以及多种在线信息咨询、娱乐、教育及商务功能结合在一起。

6.5.5 流媒体技术的发展

流媒体技术是 Real Networks 公司首先推出的，现在许多厂商都有成熟的基于流的产品，如 Real Networks 公司的 Real SystemG2 和微软公司的 Windows Media Service。除了得到许多制造商的支持，基于流媒体的国际标准也已经提出。

由 WWW 联合会(W3C)提出的基于流的媒体语言——同步综合多媒体语言(Synchronized Multimedia Integration Language，SMIL)与超文本标记语言(HTML)类似。它可以描述演示的实时行为、屏幕上演示的版面以及协同媒体之间的超链接，可以演示流式视频、音频、图像、文本等多种类型媒体，允许在一个同步多媒体演示中集成一系列的独立多媒体对象。利用 SMIL 语言还可以方便地同步多个基于流的多媒体对象。

1. 流媒体在国外的发展情况

由于流媒体发展的广阔前景，业务支撑系统运营商、应用提供商、内容提供商及网络提供商纷纷利用各自的优势向该领域扩张。IBM 的媒体资产管理解决方案以内容管理器(Content Manager)为基础层，建立多极存储管理层，可以使媒体公司在多种媒体应用程序和系统之间实现数字化资产的存储、获取、管理和发布。Yahoo！公司提供流媒体内容服务，它通过与 Carsey-Werner Distribution 合作，在其站点上提供了连续剧、名人访谈、电影以及音乐录像等内容，并计划举办在线音乐会和播放在线烹饪录像等内容。韩国电信在运营流媒体业务方面为用户提供成人节目、教育节目、电视剧点播，使其获得赢利。Keynote Systems 公司已推出了一个为测试 Internet 上的流媒体性能设计的"The Streaming Media 20"指数，该公司按音频电子商务、财经音频、广播和有线电视等 4 类选取了 20 个流媒体网站，每周收集这些网站流媒体内容的性能信息并进行分析，得到该指数，为流媒体服务提供商向用户提供更优质的服务提供了基础数据。

2. 流媒体在国内的发展情况

在中国的宽带网络市场上，已推出不少基于 MPEG-1、MPEG-2、REAL、WMT、QuickTime 等各种流媒体编解码技术的产品，推动着宽带应用的发展。思华科技的流媒体平台已经在国内部分城市的宽带网络上实现了应用，并推出了适合中国现阶段宽带网络的 IP 机顶盒解决方案，使传统的电信运营商能够在现有的网络上推出适合电视机终端市场的方案。该公司与微软合作，向市场推出了从视频采集到播出系统一整套基于 Microsoft Media Technologies 体系开发的 MPEG-4 流媒体解决方案，这也是中国第一套应用在全城域宽带网络上的端到端的流媒体解决方案。

3. 流媒体技术的最新发展

下面介绍代表流媒体技术最新发展的两个厂商的产品。

(1) 微软公司的 Windows Media。最新的 Windows Media Encode 不仅压缩比率又有新的突破，而且可以支持更多不同的网络数据传输速率和压缩比率：如可以用 848kbps 速率播放接近 CD 音质的音频数据流，用 64Kbps 速率播放 CD 音质的音频数据流；最新发布的视频编码则明显优化了动态效果的处理。

WMV8 是目前唯一能够提供 True Motion-Picture-Ready Video Codec 的视频格式，

用连接速率为 250kbps 的 DSL/Cable 能够达到近乎家用录像系统(VHS)的视频品质(分辨率为 320×240,每秒 24 帧);用连接速率为 500kbps 的 DSL/Cable 能够达到与 DVD 差不多 的视频品质(分辨率为 640×480,每秒 24 帧)。

(2) Real Networks 公司的 Real。Real Audio Encode 8 大大增强了 Real 对音频的压缩处理能力(在甚低速率码流下的音频传输,Real 要比 Windows Media 强一些)。

在服务器端,iPoint-Princeton Video Image 为 RealSystem8 提供了广告插播 PVI 技术,iPoint 可以在 RealSystem8 中无缝插入预先定制的广告节目。

RichFX-RealPlayer8 可以以较小的传输速率显示出三维效果。RichFX 视频技术可以为窄带电子商务带来新的商机。

Real Networks 还推出 Real SystemiQ 建立新一代网上广播神经中枢系统。Real SystemiQ 为数码媒体的传播奠定了新的基础,它能提升网上广播的稳定性与可靠性,令广播信息传播至更多观众的同时,也为媒体传播带来了更佳的成本效益。

以往,媒体的流播是透过一个中央服务器把流播的媒体分派到其他的流播服务器,然后再传送到用户。Real SystemiQ 改变了这种单向的流播模式,它建立起一个蜂巢式的服务器组群,让每一个服务器均可以向网络广播,而且从其他服务器接收内容,并把数码媒体传送给用户。Neuralcast 技术建立起一个对等的基础,让数码媒体可透过标准的网络协议由一个服务器传送到其他多个服务器。此外,Real SystemiQ 的架构允许用来传送各种格式的媒体。

由于流媒体技术的发展具有广阔的前景,所以谁都想成为这个行业的主流。对于代表流媒体技术最高发展水平的两家公司 Real Networks 和微软,有媒体统计说 Real 在家庭用户中的领先优势进一步增强,但 Windows Media 的增长速度是 Real 的 4 倍。如今,人们在互联网上看到的是可以和 VHS、DVD 画质相媲美的数字流媒体,从数字压缩到媒体传输控制,再到客户端的回放效果,比以前都有了质的飞跃。另外,在产品设计和技术上,流媒体应用也体现出越来越成熟的商业模式。

人们普遍看好流媒体技术未来的发展,网站公司巨头杨致远曾指出,鉴于宽带网络用户数量日益增加,企业高度重视流媒体技术的时候到了。他说:“从早期发展向大规模应用的过渡已基本完成。我们相信,通过网络传播多媒体信息的条件已经成熟,流媒体技术腾飞的时刻即将到来。”

以目前国内多家电信运营商为例,从前电信系统主要是向用户提供网络接入服务、主机托管等基础网络租赁业务模式,业务模式相对单一,技术要求也比较简单。但随着宽带网络互联时代的到来,新一轮的商业竞争已经开始,面对电信、广电、联通、网通等多家宽带业务商家更为激烈的竞争,电信企业只有充分利用得天独厚的网络基础设施的优势,大力开展宽带增值业务,才能获得更大的发展。

第7章

数据通信与计算机网络

7.1 数据通信

7.1.1 数据与数据通信

数据是按一定规则记录信息的物理符号。数据可以是数字、文字、图像,也可以是计算机代码。信息的接收本质上是数据的接收,而信息的获取可以通过数据处理来完成。数据是信息的载体,研究数据就是对数据进行采集、分类、录入、储存、统计、检索等一系列活动的总称。

数据通信是通信技术和计算机技术结合而产生的一种新的通信方式。数据通信就是在两地间传输数据,要传输数据就必须有传输信道。根据传输载体的不同,数据通信分为有线通信与无线通信。无论是有线数据通信还是无线数据通信,都是通过传输介质将数据传输到计算机中,使不同地域计算机中的数据实现资源共享。

7.1.2 数据通信系统的构成

通信的目的是传输数据,通信系统的作用就是将信息从信源发送到一个或者多个目的地。通信系统主要由信源(发端设备)、信宿(收端设备)和信道(传输媒介)构成,这也被称为通信三要素。一个具体的通信模型如图7.1所示。

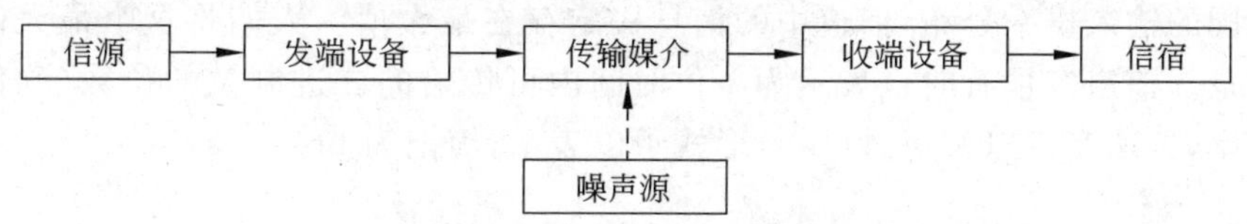

图7.1 通信系统构成模型

(1) 信源。信源又称信息源,其作用是把各种信息转换成原始的电信号,根据信息的种类不同,信息源又可分为模拟信源和数字信源。模拟信源输出连续的模拟信号,数字信源输出离散的数字信号。

(2) 发送设备。发送设备的作用是产生适合在信道中传输的信号，也就是让发送信号的特性和信道特性相匹配，具有抗信道干扰的能力，并且具有足够的功率以满足远距离传输的需要。发送设备包含的内容很多，包含信号的变换、放大、滤波、编码和调整等过程，在多路传输系统中，发送设备还包含多路复用器。

(3) 信道。信道是一种物理介质，是信号传输的载体，信道的两端分别是发送设备和接收设备。在无线信道中，信道也可以是自由空间。无论是有线信道还是无线信道，都可以有多种传输介质。

(4) 接收设备。接收设备的功能是将信号放大和反变换，其目的是从受损的接收信号中恢复出原始电信号。对于多路复用信号，接收设备中还包含多路复用后正确分路信号的功能。

(5) 受信者。受信者又称信宿，是信息传送的目的地，其功能与信源相反，即把原始的电信号转换成相应的信息。

7.1.3 噪声与信道容量

信道中存在的不需要的电信号称为噪声，通信系统中的噪声是叠加在信号上的，没有传输信号的通信系统就没有噪声，只要信号存在通信系统中，噪声就永远存在。噪声对于信号的传输是有害的，它能使模拟信号失真，使数字信号错码并限制信息的传输速率。

噪声按照来源分，分为人为噪声和自然噪声。人为噪声是人类活动产生的，自然噪声是自然界中存在的各种电磁波辐射。自然噪声中有一种很重要的噪声被称为热噪声，热噪声来自一切电阻性元器件中电子的热运动，除非原件处于热力学温度 0K，否则热噪声会一直存在。

噪声按照其性质来分，可以分为脉冲噪声、窄带噪声和起伏噪声。脉冲噪声是突发性产生的，幅度很低，持续时间比间隔时间短的多。脉冲噪声由于其持续时间短，所以其频谱较宽，能从低频一直分布到甚高频。窄带噪声可以看作是一种非所需的连续的已调正弦波，即一个振幅恒定且频率单一的正弦波，通常情况下来源于相邻的电子设备干扰，其频谱或频率是已知或可预测的。起伏噪声是遍布在时域或频域内的随机噪声，包括热噪声和宇宙辐射噪声都是起伏噪声。

信道容量是信道的一个参数，反映了信道所能传输的最大信息量，其大小与信源无关。对不同的输入概率分布，信道中的信息一定存在最大值。人们将这个最大值定义为信道的容量。信道容量有时也表示为单位时间内可传输的二进制位的位数(称信道的数据传输速率，位速率)，以位每秒(b/s)形式予以表示，简记为 bps。

7.2 传输介质

传输介质是传输数据的载体，负责将网络中的多种设备连接起来。传输介质在很大程度上决定了网络的传输速率、网络段的最大长度、传输的可靠性以及网卡的复杂性。常用的传输介质主要有两类：有线介质和无线介质。有线介质包括双绞线、同轴电缆和光缆；无线介质包括微波、卫星和红外线等。

7.2.1 双绞线

双绞线是一种常见且价廉的传输介质，它由两根各自封装在彩色绝缘包皮内的铜线互相扭绞而成的一对传输线。通常又将多对双绞线外面套上一个外封皮而构成双绞线电缆。双绞线分为屏蔽双绞线(Shielded Twisted Pair，STP)与非屏蔽双绞线(Unshielded Twisted Pair，UTP)。屏蔽双绞线在双绞线与外层绝缘封套之间有一个金属屏蔽层。屏蔽双绞线分为STP和FTP，STP指每条线都有各自的屏蔽层，而FTP只在整个电缆均有屏蔽装置，并且两端都正确接地时才起作用。STP的实物如图7.2所示。

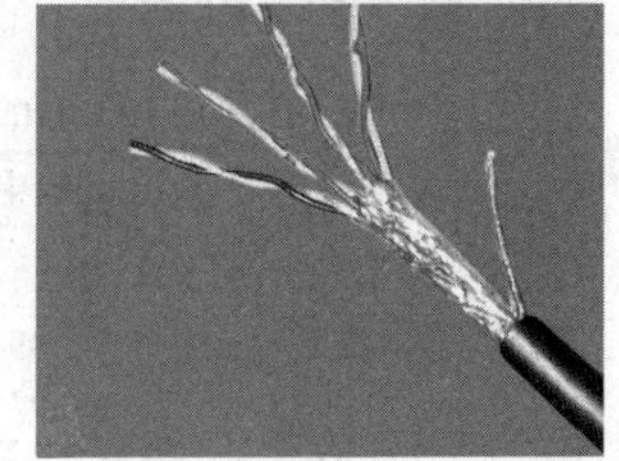
图7.2 屏蔽双绞线

7.2.2 同轴电缆

同轴电缆是指线缆有两个同轴导体，而导体和屏蔽层又共用同一轴心的电缆。最常见的同轴电缆由绝缘材料隔离的铜线导体组成，在里层绝缘材料的外部是另一层环形导体及其绝缘体，然后整个电缆由聚氯乙烯或特氟纶材料的护套包住。同轴电缆由两根导体组成，从内到外共4层，依次是中心实心导线、绝缘层、空心圆柱形导体和绝缘保护套。同轴电缆是一种带宽高、性价比高的传输介质，其内部结构如图7.3所示。

7.2.3 光纤

光纤又称光导纤维，是一种利用光在玻璃或塑料制成的纤维中的全反射原理而达成的光传导工具，实物如图7.4所示。光纤电缆是一种比较新的传输介质，呈圆柱状，由纤芯、包层和护套3部分组成。光纤不受电磁干扰的影响，传输信息量大，数据传送速率高，损耗低，保密性好。

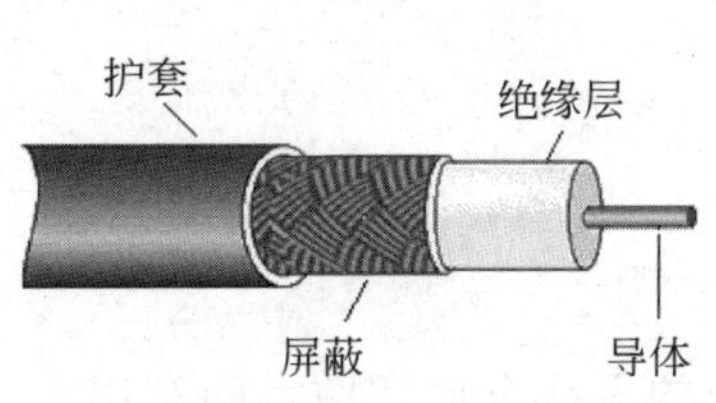

图7.3 同轴电缆结构示意图

图7.4 光纤

7.2.4 无线传输介质

利用电磁波发送和接收信号的通信就是无线通信，电磁波就是无线传输介质。无线传输所使用的频段很广，人们现在已经利用了好几个波段进行通信，无线电磁波谱如图 7.5 所示。由于技术原因，紫外线和更高的波段目前还不能用于通信。无线通信的方法有微波、蓝牙和红外线等。

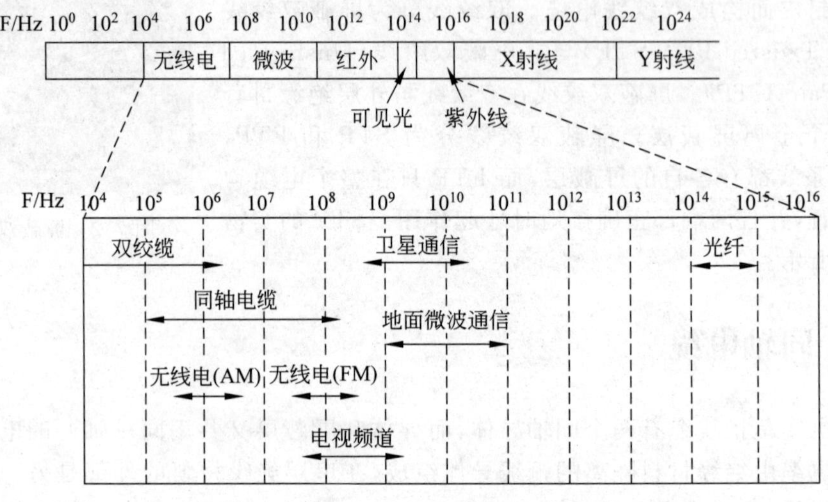

图 7.5　电磁波谱图

微波是指频率在 300MHz～300GHz 的电磁波，是电磁波谱中一个有限频带的简称，其波长为 1mm～1m，根据波长的不同，又分为分米波、厘米波和毫米波。由于微波的频率比大多数无线电波的频率高，因此也称微波为超高频电磁波。

蓝牙是一种短距离无线通信技术，通信距离一般小于 10m。蓝牙能工作在移动电话、个人数字助理（PDA）、无线耳机、笔记本计算机等相关设备之间并信息交换。利用蓝牙技术，可以简化移动设备之间的通信，也可简化设备与 Internet 之间的通信，可以使数据传输变得高效，蓝牙适配器如图 7.6 所示。蓝牙采用分散式网络结构以及快跳频和短包技术，支持点对点及点对多点通信，工作在 ISM（工业、科学、医学）频段，蓝牙的工作速率为 1Mbps，其全双工传输模式依靠时分双工传输技术来实现。

图 7.6　蓝牙适配器

7.2.5 卫星

卫星通信是指地球上（包括地面和低层大气中）的无线电通信站点间利用卫星作为中继设备而进行的通信过程。卫星通信系统由卫星和地球站两部分组成，其示意图如图 7.7 所示。

卫星通信具有如下特点：

(1) 通信范围大，只要在卫星覆盖的范围内，任何两点之间都可进行通信；

(2) 只需设置地球站点即可开通；

(3) 可以同时在多处接收，能经济地实现广播和多址通信；

(4) 电路设置非常灵活，可随时分散过于集中的通信量；

(5) 同一信道可用于不同方向或不同区间的通信。

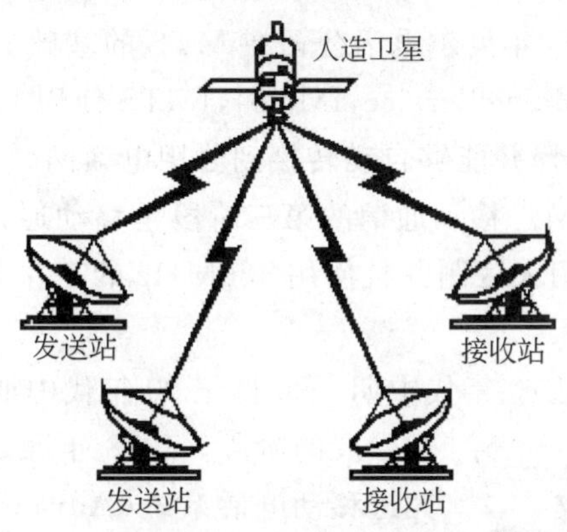

图 7.7　卫星通信示意图

7.3　移动通信技术

7.3.1　移动通信的发展

移动通信的发展与无线通信紧密相连，从严格意义上来说，无线电通信技术的问世标志着移动通信的诞生。现代移动通信技术的发展始于 20 世纪 20 年代，到现在大约经历了 5 个发展阶段。

(1) 第一阶段：20 世纪 20 年代—20 世纪 40 年代初期。移动通信技术在这个阶段首先是在短波频段上开发出专用移动通信系统，典型的代表是美国底特律市警察使用的车载无线电系统，该系统的工作频率为 2MHz。随后在 20 世纪 40 年代时将工作频率提高到 30～40MHz，通常认为这个过程是移动通信的起步阶段。移动通信早期阶段的主要特点是不同的工作用途必须开发不同的系统且系统工作的无线电频率较低。

图 7.8　贝尔电话公司的车载无线电话服务系统

(2) 第二阶段：20 世纪 40 年代中期—20 世纪 60 年代初期。第二阶段的典型代表是公用移动通信业务诞生。根据美国联邦通信委员会的计划，贝尔电话公司在圣路易斯城建立了世界上第一个公用汽车电话网，称为“城市系统”，如图 7.8 所示。城市系统一共使用3个频道，频道之间的频率间隔为120kHz，采用半双工通信方式。随后，原联邦德国于1950年研制了本国的公用移动电话系统，法国于1956年研制了法国公用移动电话系统，英国于1959年研制了英国公用移动电话系统。移动通信第二阶段的主要特点是从把专用移动通信网络向公用移动通信网络过渡，但还是采用人工转接信号的方式工作，网络通信容量较小。

(3) 第三阶段：20世纪60年代中期—20世纪70年代中期。第三阶段主要在第二阶段上增加自动化过程。1965年贝尔电话公司在MTS的基础上推出了改进型移动电话系统(Improved Mobile Telephone Service，IMTS)，IMTS使用150MHz和450MHz两个频段，实现了无线频道自动选择并能够自动转接到公用电话网。紧接着，原联邦德国也推出了具有相同技术水平的B网。移动通信的第三阶段是移动通信系统改进与完善的阶段，这个阶段的主要特点是采用大区制并且使用450MHz的工作频率，通信系统实现了自动选频与自动转接技术。

(4) 第四阶段：20世纪70年代中期—20世纪80年代中期。第四阶段是移动通信蓬勃发展的阶段。1978年底，美国贝尔试验室研制成功先进移动电话系统(Advanced Mobile Phone System，AMPS)，并构建出蜂窝状的移动通信网，极大地提高了系统容量。这个阶段也被称为1G(第一代移动通信技术)。第一代移动通信技术主要采用模拟技术和频分多址(Frequency Division Multiple Access，FDMA)技术，图7.9是基于第一代通信技术的无线电话。

图7.9 第一代移动电话

第一代移动通信系统使用单个大功率的发射机和高塔，覆盖地区超过50km，仅能以半双工模式提供语音服务，工作时使用120kHz带宽。第一代移动通信系统不能进行长途漫游，是一种区域性的移动通信系统。具有代表性的第一代移动通信系统有美国的AMPS系统、英国的ETACS系统、法国的450系统、北欧的NMT 450系统以及我国使用的TAOS系统等。

移动通信的第四阶段是蜂窝状移动通信网成为实用系统的阶段，并能在世界各地迅速发展。但是这个阶段的移动通信网络也存在较多的缺陷，例如容量有限、制式太多、互不兼容、话音质量不高、不能提供数据业务、不能提供自动漫游、频谱利用率低、移动设备复杂、费用较贵以及通话易被窃听等。另外一个关键因素是随着移动通信用户的增加现有的网络容量已不能满足用户需求。

(5) 第五阶段：20世纪80年代中期至今。第五阶段是数码移动通信系统发展和成熟时期，本阶段也可细分为2G、2.5G、3G、4G等阶段。

2G是第二代移动通信技术的简称，是以数码语音传输技术为核心，无法直接传送电子邮件与应用软件等数据，只具有通话和某些简单功能(如短信)的手机通信技术规格。第二代移动通信技术主要采用时分多址(Time Division Multiple Access，TDMA)技术和码分多址(Code Division Multiple Access，CDMA)技术，与其对应的是GSM和CDMA

两种制式，图 7.10 是 GSM 制式的 2G 手机。

欧洲电信标准协会在 1996 年提出了 GSM Phase 2 +，目的在于扩展和改进 GSM Phase 1 及 Phase 2 中原定的业务和性能。GSM Phase 2 + 包含了与全速率完全兼容的增强型话音编解码技术，使得话音质量得到了质的改进。GSM Phase 2 + 采用更密集的频率复用技术，引入智能天线技术、双频段等技术，有效地克服了随着业务量剧增所引发的 GSM 系统容量不足的缺陷。GSM Phase 2 + 中自适应语音编码技术的应用，极大提高了系统通话质量。GSM Phase 2 + 一个重要的功能是 GPRS/EDGE 技术的引入，这使得 GSM 能与计算机通信并与 Internet 有机相结合。虽然 GSM 标准在不断完善，但随着用户规模和网络规模的不断扩大，其频率资源已基本枯竭，语音质量不能达到用户满意的标准，数据通信速率太低，无法满足移动多媒体业务的需求。

2.5G 是 2G 到 3G 的过渡性技术。由于 3G 是个相当浩大的工程，从 2G 直接转向 3G 困难很大，于是就出现了介于 2G 和 3G 之间的 2.5G。2.5G 兼容很多技术，HSCSD、WAP、EDGE、蓝牙(Bluetooth)、EPOC 等是其中的一部分，图 7.11 是基于 GSM 制式的 2.5G 手机。2.5G 功能通常与 GPRS 技术有关，GPRS 技术是在 GSM 的基础上的一种过渡技术。GPRS 的推出标志着人们在 GSM 的发展史上迈出了意义最重大的一步，GPRS 在移动用户和数据网络之间提供一种连接，给移动用户提供高速无线 IP 和 X.25 分组数据接入服务。与 2G 相比，2.5G 无线技术可以提供更高的速率和更多的功能。

图 7.10　GSM 制式的 2G 手机

图 7.11　基于 GSM 制式的 2.5G 手机

3G(3rd Generation)是指支持高速数据传输的第三代移动通信技术。与使用模拟技术为代表的第一代移动通信技术和目前正在使用的第二代移动通信技术相比，3G 将有更大的带宽，更高的传输速率，不仅能传输话音还能传输数据。3G 能提供快捷方便无线接入 Internet 技术，能够实现高速数据传输和宽带多媒体服务，这也是 3G 的一个主要特点。

3G 在世界各国有不同的标准，在欧洲制定的标准称为 WCDMA，美国制定的标准称为 CDMA 2000，而中国制定的标准称为 TD-SCDMA。

国际电信联盟在 2000 年 5 月确定 WCDMA、CDMA 2000、TD-SCDMA 成为 3G 标准，2007 年，WiMAX 成为第 4 个 3G 标准。

WCDMA(Wideband CDMA，宽频码分多址)是基于 GSM 网络发展起来的 3G 技术规范，是欧洲提出的宽带 CDMA 技术。WCDMA 的支持者主要是以 GSM 标准为主的欧洲厂商，也有部分日本公司参与其中。WCDMA 能够架设在现有的 GSM 网络上，因此在

GSM 标准普及的地区会受到用户的喜爱。WCDMA 是目前世界上采用国家数最多，地理分布范围最广泛，终端类型最丰富的一种 3G 标准。

CDMA 2000 是由窄带 CDMA 技术发展而来的宽带 CDMA 技术。CDMA 2000 由美国高通北美公司提出，随后摩托罗拉和三星等公司参与其中。CDMA 2000 可以从原来的窄频 CDMA 结构直接升级到 3G，建设成本低廉。但由于窄带 CDMA 使用的区域只有日本、韩国和北美地区，因此 CDMA 2000 的支持者比 WCDMA 少得多。虽然 CDMA 2000 的支持者不多，但是其研发技术却是 3G 标准中最快的一个，支持 CDMA 2000 的 3G 手机早已率先面世，图 7.12 为基于 CDMA 2000 的 3G 手机。

中国联通于 2002 年于开通 CDMA 网络并投入商用，2008 年将该网络转交给中国电信。2011 年，中国电信的 CDMA 用户突破了 1 亿，使其成为全球最大的 CDMA 运营商，其中大约有 25%的 3G 用户。

TD-SCDMA(Time Division-Synchronous CDMA，时分同步码分多址技术)是由中国独自制定的 3G 标准。1999 年，邮电部电信科学技术研究院向国际电信联盟(ITU)提出 TD-SCDMA 标准，TD-SCDMA 标准的最大特点是辐射小，因此被称为绿色 3G。TD-SCDMA标准将智能无线、同步 CDMA 和软件无线电等领先技术融于其中，在频谱利用率、业务支持灵活性、频率灵活性及成本等方面的优势明显。由于中国移动用户众多，TD-SCDMA 标准受到世界各大主要电信设备厂商的重视，绝大多数设备制造商的产品都支持 TD-SCDMA 标准。TD-SCDMA 标准不经过 2.5G 的中间环节而是直接迈向 3G，适用 GSM 标准向 3G 升级。

WiMAX(Worldwide Interoperability for Microwave Access，微波存取全球互通)又称 IEEE 802.16 无线城域网。WiMAX 是为用户站点和核心网络间提供通信路径而定义的无线服务。WiMAX 是一项新兴的宽带无线接入技术，能提供面向互联网的高速连接，数据传输距离最远为 50km。WiMAX 还具有 QoS 保障、传输速率高、业务丰富多样等优点。随着技术的发展，WiMAX 标准将逐步实现宽带业务的移动化。

4G 是第四代移动通信技术的简称。4G 把 3G 和无线局域网合为一体，并能够传输高质量视频图像的技术产品。4G 标准中的下载速率最快能到达 100Mbps 而上传速率也能达到 20Mbps，几乎满足所有用户的无线服务需求，图 7.13 是符合 4G 标准的手机。

图 7.12　基于 CDMA 2000 的 3G 手机

图 7.13　4G 手机

4G网络系统包含三层结构,物理网络层、中间环境层和应用网络层。物理网络层提供接入和路由选择功能;中间环境层提供有QoS映射、地址变换和完全性管理等功能。三层之间的接口是开放的,这样利于发展和提供新的应用及服务。4G的关键技术包括信道传输技术、抗干扰性强的高速接入技术、调制技术;自适应阵列智能天线技术、大容量无线接口和光接口技术、系统管理资源技术和网络结构协议等。4G以正交频分复用(Orthogonal Frequency Division Multiplexing,OFDM)技术为核心,OFDM技术的特点是网络结构可扩展,具有良好的抗噪声性能和抗多信道干扰能力,能提供高速率、延迟小的无线数据。

7.3.2 蜂窝网络

蜂窝网络是把移动电话的服务区分为一个个正六边形的子区,每个子区设一个基站,子区集合的形状类似"蜂窝"结构,所以把这种移动通信方式称为蜂窝移动通信,如图7.14所示。蜂窝网络根据传输信号的不同可以分为模拟蜂窝网络和数字蜂窝网络,其主要区别是传输信号的制式不同。蜂窝网络主要由3个部分组成,移动站、基站子系统和网络子系统。移动站就是用户的网络终端设备,例如手机或其他一些蜂窝工控设备。基站子系统包括外形像大铁塔的移动基站、无线收发设备、专用网络等设备。基站子系统其实是无线网络与有线网络之间的信号连接器和数据转换器。常用的蜂窝移动网络有GSM、CDMA、FDMA、TDMA、PDC、TACS、AMPS等。

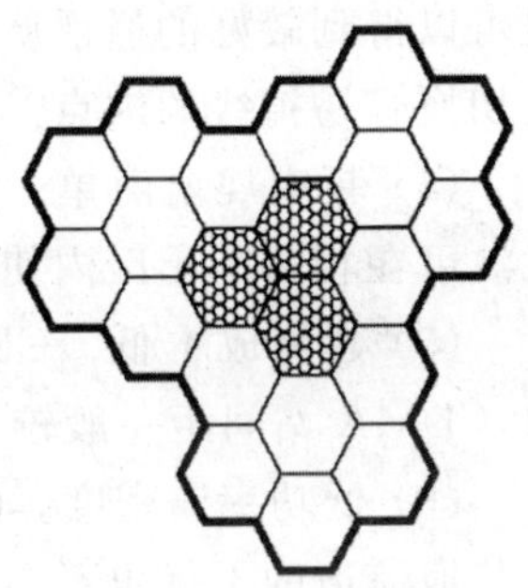

图7.14 蜂窝网示意图

蜂窝网络的主要优点有:

(1) 频率复用,有限的频率资源可以在一定的范围内被重复使用。

(2) 小区分裂,当容量不够的时候,可以减小蜂窝的范围,划分出更多的蜂窝,进一步提高频率的利用效率。

7.3.3 码分多址技术

CDMA(Code Division Multiple Access,码分多址)是在数字扩频通信技术上发展起来的一种崭新而成熟的无线通信技术。CDMA是基于扩频技术来工作的,将需传送的具有一定信号带宽信息数据,用一个带宽远大于信号带宽的高速伪随机码进行调制,使原数据信号的带宽被扩展,再经载波调制后发送出去。接收端使用完全相同的伪随机码,将接收的带宽信号作相关处理,把宽带信号换成原信息数据的窄带信号,达到数据通信的目的。

CDMA能用于第二代无线网络通信也能用于第三代无线网络通信。CDMA采用多路方式工作,多路信号只占用一条信道,极大地提高信道使用率。CDMA常用于800MHz和1.9GHz的超高频移动电话系统。CDMA使用带扩频技术的模数转换模式,模拟音频信息需要数字化为二进制数据，并按指定类型编码，只有频率编码一致的接收机才能获取信号。由于CDMA具有无数种频率顺序编码，因此很难出现重复，其通信的保密性极强。CDMA能与其他蜂窝技术兼容，实现全球漫游。

CDMA的主要优点如下：

（1）系统容量大。在使用相同频率资源的情况下，理论上CDMA的容量是模拟网的20倍，实际应用中是模拟网容量的10倍，是GSM网络容量的4～5倍。

（2）系统容量的配置灵活。由CDMA的工作原理可知，用户数的增加相当于背景噪声的增加，因此对用户数并无限制，使用者可在信道容量和语音质量之间找到最佳契合点。

（3）通话质量更佳。CDMA支持13kbps的语音编码器，可以提供更好的通话质量。CDMA的声码器可以动态地调整数据传输速率，并根据适当的门限值选择不同的电平级来发射信号。并且门限值根据背景噪声的改变发生变化，即使在背景噪声较大的情况下，也可以得到较好的通话质量。CDMA采用软切换技术，通信时先连接再断开，可以克服硬切换容易掉线的缺点。

（4）频率规划简单。CDMA用户的区分是按其序列码来完成的，因此相同CDMA载波可在相邻的小区内使用，这就使得CDMA网络规划灵活且扩展简单。

（5）建网成本低。CDMA有着容量大、工作频率较低的优势，所以在CDMA规划中，CDMA站间距一般较大，能更好地节约建网成本。

（6）低功率谱密度。CDMA使用扩频技术通信，所以其功率谱被扩展的很宽，能防止其他信道的干扰也不会干扰其他信道。

7.4 计算机网络概述

7.4.1 计算机网络的基本概念

1. 计算机网络的定义

凡是利用通信设备和通信介质按不同的拓扑结构将地理位置不同的、功能独立的多个计算机系统连接起来，以功能完善的网络软件（网络通信协议、信息交换方式及网络操作系统等）实现网络硬件、软件资源共享和数据通信的系统，称为计算机网络系统。“地理位置不同”是一个相对的概念，可以小到一个房间内，也可以大至全球范围内。“功能独立”是指在网络中计算机都是独立的，没有主从关系，一台计算机不能启动、停止或控制另一台计算机的运行。“通信线路”是指通信介质，它既可以是有线的（如同轴电缆、双绞线和光纤等）也可以是无线的（如微波和通信卫星等）。“通信设备”是在计算机和通信线路之间按照通信协议传输数据的设备。“拓扑结构”是指通信线路连接的方式。“资源共享”是指在网络中的每一台计算机都可以使用系统中的硬件、软件和数据等资源。

2. 计算机网络的功能

计算机网络是计算机技术和通信技术紧密结合的产物。它不仅使计算机的作用范围超越了地理位置的限制，而且也大大加强了计算机本身的能力。计算机网络具有单个计算机所不具备的很多功能，主要如下：

(1) 数据交换和通信。计算机网络中的计算机之间或计算机与终端之间，可以快速可靠地互相传递数据、程序或文件。例如电子邮件可以使相隔万里的异地用户快速准确地相互通信；电子数据交换(EDI)可以实现在商业部门(如银行、海关等)或公司之间进行订单、发票、单据等商业文件安全准确的交换；文件传输服务(FTP)可以实现文件的实时传递，为用户复制和查找文件提供了有力的工具。

(2) 资源共享。计算机网络最吸引人的功能是进入计算机网络的用户可以共享网络中各种硬件和软件资源，使网络中各地区的资源互通有无、分工协作，从而提高系统资源的利用率。利用计算机网络可以共享主机设备，如中型机、小型机、工作站等，以完成特殊的处理任务；可以共享外部设备，如激光打印机、绘图仪、数字化仪、扫描仪等，以节约投资；更重要的是，利用计算机网络共享软件、数据等信息资源，可最大限度地降低成本和提高效率。

(3) 实现分布式信息处理。在计算机网络中，可在获得数据和需进行数据处理的地方分别设置计算机，对于较大型的综合性问题通过一定的算法，把数据处理的功能交给不同的计算机，达到均衡使用网络资源，实现分布处理的目的。此外，利用网络技术，能将多台微型计算机连成具有高性能的计算机网络系统，处理和解决复杂问题，且费用比大、中型机降低了很多。

(4) 提高系统的可靠性和可用性。在单机使用的情况下，如没有备用机，则计算机一有故障便引起停机。网络中计算机可以互为备份，一旦其中一台计算机出现故障，其任务则可以由网络中其他计算机取代。当网络中某些计算机负荷过重时，网络可将新任务分配给负荷较轻的计算机完成，提高每一台计算机的利用率。

(5) 提高系统性能价格比，易于扩充，便于维护。计算机组成网络后，虽然增加了通信费用，但是由于资源共享，明显提高了整个系统的性能价格比，降低了系统的维护费用，并且易于扩充，方便系统维护。

总之，计算机网络可以充分发挥计算机的效能，帮助人们跨越时间和空间的障碍，延伸活动范围，提高工作效率。

7.4.2 计算机网络的发展历史

1969 年由美国国防部高级研究计划署主持研制的第 1 个远程分组交换网 ARPANET 的诞生，标志着计算机网络时代的真正开始。在这以前计算机的远程通信是通过与大型机互连的远程终端实现的。20 世纪 70 年代出现了计算机局部网络(简称局域网)；20 世纪 80 年代计算机网络得到了飞速发展，ISO 指定了计算机网络的开放系统互连的模式(Open System Interface，OSI)，计算机网络体系结构及各种网络协议逐渐完善和发展；20 世纪 90 年代以后网络向着高速化、综合化方向发展。现在，计算机网络发展已成为社会重要的信息基础设施。计算机网络的发展概括起来经历了 4 个发展阶段。

(1) 第一阶段：远程终端联机阶段。远程终端联机是由一台大型计算机和若干台远程终端通过通信线路连接起来，组成联机系统，进行远程批处理业务。在这种方式下，用户使用终端设备把自己要求通过通信线路传给远程的大型计算机，计算机经过处理后把结果再传给用户。如20世纪50年代末的美国防空系统SAGE，它使用了总长度约2.4×10^6km的通信线路，联结1000多台终端，实现了远程集中控制。系统由雷达和信息源收集信息，传送到计算机中心，处理后立即向截击机、高炮发出控制指令。

(2) 第二阶段：计算机网络阶段。为了解决联机系统中的计算机既要承担通信工作又承担数据处理工作因而负担较重的问题，20世纪60年代后期，以美国APARNET网为先驱，将分布在不同地区的多台计算机用通信线路连接起来，彼此交换数据、传递信息，而各个计算机又自成系统，能独立完成自己业务工作。这种通信双方都是计算机系统的网络就是计算机网络。1972年，美国Xerox公司开发了以太网技术，形成了以微机为主体的局域网。此后，广域网、局域网均得到迅速的发展。

(3) 计算机网络互联阶段。由于局域网覆盖的地理范围有限，为了更大范围内实现计算机资源的共享，而将多种网络互联起来，形成规模更大的网络，这就是网络互联。1984年，国际标准化组织公布了开放系统互联参考模型(OSI)，促进了网络互联的发展，出现了许多网间互联网以及综合业务数字网，光纤网、卫星网等。通过网络互联设备将各种广域网和局域网互联起来，就形成了全球范围的Internet。

(4) 信息高速公路阶段。20世纪90年代，人类进入了信息社会，信息产业已成为一个国家的重要产业。1993年，美国提出"国家信息基础设施"的NII计划，就是把分散的计算机资源通过高速通信网实现共享，提高国家的综合实力和人民的生活质量。这被习惯地成为信息高速公路。随着世界各国相继提出自己的信息高速公路建设计划，为加速网络技术的飞跃注入了新的活力。

7.4.3 计算机网络的性能指标

计算机网络的性能是从不同的角度来衡量计算机网络的性能，一般有速率、带宽、吞吐量、时延及利用率等指标。

(1) 速率。速率是指连接在计算机网络上的主机在数字信道上传送数据的速率，也称数据率或者比特率，速率的单位是b/s(比特每秒)，当数据传输率较高时，可以使用kb/s或者Mb/s。

(2) 带宽。带宽本来是指某个信号具有的频带宽度。在计算机网络中，带宽用来表示网络的通信线路所能传送数据的能力。因此，网络带宽表示在单位时间内从网络中的某一点到另一点所能通过的最高数据率。

(3) 吞吐量。吞吐量表示单位时间通过某个网络(或信道、接口)的数据量。吞吐量经常用于对网络进行测量，可以测试实际通过网络的数据总量。

(4) 延迟。延迟是指数据从网络的一端传送到另一端所需的时间。延迟一般是由发送延迟、传播延迟、处理延迟和排队延迟累计而成。

发送延迟是指主机或者路由器发送数据帧所需要的时间，也就是发送数据的第一位到最后一位之间所需的时间差。传播延迟是指电磁波在信道中传播一定距离需要花费的时间。处理延迟是指主机或者路由器收到分组进行数据处理花费的时间。排队延迟是指分组经过网络传输时,经过路由器时等待处理的时间。

(5) 利用率。利用率包括信道利用率和网络利用率。信道利用率是指信道有多少时间有数据通过,空闲的信道利用率为零;网络利用率是指全网信道利用率的加权平均值。需要注意的是,信道的利用率不是越大越好,这是因为当信道利用率增大时,信道的时延也会迅速增加。

7.5 拓扑结构与网络硬件

7.5.1 计算机网络的分类

计算机网络种类繁多,按照不同的分类标准,可以有多种分类方法。例如:按网络拓扑结构,可分为环状网、星状网、总线网、树状网等;按通信介质,可分为双绞线网、同轴电缆网、光纤网和无线卫星网等;按信号频带占用方式,可分为基带网和宽带网;按网络规模和覆盖范围可分为局域网、城域网和广域网等。其中,按网络规模和覆盖范围划分是一种大家都认可的通用网络划分方法。注意,网络划分并没有严格意义上地理范围的区分,只是一个定性的概念。

1. 局域网

所谓据局域网(LAN),是指在局部地区范围内将计算机、外部设备和通信设备互联起的网络系统,常见于一幢大楼、一个工厂或一个企业内,它所覆盖的地区范围较小。这是最常见、应用最广的一种网络。局域网在计算机数量配置上没有太多的限制,少的可以只有两台,多的可达上千台。网络所涉及的地理距离上一般来说可以是几米至十几千米。现在局域网随着整个计算机网络技术的发展和提高得到充分的应用和普及,几乎每个单位都有自己的局域网,甚至有的家庭中都有自己的小型局域网。局域网连接这些用户的微型计算机及其网络上作为资源共享的设备(如打印机、绘图仪、数据流磁带机等)进行信息交换,另外通过路由器和广域网或城域网相连接以实现信息的远程访问和通信,如图 7.15 所示。典型的局域网有:以太网、令牌环网和令牌总线网等。

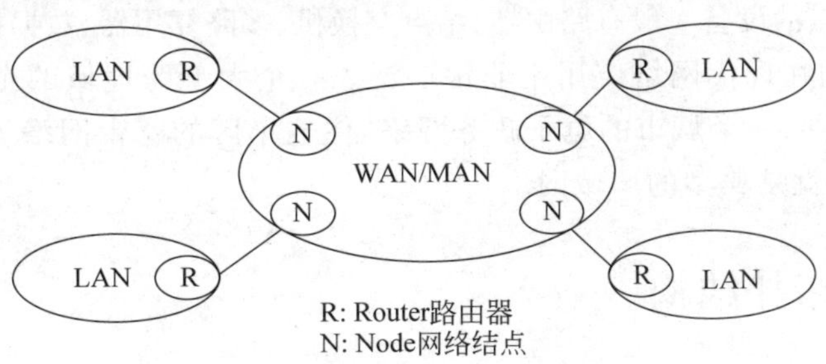

图 7.15　LAN 和 MAN、WAN 的连接

这种网络的主要特点是，连接范围窄，用户数少，配置容易，连接速率高，误码率较低。局域网组建方便，采用的技术较为简单，是目前计算机网络发展中最活跃的分支。

现在多数局域网采用以太网标准，是Xerox公司在20世纪70年代中期开发的，后来IEEE在此基础上制定了IEEEE 802.3标准，传输速率从10Mbps到10Gbps。

2. 城域网

最初的城域网是作为一种专门的网络技术而出现的，即双队列总线(DQDB)技术。城域网(Metropolitan Area Network，MAN)，一般来说是将一个城市范围内的计算机互联，这种网络的连接距离可以在10～100km。MAN与LAN相比扩展的距离更长，连接的计算机数量更多，在地理范围上可以说是LAN的延伸。在一个大型城市或都市地区，一个MAN通常连接多个LAN。如一个MAN连接政府机构的LAN、医院的LAN、电信的LAN、公司企业的LAN等。由于光纤连接的引入，使MAN中高速的LAN互连成为可能。

宽带城域网是为满足网络接入层的宽带大幅度增长的需求而建立的，主要针对数据及多媒体业务。在地理范围上局限于城市内部(类似于电话交换网的各本地网)。在技术上综合采用了各种广域网技术(基于异步交换模式的IP网、基于同步光纤网络、基于多协议标记交换的IP网等)、局域网技术(以太网技术、VLAN)等。在工作层面上，它既不是局域网在地理范围上的简单扩大，也不是广域网在规模、地理范围上的缩小，而是二者巧妙、科学、合理地综合应用(取长补短地融合以及交互使用)。在传输媒质上，主要采用光纤、铜线、同轴电缆、5类非屏蔽双绞线(UTP)、微波以及它们的综合等。在接入方式上主要采用以太网、xDSL、DDN、FR、ATM、扩频微波等。它主要提供普通家庭用户和集团用户高速接入因特网、局域网互联以及VPN/VPDN(虚拟专用网络/虚拟专用拨号网络)等业务。

3. 广域网

广域网(Wide Area Network，WAN)也称为远程网，所覆盖的范围比城域网更广，它一般是在不同城市和不同国家之间的LAN或者MAN的互联，地理范围可以从几百千米到几千千米。因为距离较远，信息衰减比较严重，目前多采用光纤线路，通过IMP(接口信息处理)协议和线路连接起来，构成网状结构，解决路径问题。

典型的广域网连接采用点对点连接，其网络拓扑结构采用网状结构，网络传输协议采用TCP/IP协议，其通信子网由专门负责公共数据通信的机构和网络公司提供，如综合业务数字网(ISDN)、数字数据网(DDN)、帧中继(FR)、用户数字线路(xDSL)等。其通信子网由2个部分组成：通信传输介质和交换结点。传输介质有铜线、同轴电缆、卫星通信、微波系统等，交换结点的设备一般有路由器、结点交换机、多路复用器、数据接受/发送单元等。

广域网的应用在现代网络应用中非常广泛。一个大型跨地域的企业或公司的企业网、跨地域的校园网、一个城市的电子政务网络、住宅小区的宽带网络等都使用了广域网的技术。Internet就是典型的广域网。

7.5.2 网络拓扑结构

网络中各个结点相互连接的方法和形式称为网络拓扑结构。构成局域网的拓扑结构有很多种，主要有星状拓扑，总线状拓扑，环状拓扑和复合型拓扑。拓扑结构往往与传输介质和介质访问控制方法密切相关。它影响着整个网络的设计、功能以及费用等各个方面，是计算机网络研究应用的重要环节。

(1) 星状拓扑结构。星状结构以一台设备作为中央结点，其他外围结点都单独连接在中央结点上。各外围结点之间不能直接通信，必须通过中央结点进行通信。中央结点一般是专门的接线设备(如集线器 Hub)，其他结点是服务器或工作站。中央结点负责接收某个外围结点的信息，再转发给另一个外围结点，如图 7.16 所示。

这种结构的优点是结构简单、建网容易、故障诊断与隔离比较简便、便于管理，但需要的电缆长、安装费用多；网络运行依赖于中央结点，因而可靠性低，扩充也较困难。

(2) 总线型拓扑结构。总线型拓扑结构(如图 7.17)采用单根传输线作为传输介质，所有的站点都通过相应的硬件接口直接连接到传输介质上，或称总线上。任何一个站的发送信号都可以沿着介质传播，而且能被所有其他的站接收，无须路由选择。

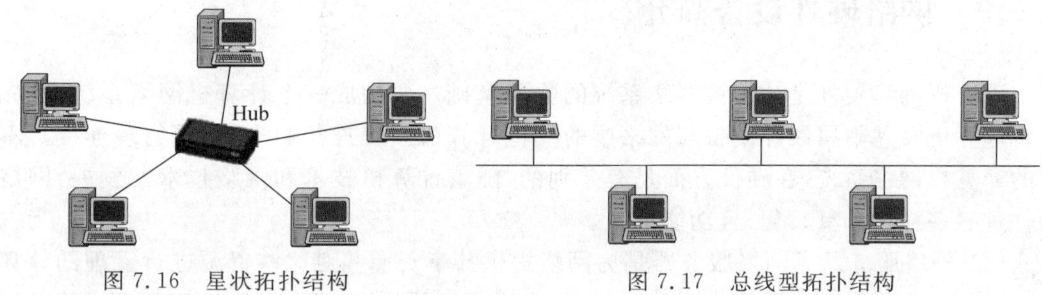

图 7.16 星状拓扑结构　　图 7.17 总线型拓扑结构

总线型拓扑结构的特点是它没有关键点，单一的工作站故障并不影响网上其他站点的正常工作。

(3) 环状拓扑结构。这种拓扑的网络由一些中继器和连接中继器的点对点链路组成一个闭合环，信息在环中作单向流动，可实现任意两点间的通信，如图 7.18 所示。

环状拓扑结构的优点是电缆长度短、成本低，但环中任意一处故障都会造成网络瘫痪，因而可靠性低，需要增减结点时要断开环路，灵活性差。

(4) 树状拓扑结构。树状结构上星状结构的扩展，或者说多级的星状结构就组成了树状结构。现在通过多级集线器的网络就属于树状结构，如图 7.19 所示。

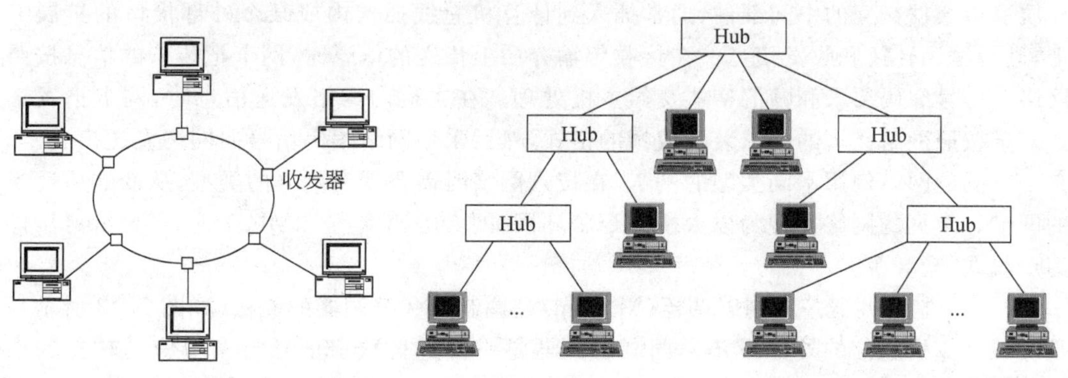

图 7.18 环状拓扑结构　　图 7.19 树状拓扑结构

(5) 网状拓扑结构。网状结构是一种不规则的网络结构，主要用于主干网，如图 7.20 所示。网状拓扑结构中任意两个结点之间的通信线路不是唯一的，若某条通路出现故障或拥塞时，可绕道其他通路传输信息，可见局部的故障不会影响整个网络的正常工作，因此可靠性高。但是网状拓扑结构的网络关系复杂，建网成本比较好。

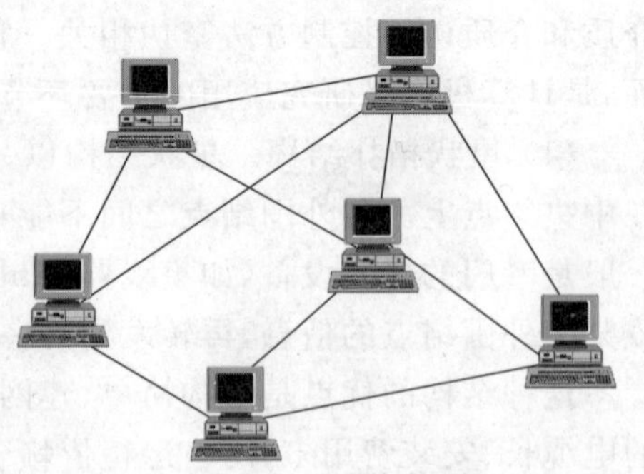

图 7.20 网状拓扑结构

(6) 混合型拓扑结构。混合型拓扑结构是指以上几种网络拓扑结构通过复合而成的网络拓扑结构。建立混合型拓扑结构网络，有利于发挥各种网络结构的优点，避免相应的缺陷。

7.5.3 网络硬件设备简介

计算机网络硬件是计算机网络系统的物质基础。要构成一个计算机网络系统，首先要将计算机及其附属硬件设备与网络中的其他计算机系统连接起来，实现物理连接。不同的计算机网络系统，在硬件方面是有差别的，随着计算机技术和网络技术的发展，网络硬件日趋多样化和复杂化，且功能更强。

(1) 网络服务器。网络服务器是为网络提供共享资源并对这些资源进行管理的计算机。一般在大型网络中采用大型机、中型机和小型机作为网络服务器，可以保证网络的可靠性。对于网点不多、网络通信量不大、数据的安全可靠性要求不高的网络，可以选择高档微机作为网络服务器。

(2) 网络工作站。在网络系统中，只向服务器提出请求或共享网络资源而不为其他计算机提供服务的计算机成为工作站。工作站要参与网络活动，必须先与网络服务器连接，并进行登录，按照被授予的一定权限访问服务器。工作站之间可以进行通信，可以共享网络的资源。当它退出网络时仍保持原有计算机的功能，作为独立的个人计算机为用户服务。

(3) 网络接口卡。网络接口卡也称为网卡或网板，如图 7.21 所示，是计算机与传输介质进行数据交互的中间部件，通常插入到计算机总线插槽内或某个外部接口的扩展卡上，进行编码转换和收发信息。在接收传输介质上传送的信息时，网卡把传来的信息按照网络上信号编码要求和帧的格式交给主机处理。在主机向网络发送信息时，网卡把发送的信息按照网络传送的要求装配成帧的格式，然后采用网络编码信号向网络发送出去。

不同的网络使用不同类型的网卡，在接入网络时需要知道网络的类型，从而购买适当的网卡。常见的网络类型为以太网和令牌环网，网卡的速率为 10Mbps 或 100Mbps，接口为双绞线、光纤等。

(4) 调制解调器。调制解调器(Modem)是调制器和解调器的简称(如图 7.22 所示)，是实现计算机通信的外部设备。调制解调器是一种进行数字信号与模拟信号转换的设备。计算机处理的是数字信号，而电话线传输的是模拟信号，调制解调器就是在计算机和电话线之间的一个连接设备，它将计算机输出的数字信号变换为适合电话线传输的模拟信号，在接收端再将接收到的模拟信号变换为数字信号由计算机处理。因此，调制解调器是成对使用的。调制解调器的一个重要性能指标是传输速率，即每秒传送的位数，单位是bps。目前主要使用的是33.6Kbps和56Kbps的调制解调器。

图7.21　网络接口卡

图7.22　调制解调器

(5) 中继器。中继器(Repeater)，如图7.23所示。它是局域网环境下用来延长网络距离的最简单、最廉价的互连设备，工作在OSI的物理层，作用是对传输介质上传输信号接收后经过放大和整形再发送到其传输介质上，经中继器连接的两段电缆上的工作站就像是在一条加长的电缆上工作一样。

图7.23　中继器

图7.24　网桥

(6) 网桥。网桥(Bridge)，如图7.24所示。它也称为桥接器，是连接两个局域网的一种存储/转发设备，工作在OSI的数据链路层，它能将一个较大的LAN分割为多个子网，或将两个以上的LAN互连为一个逻辑LAN，使LAN上的所有用户都可以访问服务器。

图7.25　网关

(7) 网关。网关(Gateway)，如图7.25所示在互联网络中起到高层协议转换的作用，如Internet上用简单邮件传输协议(SMTP)进行传输电子邮件时，如果与微软的Exchange进行互通，需要电子邮件网关；Oracle数据库的数据与Sybase数据库的数据进行交换时需要数据库网关。

7.5.4　网络软件简介

在网络系统中，网络中的每个用户都可共享系统中的各种资源，所以系统要对用户进行控制，否则就会造成系统混乱、信息数据的破坏和丢失。为了协调系统资源需要通过软件工具对网络资源进行全面的管理，进行合理的调度和分配，并采取一系列的保密安全措施，防止用户不合理地对数据和信息的访问，防止数据和信息的破坏与丢失，网络软件是实现网络功能不可缺少的软环境。

1. 网络操作系统

网络操作系统是网络软件的重要组成部分，它是决定网络的使用方法和使用性能的关键。网络操作系统(Network Operating System，NOS)是网络大家庭中的“管家”，负责管理网上的所有硬件和软件资源，使它们能协调一致地工作。目前主要的网络操作系统有 Netware、Windows NT、Windows 2000 Server、Linux 等，它们在技术、性能、功能方面各有所长，可以满足不同用户的需要，也分别支持多种协议，彼此之间可以互通。

网络操作系统的基本功能包括：良好的系统服务，如文件服务、打印服务、数据库服务、通信服务、应用程序服务等功能；方便简单的设置方式和管理工具，如系统设置工具，文件管理工具，文件及文件夹访问权限及访问监视等；强有力的安全保密措施，如先进的文件系统、用户登录及审核、文件及文件夹访问权限及访问监视等；良好的系统容错能力，如文件系统容错机制，磁盘系统容错机制，目录复制等；对客户端的支持，网络服务器的服务对象是网络上的各式各样的用户，最常见的客户操作系统 Linux、UNIX、Windows 等；丰富的应用程序，除网络操作系统应具有的应用外，还应具有附加价值的应用软件，如数据库、电子邮件系统、系统备份软件等。

2. 网络通信软件和协议软件

网络通信软件支持计算机与相应的网络相连，能够容易地控制自己的应用程序与多个站点进行通信，并对大量的通信数据进行加工和处理。

网络协议软件是计算机网络中各部分之间必须遵守的规则的集合，计算机网络体系结构也由协议决定，网络管理软件、网络通信软件以及网络应用软件等都要通过网络协议软件才能发挥作用。网络协议软件的种类很多，如 TCP/IP、IEEE 802 系列等均有各自对应的协议软件。

以前网络通信软件和协议软件以独立的软件形式出现，目前都内置于网络操作系统了。

3. 网络应用软件

网络应用软件是在网络环境下直接面向用户的软件。计算机网络通过网络应用软件为用户提供信息资源的传输和资源共享服务。应用软件可分为两类：一类是由网络软件厂商开发的通用应用工具，像电子邮件、Web 服务器以及相应的浏览和搜索工具等；另一类是基于不同的用户业务的软件，如网络上的金融业务，电信业务管理、数据库及办公自动化等软件。随着网络技术的发展，如今的各种应用软件都考虑到网络环境下的应用问题。

除上述软件外，为了更好地利用网络，还需要网络管理软件提供性能管理、配置管理、故障管理、计费管理、安全管理、网络运行状态监视与统计等功能。常用的网络管理软件种类很多，更能各异，如 HP 公司的 HP Open View、Sun 公司的 Sun Net Manager 等都是很流行的网管软件。

7.5.5 计算机网络应用

计算机网络的诞生，不仅使计算机的作用范围超越了地理位置的限制，方便了用户，而且也增大了计算机本身的功能，充分发挥了计算机软硬件资源的潜力。

(1) 执行远程程序。某公司建立了一个模拟世界经济情况的模型，该模型允许它的用户通过计算机网络环境登录、运行程序，以了解各种假想的通货膨胀率、利息率和币值的增贬如何影响它们的营业。这种情况适应于程序不断更改，以及需要大中型机才能运行的情况。另外，还有一种使用方法，即当一些销售人员需要远程演示其软件产品(小型机或大型机开发的)时，只需携带一台笔记本电脑，就可通过计算机网络与远距离主机相连，作为一终端为用户演示其产品。

(2) 访问远程数据库。目前，普通人就能在家里向世界任何地方预定几机票、车票等，向旅馆、饭店、影剧院等定座，并立即得到答复。也可以及时了解股票信息、图书资料信息等；例如，目前在国内许多大的图书馆都设有国际联机检索服务，可以通过卫星网查到某一具体课题目前的所有研究论文。另外，也可以在家里阅读电子报纸。

(3) 传递电子邮件。用户可以从他们的终端上，把电子邮件发往世界各地的用户。中国公用电子信箱系统(CHINAMAIL)利用分组交换网的通平台向分组网、电话网、用户电报网上的所有用户提供电子信箱服务，用户通过 CHINAMAIL 可以与国外的电子信箱用户，Internet(国际上最大、最流行的计算机网络)用户互通电子邮件。这些邮件可以包括文字、声音、图像、甚至是电视图像。

(4) 电子数据交换。电子数据交换(EDI)是计算机完了国在商业上应用的一种形式，它以共同认可的格式，在贸易伙伴的计算机之间传输机器可读的数据以代替多纸张的订购单。从而可节省大量的人力和财力，缩短贸易的时间，并获得最佳的供求关系。

(5) 联机会议。计算机网络可以使人们通过 PC 或终端来参加会议。它可以使人们一起计划、讨论解决问题，这样除了可以节省资金外，且能免除面对面开会所带来的各种障碍。会议由软件在主机上运行和管理，与会者通过标准的通信方式使用联网的 PC 及终端。

计算机网络设计的功能可以是专用的，它可以完成上述功能之一，像我国的亚运会网络系统，是为国际运动会专用的计算机网络系统，负责成绩处理、人员管理、车载信息、电子信息服务等功能；也可以是上述几个功能的组合系统，例如我国 CHINANET 网络，它提供所有的 Internet 网的服务。

第8章 局域网技术

8.1 局域网概述

8.1.1 局域网的基本概念

局域网(Local Area Network,LAN)是在一个局部地理范围内,将计算机及其外部设备等相互连接而组成的计算机网络。局域网具有结构简单、成本低、速度快、可靠性高等优点,因而得到广泛应用。

由于局域网还处在高速发展过程中,在局域网硬件、协议规范等方面存在很多不确定因素,所以局域网没有统一而明确定义。美国电气和电子工程师协会(Institute of Electrical and Electronics Engineers,IEEE)对局域网的定义为"局域网中的通信被限制在中等规模的地理范围内,例如一栋办公楼、一座工厂或者一所学校,能够使用具有中等或者较高数据速率的物理信道,且具有较低的误码率,局域网络是专用的、由单一组织机构所拥有并使用"。由局域网的定义可以得到局域网的4个特征:局域网是限定的网络、局域网具有较高的传输速率、局域网的误码率较低、局域网的线路是专用的。

局域网的发展始于20世纪年代,Metcalfe和David Boggs于1972年设计了一套网络,将不同的ALTO计算机连接起来。在研制过程中,Metcalfe将这个网络命名为ALTO ALOHA网络,随后又陆续连接了众多的ALTO计算机,从而形成世界上第一个计算机局域网络(ALTO ALOHA)。1973年,Metcalfe将ALTO ALOHA网络其改名为以太网(Ethernet)。Metcalfe与同事于1977年获得了"具有冲突检测的多点数据通信系统"的专利,该专利是CSMA/CD(载波监听多路存取和冲突检测)工作的基础,这意味着以太网正式诞生。紧接着Xerox(施乐)公司将以太网产品化,将以太网更名为Xerox Wire。两年后,Xerox、Intel和DEC共同将其标准化时,确定以太网为其标准名称。局域网的开始投入使用是在20世纪80年代,大力迅速推广并渗透到各行各业则是在20世纪90年代。

8.1.2　局域网的功能与特点

局域网一般为一个部门或单位所有，建网、维护以及扩展等较容易，系统灵活性高。局域网的主要功能是提供资源共享和相互通信，其主要功能如下：

(1) 资源共享，包括硬件资源共享、软件资源共享和数据库共享。在局域网中用户可以共享昂贵的外部设备(例如激光打印机、绘图仪、磁盘阵列等)，也可以分享系统软件和应用软件，避免重复劳动。

(2) 数据传输与电子邮件传输，是局域网网络的重要功能，目前的局域网不仅能传输数据和文件，还能传输声音和图像等。

(3) 提高计算机系统的可靠性，依据网络的可靠性来完成的。局域网中的各个计算机可以互为后备计算机，当一台计算机发生故障时，另一台可以迅速替代。

(4) 易于分布处理。利用局域网可以把多台计算机连成具有较高性能的计算机系统，通过一定的算法，将较大型的综合性问题分给不同的计算机去完成。

局域网的其主要特点如下：

(1) 覆盖的地理范围较小。

(2) 具有较高的数据传输率。

(3) 误码率极低(10^{-8}～10^{-11})。

(4) 多数局域网使用分组交换技术。

(5) 信道传播时延短。

(6) 支持多种介质访问协议。

(7) 具有不同传输速率的自适应能力。

(8) 支持使用多种传输介质。

(9) 可以进行广播与组播传输。

8.1.3　局域网的基本组成

局域网由于是近距离传输，它一般由用户工作站、网络服务器、网络适配器、传输介质以及网络软件五部分构成。

(1) 工作站。用户工作站是局域网的基本组成部分，它是网络的前端窗口，用户通过它来访问网络的共享资源。事实上局域网也是一个多用户数据系统，但它与传统多用户系统的重要区别在于它面对用户的是工作站，而传统的多用户系统面向用户的是终端。工作站与终端最主要的区别是它对数据进行处理的能力。

(2) 服务器。服务器是网络的主要设备，它是用来管理系统中的共享设备，例如大容量的磁盘、数据文件等。服务器有文件服务器、异步通信服务器、打印服务器等，其中文件服务器是最基本的。

(3) 网络适配器。局域网适配器通常称为网卡，功能相当于远程网中的通信控制处理机。通过它将用户 PC 连接到网络上，实现网络资源的共享和互相通信。网络适配器执行数据链路层的通信规程，实现物理层信号的转换。局域网适配器通常做成一块插件板，安装在工作站 PC 的扩展槽或者服务器的扩展槽上。

(4) 传输介质。局域网使用的传输介质主要是双绞线、同轴电缆以及光缆。双绞线和同轴电缆一般作为建筑物内部的局域网干线；光缆则因性能优良、价格较高，常作为局域网中建筑物之间的连接干线。一般小规模的局域网，只需采用一种传输介质就可满足要求。

(5) 网络软件。局域网络的系统软件包括网络协议软件、通信软件和网络操作系统等。协议软件主要用于实现物理层和数据链路层的某些功能，如在网卡中实现的软件。通信软件用于管理各个工作站之间的信息传输，如实现传输层及网络层功能的网络驱动程序等。局域网操作系统是指在网络环境上的基于单机操作系统的资源管理程序，主要包括文件服务程序和网络接口程序。文件服务程序用于管理共享资源，网络接口程序用于管理工作站的应用程序对不同资源的访问。

8.2 局域网的通信协议

为了协调不同类型的计算机在一起工作，程序员用标准“协议”编写他们的程序。协议是为计算机网络中进行数据交换而建立的规则、标准或约定的集合。网络协议是由 3 个要素组成：语法、语义和时序。语法是用户数据与控制信息的结构与格式，以及数据出现的顺序；语义是解释控制信息每个部分的意义，规定需要发出何种控制信息，以及完成的动作与做出什么样的响应；时序是对事件发生顺序的详细说明。

8.2.1 OSI/RM 参考模型

OSI/RM(Open System Interconnection/Reference Model，开放系统互连参考模型)于 1978 被 ISO(International Organization for Standardization，国际化标准组织)制定。OSI/RM 模型能保证不同厂家生产的计算机系统之间以及不同网络之间的数据通信。

OSI/RM 参考模型将网络通信的过程划分为 7 个层次的协议通信，并规定了 7 个层次协议的具体功能。这 7 层协议通信自下而上分别为物理层、数据链路层、网络层、传输层、会话层、表示层和应用层。如果具体的计算机网络都按照 7 层协议进行通信，这个网络就是“开放系统”，就可以和其他的遵守同样协议的“开放系统”进行通信，达到不同网络之间的互联。

OSI参考模型
应用层
表示层
会话层
传输层
网络层
数据链路层
物理层

图 8.1 OSI/RM 参考模型

当接收数据时，数据自下而上传输；当发送数据时，数据自上而下传输，如图 8.1 所示。

(1) 物理层。物理层是 OSI/RM 参考模型的第一层，它负责提供网络的物理连接，按位传送比特流，利用物理传输介质为数据链路层提供流传输。

(2) 数据链路层。数据链路层是 OSI/RM 参考模型的第二层，其主要功能是负责数据在相邻结点之间的正确传递，对高层屏蔽传输介质的物理特性，一般属于局域网协议。

(3) 网络层。网络层是 OSI/RM 的中间层次，它负责数据在通信网络中从一个结点到另一个结点的正确传递，属于广域网中的通信协议。

(4) 传输层。运输层又称为端到端协议层，是网络高层与网络低层(通常将 1～3 层称为网络低层，4～7 层称为网络高层)之间的接口。它负责将高层传递下来的报文准确地传给对方，传输层协议是在计算机中执行。

(5) 会话层。会话层的任务是为不同系统中的两个进程建立会话连接，并管理它们在该连接中的对话。会话层协议是在计算机中执行。

(6) 表示层。表示层完成许多与数据表示有关的功能，负责管理数据的编码方法，对数据进行加密和解密、压缩和恢复，还提供不兼容数据编码格式之间的转换。表示层协议也是在计算机中执行。

(7) 应用层。应用层是 OSI/RM 参考模型的最高层，它负责两个应用进程之间的通信，为用户提供各种服务，如电子邮件、文件传输等。

8.2.2 TCP/IP 协议

TCP/IP 是 Internet 协议簇，由一系列小而专的协议所组成，其中包括 TCP(传输控制协议)、IP(网际互联协议)、UDP(用户数据报协议)、ARP(地址解析协议)、ICPM(互联网控制信息协议)以及其他一些子协议，统称为 TCP/IP 协议。其中，TCP 协议和 IP 协议是协议簇中的两个主要协议。TCP 是 Internet 运输层协议，它是一种面向连接的可靠的传输协议，能够保证可靠的端到端的通信。IP 是 Internet 网络层协议，IP 使用统一的 IP 地址在网络之间传递数据分组，需要传递的数据分组都需要使用源 IP 地址和目的 IP 地址。源 IP 地址表明信息从哪个主机发出，目的 IP 地址则表明信息传送的目的主机。Internet 并不要求发送信息的主机有一个固定的 IP 地址，只是要求必须有一个 IP 地址，而且这个 IP 地址是唯一地被这台主机使用。

ISO 所制定的 OSI/RM 7 层协议结构在 Internet 环境下对应为 4 层的协议结构。Internet 的应用层对应于 OSI/RM 结构的应用层、表示层和会话层，Internet 没有专门的表示层和会话层协议；Internet 的网络接口层对应于 OSI/RM 结构中的数据链路层和物理层。TCP/IP 与 OSI/RM 模型的关系，如图 8.2 所示。

这 4 层协议的功能如下。

(1) 应用层：向用户提供一组常用的应用程序，例如传输访问 FTP、电子邮件 SMTP 等；

(2) 传输层：提供应用程序间端到端的通信，其任务是格式化数据流，提供可靠传输，所以本层协议规定接收端要有确认应答，并在分组丢失时能重发分组；

(3) 网际层：负责相邻计算机间的通信，包括处理来自传输层的分组发送请求，处理输入数据报，差错控制，处理路径，流量控制等；

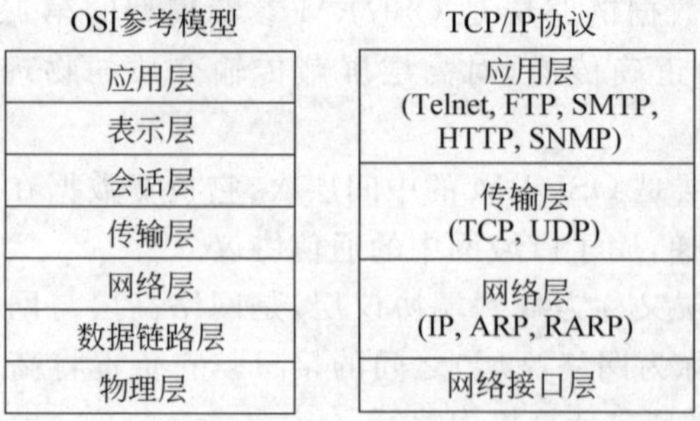

OSI参考模型	TCP/IP协议
应用层	应用层 (Telnet, FTP, SMTP, HTTP, SNMP)
表示层	
会话层	
传输层	传输层 (TCP, UDP)
网络层	网络层 (IP, ARP, RARP)
数据链路层	网络接口层
物理层	

图 8.2　TCP/IP 协议与 OSI/RM 参考模型的关系

(4) 网络接口层：这是 TCP/IP 协议的最底层，负责接收 IP 数据报，并通过网络发送出去，或者从网络上接收物理报，抽出数据报交给 IP 层。

8.2.3　IPX/SPX 协议

为了适应网络的发展，Novell 公司开发了 IPX(Internet work Packet Exchange，互联网络数据包交换)协议，它主要由用于 Novell NetWare 操作系统。SPX(Sequenced Packet Exchange protocol，序列分组交换协议)是 Novell 早期制定的传输层协议，主要为 Novell NetWare 网络提供分组发送服务。IPX/SPX 协议即 IPX 协议与 SPX 协议的组合，IPX/SPX 协议具有很强的适应性，并且还具有路由功能，可以实现多网段间的相互通信。

IPX/SPX 协议不适用 IP 地址，而是使用网络适配器的物理地址(MAC 地址)，在数据的传输过程中，由 IPX 协议负责数据包的传输，SPX 协议负责检查数据包传输的完整性。

IPX/SPX 协议的地址长度为 80 位，分两部分构成，前 32 位表示网络号，后 48 位表示结点号。IPX/SPX 协议通常用十六进制数来表示地址。IPX/SPX 协议中的网络号是由网管人员人工分配，可以根据需要来定义。IPX/SPX 协议中的结点号通常是网络接口本身的 MAC 地址。

8.2.4　NetBEUI 协议

NetBEUI(NetBIOS Enhanced User Interface，NetBIOS 增强用户接口)是 IBM 开发的非路由协议，用于携带 NetBIOS 通信。NetBEUI 是 NetBIOS 协议的增强版本，是许多操作系统默认安装的协议，例如 DOS、Windows 98 及 Windows NT 系列。

NetBEUI 协议是一种短小精悍、通信效率高的广播型协议，安装后不需要进行设置，特别适合于在局域网相关计算机中传送数据。因此局域网中的计算机，除了 TCP/IP 协议之外，最好也安装 NetBEUI 协议。

NetBEUI 协议缺乏路由和网络层寻址功能，这个特性既是其最大的优点，也是最大的缺点。NetBEUI 协议不需要附加的网络地址和网络层数据包的首部与尾部，能很快并有效适用于单个网络或整个网络环境都桥接起来的小工作组环境。

由于 NetBEUI 协议不支持路由，所以 NetBEUI 协议不会成为大型企业网络的主要协议。NetBEUI 协议帧中唯一的地址是数据链路层媒体访问控制(MAC)地址，该地址只能标识网卡。而路由器必须依靠网络地址才能将帧转发到目的地，NetBEUI 协议缺乏这样的信息，因此在 Windows XP 之后的操作系统不再默认安装 NetBEUI 协议。

8.3 局域网的硬件系统

8.3.1 集线器

集线器(Hub)的主要功能是对接收到的信号进行调整并放大，便于扩大网络的覆盖范围，并把其他结点集中在以集线器为中心的结点上，其外形如图 8.3 所示。集线器工作于开放系统互联参考模型的第一层，即物理层。集线器属于局域网中的基础设备，采用 CSMA/CD 协议完成工作。集线器按照配置形式可以分为独立式集线器、模块化集线器和堆叠式集线器三种。

图 8.3 集线器

(1) 独立式集线器。独立式集线器是单个盒子，并服务于一个计算机工作组的集线器，是与网络中的其他设备隔离的。它通过双绞线与计算机连接组成局域网。独立集线器适合较小的单位和部门，这种集线方式可以是被动式的，也可以是智能式的。

(2) 堆叠式集线器。堆叠式集线器类似于独立式集线器，但从物理上来看，它们被设计成与其他集线器连接在一起，并放置在单独的机柜中。从逻辑上看，堆叠式集线器代表了一个大型集线器。使用堆叠式集线器有一个很大的好处，即网络或者工作组不需要依赖某一个单独的集线器，这样可以避免因为某一个集线器损坏而影响全局。

(3) 模块式集线器。模块式集线器通过底部提供了大量可选的接口选项，这使得模块式集线器使用起来比独立式集线器和堆叠式集线器更加灵活。与计算机类似，模块式集线器有主板和插槽，可以方便的插入不同的适配器，插入的适配器可以使这些模块式集线器与其他类型的集线器相连。也可与路由器、广域网相连。

集线器之间的连接常常采用两种方式，即堆叠和级联。

(1) 集线器的级联。级联是另一种集线器端口扩展方式，它是指使用集线器普通的或者特定的端口来进行集线器间的连接。所谓普通端口就是通过集线器的某一个常用端口进行连接，特殊端口是指集线器上为级联而专门设计的一个端口，通常称为 Uplink 端口。使用 Uplink 端口进行级联时，连接的下一级集线器不需要接到 Uplink 端口，只需要接入普通端口即可。使用普通端口进行级联时必须使用交叉双绞线。

(2) 集线器的堆叠。堆叠方式是指将若干集线器以电缆通过堆叠端口连接起来，以实现单台集线器端口数的扩充，要注意的是只有堆叠式集线器才具备这种端口，一个堆叠式集线器中一般同时具有 UP 和 DOWN 堆叠端口。堆叠集线器是通过厂家提供的一条专用连接线缆,从一台集线器的 UP 堆叠端口直接连接到另一台集线器的 DOWN 堆叠端口。

8.3.2 交换机

交换机是一种用于电信号转发的网络设备,能为接入交换机的任意两个网络结点提供独享的电信号通路。局域网中比较常见的是以太网交换机(如图 8.4 所示),除此之外,还有电话语音交换机、光纤交换机等。

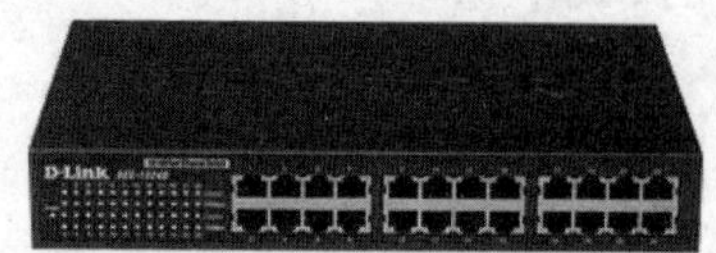

图 8.4 以太网交换机

交换机在局域网中使用共享工作模式,这是与集线器最大的不同。集线器就是一种共享设备,不能识别数据包的目的地址。局域网内的主机相互之间传输数据时,集线器是以广播方式传输的每个数据包的,数据包的地址确认是由终端计算机来完成的,这是一种共享网络带宽的传输方式。而交换机在转发数据包时,有 3 种工作模式,即存储转发模式、直通模式和无碎片模式。

(1) 存储转发模式。在存储转发模式中,交换机在转发数据之前必须完整地接收整个数据包,然后读取数据包的源 MAC 地址和目的 MAC 地址,应用相关过滤器,并对数据包进行循环冗余校验。校验时如果发现数据包出错就直接丢弃。由于转发数据包前要校验数据,因此可以减少网络信道中的错误数据,保证信道的利用率和数据的正确性。

(2) 直通模式。在直通模式中,交换机不等到数据包完全进入,当包头刚刚进行入交换机时,就读取其中的 MAC 地址并将数据包转发。这种模式大大减少了交换机的延迟,但交换机不能检查错误的数据包,因此这种方式是出错率最高的方式。

(3) 无碎片模式。无碎片模式是直通模式和存储转发模式的结合方式。无碎片模式可以在转发数据包之前过滤出冲突碎片,冲突碎片是指主要的错误数据包。通常情况下,冲突碎片都小于 64B,大于 64B 就不算为冲突碎片。在无碎片模式中,交换机等待数据包进入交换机的字长大于 64B 后,开始读取目的 MAC 地址并按照地址转发数据包,这种转发方式不能完全检测出错误的数据包但是却能有效提高效率。

8.3.3 路由器

路由器是连接局域网及广域网的常见设备,能根据网络信道的具体通信情况自动选择和设定路由,并按最佳路径发送数据的设备,其外形如图 8.5 所示。路由器是网络的重要组成部分,是网络中数据传输的核心部件,路由器已经广泛应用于各种骨干网内部连接、骨干网间互联和骨干网与互联网的连接。路由器工作在 OSI/RM 模型的第三层,即网络层。

图 8.5 路由器

路由器一般用于连接多个逻辑上分开的网络,逻辑网络是指一个单独的网络或某个大型网络的一个子网。当数据包从一个子网传输到另一个子网时,可以通过路由器的路由功能来完成。路由器具有判断网络地址和选择网络路径的功能,能在多个网络互联的环境中建立灵活的连接,可以用完全不同的数据分组和介质访问方法连接各个子网。路由器只接受源计算机或者其他路由器发出的数据,是工作在网络层的一种重要设备。

路由器根据其工作的网络环境来分,分本地路由器和远程路由器。本地路由器是连接本地网络传输介质的路由器;远程路由器是用来连接远程网络传输介质的路由器,还需要相应其他设备共同工作(例如配调制解调器)。路由器通过路由算法决定数据包的转发,转发的策略称为路由选择,路由器的名称也来源于此。作为不同网络之间互相连接的枢纽,多个路由器的集合构成网络的主体脉络,路由器的处理速度是网络数据传输速率的主要瓶颈之一,路由器的可靠性则直接影响着网络的可靠性。因此,在局域网和广域网及 Internet 中,路由器始终处于核心地位。

按照路由器处于网络中的位置来划分,路由器可以分为核心路由器、汇聚路由器和接入路由器。

(1) 核心路由器。核心路由器是实现局域网互联的关键设备,其数据吞吐量极大,具有重要的作用。核心路由器的基本要求是高速度和高可靠性,为了获得高可靠性,基于核心路由器的网络常采用热备份、双电源、双数据通路等冗余技术。

(2) 汇聚路由器。汇聚路由器主要应用与大型局域网和 Internet 服务提供商,其主要目标是以尽量方便的方法实现尽可能多的端点互连,并且进一步要求支持不同的服务质量。汇聚路由器的主要特点是端口数量多、价格便宜且应用简单。

(3) 接入路由器。接入路由器一般应用于网络的边缘,是路由器中较低端的产品,也是应用数量最多的一种路由器。接入路由器主要应用于中小型局域网及其子网中,其具有较低速率的端口和较强的接入能力。

8.3.4 网卡

网卡(Network Interface Card,网络接口卡)又称网络适配器,是计算机与网络连接的接口。网卡可以让计算机、服务器或其他网络设备通过传输介质接受和发送数据,达到资源共享的目的。网卡工作在 OSI/RM 模型的第二层,即数据链路层。

根据网卡与计算机连接的接口类型来分,网卡可以分为:ISA 总线网卡、PCI 总线网卡、PCI-X 总线网卡、PCMCIA 总线网卡和 USB 接口网卡等类型。

(1) ISA 总线网卡。ISA 总线网卡是较早时期使用的网卡,主要流行于 20 世纪 80 年代末和 90 年代初期,其外形如图 8.6 所示。ISA 总线网卡由于数据输入输出速度较慢,很快被 PCI 总线网卡代替。

(2) PCI 总线网卡。PCI 总线网卡是工作在数据链路层的重要设备,是局域网中连接计算机和传输介质的主要接口,其外形如图 8.7 所示。目前,PCI 总线网卡的主要规范有 PCI 2.0、PCI 2.1 和 PCI 2.2 这 3 种,其中符合 PCI 2.0 规范和 PCI 2.1 规范的是 32 位的网卡,工作主频一般为 33MHz 和 66MHz;符合 PCI 2.2 规范的是 64 位网卡,工作主频一般为 100MHz 和 133MHz,其网络传输速率最大可达 1000Mbps。

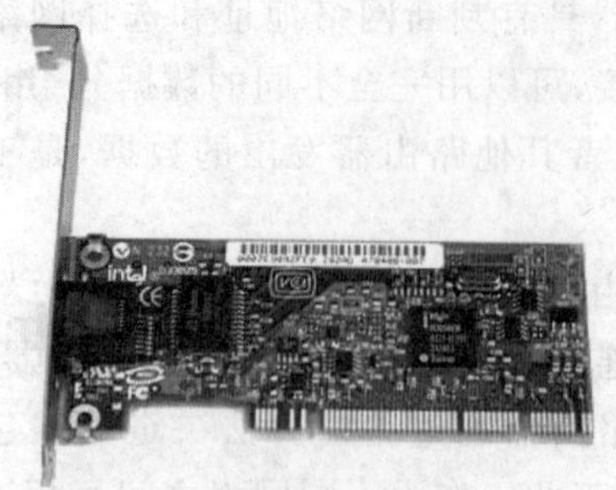

图 8.6　ISA 总线网卡

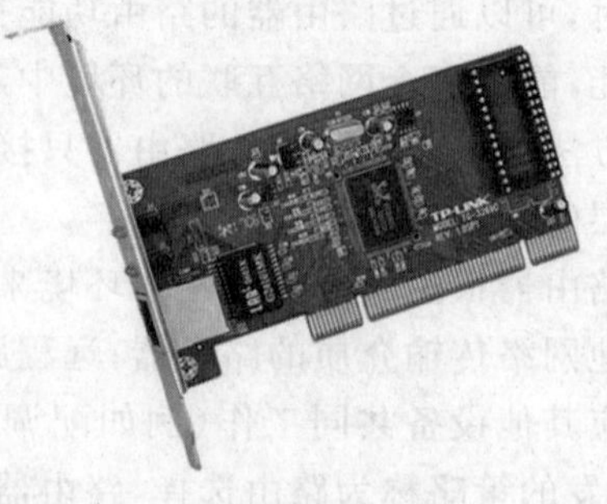

图 8.7　PCI 总线网卡

(3) PCI-X 总线网卡。PCI-X 总线网卡是主要应用于服务器上的网卡,其外形如图 8.8 所示。与 PCI 总线网卡相比,PCI-X 总线网卡在输入输出速率上提升了一倍,比 PCI 总线网卡具有更快的数据传输速度,PCI-X 总线网卡最高可达到 266MBps 的传输速率。大多数 PCI-X 总线网卡的总线宽度是 32 位,也有部分 PCI-X 总线网卡的总线宽度是64 位的。

(4) PCMCIA 总线网卡。PCMCIA 总线网卡是笔记本计算机专用网卡,其外形如图 8.9 所示。由于受到笔记本计算机可扩展空间的限制,PCMCIA 总线网卡体积远不如 PCI 总线网卡大。随着笔记本电脑的普及,PCMCIA 总线网卡越来越常见,并且生产 PCMCIA 总线网卡的厂商也越来越多。

图 8.8　PCI-X 总线网卡

图 8.9　PCMCIA 总线网卡

(5) USB 接口网卡。USB(Universal Serial Bus,通用串行总线)现已大量应用于鼠标、键盘、打印机及扫描仪等外部设备,其传输速率远远大于传统的并行接口和串行接口,设备安装简单且支持热插拔。USB 接口网卡就是典型应用之一,通常 USB 接口网卡应在客户端,外形如图 8.10 所示。

图 8.10　USB 接口网卡

目前,大多数 USB 接口网卡主要支持 IEEE 802.11g 和 IEEE 802.11n 两种标准。支持 IEEE 802.11g 标准的网卡,最高传输速率是 108Mbps;支持 IEEE 802.11n 标准的网卡,最高传输速率是 300Mbps。还有部分支持 IEEE 802.11b 标准的 USB 接口网卡,其最高数据传输率仅有 11Mbps,另有部分支持 IEEE 802.11g 标准的 USB 接口网卡,其最高数据传输率仅有 54Mbps。

USB 接口网卡按接口类型来分可分为 USB 2.0 接口网卡、USB 1.1 接口网卡和 USB 1.0 接口网卡 3 种。现在市面上流行的大多是 USB 2.0 接口网卡，USB 2.0 接口能够提供 480Mbps 的数据通信带宽。

8.3.5 服务器

服务器是一个管理资源并为用户提供服务的专用计算机，是网络环境中的高性能计算机，能侦听网络中其他计算机（客户端）提交的服务请求，并提供相应的服务。服务器通常分为文件服务器、数据库服务器和应用程序服务器。服务器在系统的稳定性、安全性及系统功能性等方面要求很高，因此服务器的 CPU、芯片组、内存、磁盘等硬件系统和普通计算机有较大的区别。

服务器的高性能主要体现在高速度的运算能力、长时间的可靠运行、强大的外部数据吞吐量等方面。服务器的硬件构成与普通计算机类似，也具有中央处理器、硬盘、内存、系统总线等，但这些设备是针对服务器专门设计制造的。

按照服务器的结构体系来分，服务器可分为台式服务器、机架式服务器、机柜式服务器和刀片式服务器。

(1) 台式服务器。台式服务器也称塔式服务器，其外形如图 8.11 所示。台式服务器通常采用与普通立式计算机基本相同的机箱，也有少数台式服务器采用大容量机箱。大多数台式服务器性能较低，其内部结构比较简单，因此机箱不大。台式服务器在整个服务器市场中占有相当大的份额。

(2) 机架式服务器。机架式服务器外形看来像交换机，如图 8.12 所示。机架式服务器从外形尺寸上可分为 1U、2U 和 4U 等规格，其中 1U 是指 1.75in。机架式服务器通常安置在标准的 19in 机柜里，机架式服务器通常是功能型服务器。1U 的机架式服务器最节省空间，但性能和可扩展性较差，适合一些业务相对固定的领域使用。4U 及其以上的机架式服务器产品性能较高，可扩展性好，一般支持 4 个以上的高性能处理器和大量的标准热插拔部件，但体积较大，空间利用率不高。与台式服务器相比，机架式服务器比较节约空间，但因其空间紧凑所以散热性较差。

图 8.11 塔式服务器

图 8.12 机架式服务器

(3) 机柜式服务器。在大型的局域网络中心，企业级的服务器内部结构复杂且设备较多，于是将众多不同设备单元或多个服务器都放在一个机柜中，这种服务器被称为机柜式服务器，如图 8.13 所示。对于一些大型企业，要求服务器具有完备的故障自修复能力、关键部件采用冗余措施，关键业务使用的服务器采用双机热备份，这些要求都可以在机柜式服务器上得到保证。

(4) 刀片式服务器。刀片式服务器是指在标准高度的机架式机箱内可插装多个卡式的服务器单元，其外形如图 8.14 所示。刀片式服务器是一种 HAHD(High Availability High Density，高可用高密度)的低成本服务器平台，为特殊应用行业和高密度计算环境专门设计。

图 8.13 机柜式服务器

图 8.14 刀片式服务器

刀片服务器中的每一块"刀片"实际上就是一块系统主板，通过板载硬盘启动各自的操作系统，每个"刀片"类似于一个独立的服务器。在这种模式下，每块主板运行自己的系统，服务于不同用户群，相互之间没有关联，但服务器管理员可以利用系统软件将这些母板集合成一个服务器集群。在集群模式下，所有的母板可以连接起来提供高速的网络环境，并同时共享资源，为相同的用户群服务。

刀片服务器在具有低功耗、空间小、单机售价低等特点，同时它还具有热插拔和冗余备份功能，这些特点满足了密集计算环境对服务器性能的需求。有些刀片式服务器还通过内置的负载均衡技术，能有效地提高服务器的稳定性和核心网络的性能。在外形上来看，刀片式服务器能够最大限度地节约服务器的使用空间和购买费用，并为用户提供灵活、便捷的扩展升级空间。

与普通计算机相比，服务器主要采用的关键技术有热插拔技术、冗余磁盘阵列技术、对称多处理器技术、群集技术、ISC 技术、EMP 技术、负载均衡技术、虚拟化技术。

(1) 热插拔技术。热插拔技术是指允许用户在不关闭系统，不切断电源的情况下取出和更换损坏的硬盘、电源或板卡等部件，从而提高了系统对灾难的及时恢复能力。通常分为热替换(Hot replacement)、热添加(Hot expansion)和热升级(Hot upgrade)这 3 种情况。

(2) 冗余磁盘阵列技术。冗余磁盘阵列技术(Redundant Array of Independent Disk，RAID)是加州大学伯克利分校于 1987 年提出来的。冗余磁盘阵列技术是一种由多块廉价磁盘构成的冗余阵列，在操作系统下是作为一个独立的大型存储设备出现。冗余磁盘阵列技术能提供比单个硬盘更高的存储性能和数据备份能力，组成磁盘阵列的不同方式称为 RAID 级别，通常情况下分为 RAID 0、RAID 1、RAID 0+1 和 RAID 5。

(3) 对称多处理器技术。对称式多处理器技术(Symmetric Multi-Processor，SMP)

是指在一个计算机上汇集了一组处理器,各处理器之间共享内存及总线结构。虽然同时使用多个处理器,但从用户的角度看,其表现的就像一台普通的服务器。利用对称式多处理器技术,系统可以将任务队列对称地分布于多个处理器之上,从而极大地提高了整个系统的数据处理能力。

(4) 群集技术。集群(Cluster)是一组相互独立的服务器,集群技术是一种较新的技术,通过集群技术,可以在付出较低成本的情况下获得在性能、可靠性、灵活性等方面较高收益,而任务调度则是集群系统中的核心技术。服务器集群包含多台拥有共享数据存储空间的服务器,各服务器之间通过内部局域网进行互相连接;当其中一台服务器发生故障时,它所运行的应用程序将与之相连的服务器自动接管。大多数情况下,集群中所有的服务器都拥有共同的名称,集群系统内任意一台服务器都可被所有的网络用户使用。

(5) ISC 技术。ISC(Intel Server Control,英特尔服务控制)技术是针对使用 Intel 处理器的服务器的管理软件。ISC 技术只适用于使用 Intel 架构的带有集成管理功能主板的服务器,通过 ISC 技术,用户可以利用普通的终端计算机来监测网络上所有 Intel 服务器,监控和判断服务器的工作状态是否正常。

(6) EMP 技术。EMP(Emergency Management Port,应急管理端口)技术是一种远程管理技术,利用 EMP 技术可以在客户端通过电话线或电缆直接连接到服务器,来对服务器实施异地操作,如关闭操作系统、启动电源、关闭电源、捕捉服务器屏幕、配置服务器 BIOS 等操作。

(7) 负载均衡技术。负载均衡 (Load Balancing)技术又称为负载分担技术。负载均衡技术建立在现有网络结构之上,提供了一种廉价有效透明的方法来扩展网络设备和服务器的带宽,达到提高吞吐量和提升网络数据处理能力并有效的改变网络的灵活性及可用性。对于某个网络来说,并不是随时都需负载均衡技术,只有当网络应用的访问量不断增长,单个处理单元无法满足负载需求时,负载均衡技术才会发挥其功能。

(8) 虚拟化技术。虚拟化技术是指通过运用虚拟化的技术充分发挥服务器的硬件性能,能够在现有硬件设备的情况下提高运营效率,节约成本和服务器的空间。多数情况下,通过虚拟化技术能带来更大的经济效益且能提升服务器性能。

8.3.6 网络打印机

网络打印机是指通过打印服务器将打印机作为独立的设备接入局域网或者广域网,使其成为网络中的独立成员而不再属于计算机的外围设备,其外形如图 8.15 所示。网络打印机可以通过两种方式接入网络,一是通过打印机自带打印服务器,二是通过外置的打印服务器。第一种方式中,打印服务器上有网络接口,只需插入网线并分配网络地址就能正常工作;第二种方式中,打印机使用外置的打印服务器,打印机通过并口或 USB 口与打印服务器连接,打印服务器再与网络连接。

图 8.15 网络打印机

网络打印机一般自身带有管理和监视软件,通过管理软件可以从远程查看和干预当前的打印任务，也可对打印机的配置参数进行设定。目前市面上的大部分网络打印管理软件都是基于 Web 方式的，无须安装且管理方便。通过网络打印机自带的监视软件，用户可以查看打印任务，打印机的工作状态等信息。

8.4 局域网的软件系统

8.4.1 服务器操作系统

(1) UNIX 操作系统。UNIX 是一个强大的多用户、多任务操作系统，支持多种处理器架构，是典型的分时操作系统。UNIX 最早于 1969 年在贝尔实验室开发。

(2) Linux 操作系统。Linux 操作系统是开放源码的类似于 UNIX 的操作系统，存在较多的版本，但是所有的版本都使用 Linux 内核。Linux 操作系统可以安装在各种计算机硬件设备中，例如手机、平板电脑、路由器、台式计算机、大型机和超级计算机等。目前世界上运算最快的 10 台超级计算机的操作系统都是 Linux。严格意义上来说，Linux 本身只表示 Linux 内核，但人们已经习惯用 Linux 来形容整个基于 Linux 内核的操作系统。

(3) Netware 操作系统。Netware 操作系统是 Novell 公司推出的网络操作系统，它是一个开放的网络服务器平台，方便用户对其进行扩充。Netware 操作系统针对不同的工作平台(例如 DOS、OS/2、Macintosh)、不同的网络协议(例如 TCP/IP)和不同的工作站操作系统提供了一致的服务。Netware 操作系统可以增加自选的扩充服务(例如替补备份)，这些服务可以来自 Netware 操作系统本身，也可以来自第三方开发者。Netware 操作系统常用的版本有 3.11、3.12、4.10、4.11 和 5.0 等，目前流行的是 Netware 5.0 操作系统。

(4) Windows NT/2000 操作系统。Windows NT(Network Termination)是微软推出的面向工作站、网络服务器和大型计算机的网络操作系统，也可做个人计算机的操作系统。Windows NT 操作系统与通信服务紧密集成，基于 OS/2 NT 基础编制。Windows NT 的两个版本分别是 Windows NT Workstation 和 Windows NT Server。Windows NT Workstation 主要应用在工作站中，适用于交互式桌面环境；Windows NT Server 主要应用与网络服务器中，提供容易管理、反应迅速的网络环境，两者在系统结构上完全一样，只是为适应不同运行环境而在运行效率上做了部分调整。

Microsoft Windows 2000 是由微软公司在 1999 年底发布的基于的 Windows NT 系列的 32 位视窗操作系统。Windows 2000 是一个可中断的、图形化的面向商业环境的操作系统，为单一处理器或对称多处理器的 32 位服务器而专门设计的。Windows 2000 共有 4 个版本：Windows 2000 Professional、Windows 2000 Server、Windows 2000 Advanced Server 和 Windows 2000 Datacenter Server。

(5) Windows Server 2003 操作系统。Windows Server 2003 是微软 2003 年 3 月 28 日发布的服务器操作系统，原名为 Windows .NET Server，后改名为 Windows .NET Server 2003，最终命名为 Windows Server 2003。与 Windows 2000 相比，Windows Server 2003

做了很多改进，包括改进的活动目录、改进的组策略操作和管理、改进的磁盘管理等。Windows Server 2003 有 4 个版本：Windows Server 2003 Web 版、Windows Server 2003 标准版、Windows Server 2003 企业版、Windows Server 2003 数据中心版。

8.4.2 客户端操作系统

(1) Windows XP。Windows XP 是微软公司发布的一款视窗操作系统。Windows XP 目前有两个版本，即家庭版(Home)和专业版(Professional)。家庭版主要面对家庭用户，专业版则在家庭版的基础上添加了面向商业设计的网络认证、双处理器支持等特性。Windows XP 是基于 Windows 2000 代码的产品，但其简化了 Windows 2000 的用户安全特性，并整合了防火墙技术。

(2) Mac OS X。Mac OS X 是全球领先的基于 UNIX 的操作系统，是世界第一个面向对象的操作系统。Mac OS X 操作系统设计简单直观，安全易用，高度兼容。Mac OS X 提供超强性能、超炫图形显示技术并支持互联网标准。Mac OS X 操作系统中使用的 Aqua GUI 技术是最突出和引人注目的特色。目前比较流行的版本是 Mac OS X 10.8 Mountain Lion。

8.4.3 应用软件系统

1. OA 系统

OA(Office Auto，办公自动化)是面向组织的日常运作和管理、员工及管理者使用频率最高的应用系统。自 1985 年提出以来，办公自动化在应用内容的深度与广度、信息技术的运用等方面都有较大变化。随着办公自动化技术的不断发展，目前基本有三大技术支持，即.NET 关系型数据库技术、Java 技术、Lotus Domino 技术。

(1) .NET 关系型数据库技术。.NET 关系型数据库技术是微软提出并在 Microsoft Office 套件中应用的技术，受到绝大多数办公室人员的支持，基于这种技术的办公系统具有简单、灵活和应用等特点。

(2) Java 技术。Java 是 Sun 公司主推的技术，Java 技术以其开放性、与平台无关性而著称，并迅速在各类应用系统中得到广泛应用与推广，在办公自动化领域的市场份额越来越大。

(3) Lotus Domino 技术。Lotus Domino 技术于 1989 年推出，主要擅长电子邮件、协同和非结构文档处理并以安全机制见长。但随着办公自动化应用的内涵不断丰富，Domino 也暴露出面对大量结构化信息处理时不足。

2. 视频会议系统

视频会议系统(Video Conference System)又称会议电视系统，是指两个或两个以上不同地方的个人或群体，通过传输线路及多媒体设备，将声音、影像及文件资料互传，实现即时且互动的沟通，以实现会议目的的系统设备。视频会议系统包括软件视频会议系统和硬件视频会议系统，视频会议逐步向着多网协作、高清化、开发化的方向发展着。

视频会议系统中各种不同的终端都连入视频会议服务器进行数据集中交换，组成一个视频会议网络。视频会议系统一般还具有录播功能，能够对进行中的会议进行即时发布与实时记录。一个完整地视频会议系统包含有视频会议服务器、大中小型会议室终端产品、桌面型终端产品、电话接入网关等部分。

(1) 视频会议服务器。视频会议服务器是视频会议系统的核心部分，为用户提供群组会议、多组会议的连接服务。目前视频会议服务器一般可以提供64个用户的接入服务，并且可以进行级联，可以基本满足用户的使用要求。视频会议服务器的使用和管理比较简单，方便用户使用。

(2) 大中小型会议室终端产品。大中小型会议室终端产品是提供给用户的会议室使用的，设备自带摄像头和遥控键盘，可以通过电视机或者投影仪显示，用户可以根据会场的大小选择不同的设备。一般会议室设备带有专用摄像头，可以通过遥控方式前后左右转动从而覆盖参加会议的任何人和物。

(3) 桌面型终端产品。桌面型终端产品是指直接在计算机上举行视频会议，配置性能较差的摄像头，一般支持几百甚至上千个点的会议。由于计算机已经是办公的标准配置，桌面会议终端不需要增加很多的硬件投入因而受到广泛的使用。目前桌面型视频会议系统是基于 Windows 操作系统的，并且可以在召开视频会议的同时实现电子白板、程序共享、文件传输等功能，作为视频会议的辅助工手段。

(4) 电话接入网关。电话接入网关是指用户直接通过电话或手机加入视频会议，这种方式对办公地点不太固定人尤其重要，是视频会议不可缺少的功能，具有较大的应用前景。

3. ERP 软件系统

ERP(Enterprise Resource Planning，企业资源计划)是指建立在信息技术基础上，通过一些先进的管理思想和方法，对企业内部资源和企业相关的外部资源进行整合，通过标准化的数据和业务操作流程，把企业的人、财、物、产、供、销及相应的物流、信息流、资金流进行紧密集成，最终实现资源优化配置和业务流程优化的目的，并为企业各级管理人员提供一个有效、科学的决策管理平台。

ERP 软件系统是综合应用了客户机/服务器体系、关系数据库、面向对象程序设计、图形用户界面、第四代语言(4GL)等技术，融合企业管理思想的软件产品。换句话说，ERP 软件系统就是整合了企业管理理念、业务流程、基础数据、人力物力、计算机硬件和软件于一体的企业资源管理系统。ERP 软件系统是以 ERP 管理思想为核心，以计算机技术、网络技术为平台的现代企业管理系统。

8.4.4 安全软件系统

1. 防火墙软件

防火墙(Firewall)是一个由软件和硬件设备组合而成、在内部网和外部网之间、专用网与公共网之间的界面上构造的保护屏障。防火墙是计算机硬件和软件的结合，使广域网与局域网之间建立起一个安全网关，从而保护局域网内部数据免受非法用户的侵入。

防火墙主要由服务访问规则、验证工具、包过滤和应用网关4个部分组成，网络中所有数据通信过程和全部数据包都要经过防火墙。

防火墙的发展经历了4个阶段：基于路由器的防火墙、用户化的防火墙工具套、建立在通用操作系统上的防火墙、具有安全操作系统的防火墙。网络中使用防火墙的优势体现在：

(1) 防火墙能强化安全策略。

(2) 防火墙能有效地记录Internet上的活动。

(3) 防火墙限制暴露用户点。

(4) 防火墙是一个安全策略的检查站。

目前，世界上最著名的五大防火墙分别是Online Armor、Malware Defender、Kaspersky Internet Security、Private firewall和Outpost Firewall Free。

2. 入侵检测系统

入侵检测系统(Intrusion Detection System，IDS)是一种对网络传输进行即时监视，在发现可疑传输时发出警报或者采取主动反应措施的网络安全设备。它与其他网络安全设备的不同之处便在于，入侵检测系统是一种积极主动的安全防护技术。入侵检测系统是一个监听设备，没有跨接在任何链路上，无须网络数据流过系统就可以正常工作。

互联网工程任务组(IETF)将入侵检测系统分为4个组件：Event generators(事件产生器)；Event analyzers(事件分析器)；Response units(响应单元)；Event databases(事件数据库)。事件产生器的目的是从整个计算环境中获得事件，并向系统的其他部分提供此事件。事件分析器分析得到的数据，并产生分析结果。响应单元则是对分析结果作出相应反应的功能单元，这些反应可以是切断连接、改变文件属性或者报警等。事件数据库是存放各种中间和最终数据的地方的统称，它可以是复杂的数据库，也可以是简单的文本文件。

3. 漏洞扫描系统

漏洞扫描是一种安全检测行为，其工作原理是基于漏洞数据库，通过扫描等手段对指定的远程或者本地计算机系统的安全脆弱性进行检测，发现其中可能被利用的漏洞的。

漏洞扫描系统是网络中一种非常重要的安全系统，它和防火墙、入侵检测系统互相配合，能够有效提高网络的安全性。通过对网络的扫描，网络管理员能了解网络的安全设置和运行的应用服务，及时发现安全漏洞，客观评估网络风险等级。网络管理员能根据扫描的结果修复网络安全漏洞和系统中的错误设置，在黑客攻击前进行防范。防火墙和入侵检测系统是被动的防御手段，而漏洞扫描系统是一种主动的防范措施。

8.4.5 IP地址与子网划分

1. IP地址及其表示方法

为了实现网络上计算机之间的通信，每台计算机都必须有一个IP地址，就像每部电话都需要有一个对应的电话号码一样。在网络中，每一台设备和计算机都由一个唯一的IP地址来标识。IP地址由一个32位二进制数表示，每8位一组，用圆点隔开。为了便于使用，IP 地址被直观地表示为 4 个圆点隔开的十进制数，其中每个十进制数对应一个 8 位二进制数组，每个十进制取值为 0～255。IP 地址的十进制格式为×××. ×××. ×××. ×××，例如：192. 168. 16. 9。

一个 IP 地址由两部分组成：网络 ID 和主机 ID。

网络 ID 表示在同一物理子网上的所有计算机和其他网络设备。在互联网中，每个子网都有唯一的网络 ID。

主机 ID 在一个特定的网络 ID 中代表一台计算机或网络设备。

连接到 Internet 上的网络必须从互联网管理中心（NIC）或 Internet 接入服务商（ISP）处分配一个唯一的网络 ID。在得到一个网络 ID 后，本地子网的网络管理员必须为本地网络中的每一台网络设备和主机分配一个唯一的 ID 号。

根据网络规模和应用的不同，IP 地址分为 A-E 类，它的分类如图 8.16 所示，常用的是 A、B、C 类。

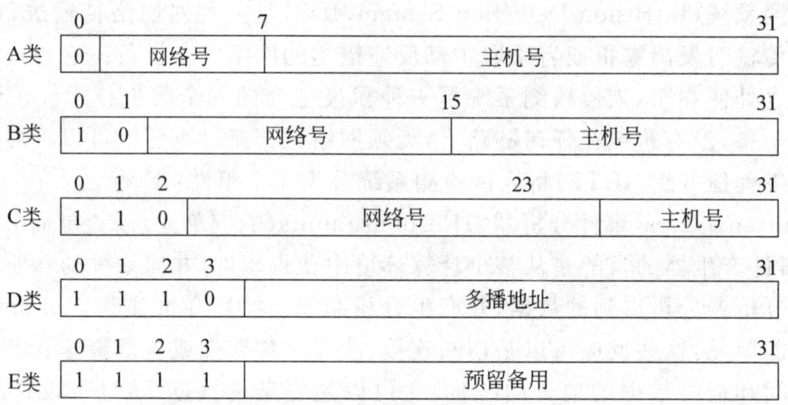

图 8.16　IP 地址格式

IP 地址还可以分为动态地址和静态地址两类。所谓动态地址是指 IP 地址是根据当时所连接的网络服务器的情况动态变化的，也就是说，当你某一时刻连网时，网络临时分配给一个 IP 地址；在下一次再连网时，又分配给另一个 IP 地址（这对用户而言，并没有关系），但在连网期间，IP 地址是不变的。这样，不仅能节省网络的地址资源，还可以提高网络的利用率。相应地，静态 IP 地址是指不参与动态分配，固定不变的 IP 地址。

随着 Internet 的迅速发展，当前使用的地址系统已经不能满足要求。目前，全球广泛应用的互联网是以 IPv4 协议为基础的，这种协议已经越来越不能满足网络发展的需要，因此，互联网正逐渐转向以 IPv6 为基础的下一代互联网。

2. 划分子网与子网掩码

在已经定义的 A、B、C 三类地址中，A 类网络有 126 个，其中每个 A 类网络最大允许有 16777214 台主机，并且这些主机处于同一个广播域中。但在实际的使用中，同一广播域中有这么多结点是不可能的，否则网络会因为广播通信而饱和，这样就会照成 16777214 个地址中的大部分没有使用。一个新的方法就是把 A 类（也可以是 B 类或 C 类）网络进一步分成更小的子网络，每个子网由路由器来区分边界范围并给每一个子网分配一个新的网络地址，新的子网地址是借用A类(也可以是B类或C类)网络地址的主机部分来创建的。

划分子网后，通过使用特定的编码规则把子网隐藏起来，使得从网络外部来看，原来的网络没有发生任何的变化，这个特定的编码就是子网掩码。子网掩码是一个32位的二进制数，其对应网络地址的所有位置都为1，对应于主机地址的所有位都置为0。

由子网掩码的定义可知，A类网络的默认子网掩码是255.0.0.0，B类网络的默认子网掩码是255.255.0.0，C类网络的默认子网掩码是255.255.255.0。将子网掩码和IP地址按位进行逻辑与运算，得到的IP地址就是网络地址，这样就可以区分出任意IP地址中的网络地址和主机地址。

子网掩码也可以用点分十进制表示，例如138.96.0.0/16表示B类网络138.96.0.0的子网掩码为255.255.0.0。

8.5 常见局域网简介

8.5.1 标准以太网

以太网最开始时的吞吐量是10Mbps，使用带有冲突检测的载波侦听多路访问(CSMA/CD)的方法工作，通常把这种以太网称之为标准以太网。所有的以太网都遵循IEEE 802.3标准，下面是标准以太网的常见类型。标准前面的数字表示传输速度，单位是"Mbps"，最后一位表示介质长度，基本单位是100m，Base表示基带，Broad表示宽带。

(1) 10BASE 5：使用粗同轴电缆，最大网段长度为500m；

(2) 10BASE 2：使用细同轴电缆，最大网段长度为185m；

(3) 10BASE-T：使用双绞线电缆，最大网段长度为100m；

(4) 1BASE 5：使用双绞线电缆，最大网段长度为500m；

(5) 10BROAD-36：使用同轴电缆，最大网段长度为3600m；

(6) 10BASE-F：使用光纤传输介质，传输速率为10Mbps。

8.5.2 快速以太网

随着网络的发展，传统标准的以太网技术已难以满足日益增长的网络数据流量速度需求。1993年世界上第一台快速以太网集线器和网络接口卡问世，这标志着快速以太网技术正式诞生。

快速以太网的优点是不需要改变原来的标准以太网布线，可以有效地保障用户在布线基础实施上的投资。快速以太网支持3、4、5类双绞线以及光纤的连接，能有效的利用现有的设施。快速以太网的不足其实也是以太网技术的不足，当网络负载较重时，会造成网络传输效率的降低，这主要是因为以太网使用CSMA/CD来工作造成的。

快速以太网通常分为100BASE-TX、100BASE-FX和100BASE-T4这3个标准。

(1) 100BASE-TX。100BASE-TX 是一种使用 5 类无屏蔽双绞线或屏蔽双绞线的快速以太网技术。它使用两对双绞线，一对用于发送，一对用于接收数据。100BASE-TX 在传输中使用 4B/5B 编码方式，信号频率为 125MHz。100BASE-TX 使用与标准以太网相同的 RJ-45 连接器，其最大网段长度为 100m 且支持全双工的数据传输。

(2) 100BASE-FX。100BASE-FX 是一种使用光缆的快速以太网技术，可使用单模和多模光纤。使用多模光纤时连接的最大距离为 550m，使用单模光纤时连接的最大距离为 3000m。100BASE-FX 在传输时也使用 4B/5B 编码方式，信号频率为 125MHz。100BASE-FX 使用 MIC/FDDI 连接器、ST 连接器或 SC 连接器，其最大网段长度可以是为 150m、412m、2000m 甚至更长，取决于光纤类型和工作模式。100BASE-FX 支持全双工的数据传输，并且特别适合于有电气干扰的环境或高保密环境等情况下使用。

(3) 100BASE-T4。100BASE-T4 是一种可使用 3、4、5 类无屏蔽双绞线或屏蔽双绞线的快速以太网技术，其使用 4 对双绞线，3 对用于传送数据，1 对用于检测冲突信号。100BASE-T4 在传输时使用 8B/6T 编码方式，信号频率为 25MHz，使用与 10BASE-T 相同的 RJ-45 连接器，最大网段长度为 100m。

8.5.3 吉比特以太网

吉比特以太网俗称千兆以太网，与标准以太网和快速以太网完全兼容，并利用了以太网标准所规定的全部技术规范，其中包括 CSMA/CD 协议、以太网帧、全双工、流量控制等。千兆以太网最早是作为一种交换技术而设计的，采用光纤作为上行链路，用于楼宇之间的连接。随后千兆以太网在服务器连接和骨干网中广泛使用。

目前，千兆以太网已经发展成为主流网络技术。千兆以太网技术甚至正在取代 ATM 技术，成为网络建设的主力军。在实际应用中，当千兆以太网工作在全双工模式时已经不再使用 CSMA/CD 机制。千兆以太网的技术标准主要分为 1000BASE-SX、1000BASE-LX、1000BASE-CX 和 1000BASE-T 这 4 个标准。

(1) 1000BASE-SX 是针对工作于多模光纤上的短波长激光收发器而制定的标准。使用 62.5μm 的多模光纤时，连接距离可达 260m；使用 50μm 的多模光纤时，连接距离可达 550m。

(2) 1000BASE-LX 是针对工作于单模或多模光纤上的长波长激光收发器而制定的标准。使用 62.5μm 的多模光纤时，连接距离可达 440m；使用 50μm 的多模光纤时，连接距离可达 550m；使用单模光纤时，连接距离可达 3000m。

(3) 1000BASE-CX 就是针对低成本、优质的屏蔽绞合线或同轴电缆而制定的标准，连接距离最长可达 25m。

(4) 1000BASE-T 是千兆位以太网物理层标准，使用 4 对 5 类非屏蔽双绞线工作，最长传输距离为 100m。

8.5.4 十吉比特以太网

十吉比特太网俗称万兆以太网，与千兆以太网类似，依旧保留了以太网的帧结构，通过不同的编码方式或波分复用技术来提供10Gbps传输速度。从本质上来说，万兆以太网仍然是以太网的一种类型。

万兆以太网包括10GBASE-S、10GBASE-CX4、10GBASE-E和10GBASE-T等标准。

(1) 10GBASE-S。10GBASE-S是针对有850nm激光接收器和10Gbps带宽的多模光纤而设计的，其能够支持的最大传输距离是3000m。

(2) 10GBASE-CX4。10GBASE-CX4采用4对同轴电缆进行连接，其最大电缆长度可达15m，是一种较低成本的标准接口。

(3) 10GBASE-E。10GBASE-E是针对有1550nm激光接收器和10Gbps带宽的单模光纤而设计的，其能够支持的最大传输距离是40km。

(4) 10GBASE-T。10GBASE-T是一种使用6类屏蔽或非屏蔽双绞线的以太网规范，数据层有效带宽为10Gbps，最远传输距离可达100m。

8.5.5 令牌网

令牌网由IBM公司于1969年提出，后来成为IEEE 802.5标准协议。令牌网在物理和逻辑上属于环状结构，传输速率可以达到4Mbps或16Mbps。令牌环网使用双绞线或同轴电缆作为传输介质，将各个站逐个连接起来组成一个闭合的环路，环上的每个站均有两种工作方式：发送方式与收转方式。

令牌实际上是一个特殊格式的帧，本身并不包含信息，仅作为控制信道使用，确保在同一时刻只有一个结点能够独占信道。当环上结点都空闲时，令牌绕环行进，令牌始终在环上传输，当无数据发送时，令牌为空闲状态，所有的站点都可以俘获令牌。当站点获得空闲令牌后，需要将令牌设置成忙状态，然后才能发送数据。数据与令牌同时到达目的站点后，目的站点需要将数据进行复制，令牌会继续环行返回发送站点，发送站点根据需要可以将令牌释放，令牌重新成为空闲状态。

令牌网的主要优点如下：

(1) 能在较大负载下高效运行，不会出现同一时间中几个站同时争抢信道的情况，不会发生碰撞而降低效率。

(2) 所有的站点收到信号后将整形再发送出去，所以故信号强度不会因传输距离的增加而减弱。如果传输延迟允许，令牌网可跨越较远距离传输。

令牌网的主要缺点如下：

(1) 由于信号要经过所有站，即使只有两个站在通信，信号的传输仍然有相当长的延迟；

(2) 令牌网的令牌管理机制比较复杂；

(3) 若某站点故障，会导致整个网络故障。

8.5.6 光纤分布式数据接口

光纤分布式数据接口(Fiber Distributed-Data Interface,FDDI)是 20 世纪 80 年代中期发展起来的一项局域网技术。FDDI 提供的高速数据通信能力远高于当时标准以太网和令牌网。FDDI 技术与令牌网技术相似,并具有 LAN 及令牌网所缺乏的管理、控制和可靠性措施,FDDI 支持长达 2km 的多模光纤。FDDI 网络的主要缺点是价格昂贵且只支持光缆和 5 类电缆,因此使用环境受到限制。

FDDI 可以发送两种类型的数据包: 同步数据包和异步数据包。同步通信用于要求连续进行且对时间敏感的传输(如音视频等多媒体通信)。异步通信用于不要求连续脉冲串的普通的数据传输。

FDDI 是局域网中传输速率最高的一种组网方式,FDDI 网络具有定时令牌协议的特性,支持多种拓扑结构,传输媒体为光纤。其主要优点如下:

(1) 较长的传输距离,相邻站间的最大长度可达 2km,最大站间距离为 200km;

(2) 具有较大的带宽,FDDI 的设计带宽为 100Mbps;

(3) 具有对电磁和射频干扰抑制能力,在传输过程中不受电磁和射频噪声的影响;

(4) 可防止传输过程中信号被窃听,是较安全的组网方式。

以光纤为传输介质的 FDDI 网络,其基本结构为逆向双环。双环中的一个为主环,另一个为备用环;一个顺时针传送信息,另一个逆时针传送信息。当主环上的设备失效或光缆发生故障时,可以通过环的切换来维持网络的正常工作,这种容错能力是其他网络所没有的。

8.6 局域网接入 Internet

8.6.1 拨号接入

拨号接入开始于 20 世纪 90 年代,那时互联网刚刚进入人们的生活和工作中,人们最常用的上网方式就是拨号上网。拨号接入只需要用户拥有一 PC、一个外置或内置的调制解调器及一根电话线,然后向本地因特网服务提供商申请账号,拥有自己的用户名和密码,最后拨打因特网服务提供商的号码即可连接到 Internet 上。

拨号接入的主要优点是安装和配置简单且一次性投入较低,但其缺点也很明显,主要表现为网络传输速率很低低,信号质量较差,网络使用费用较高。另外,由于连接网络时电话线路被占用,因此上网时不能拨打或接听电话。

8.6.2 ADSL 接入

ADSL(Asymmetrical Digital Subscriber Loop,非对称数字用户环路)是运行在原有

普通电话线上的一种新的高速宽带技术,其安装示意图如图 8.17 所示。ADSL 利用现有的电话线缆,为用户提供上行和下行不对称的传输速率。ADSL 在不影响正常电话正常通话的情况下可以提供最高 3.5Mbps 的上行速度和最高 24Mbps 的下行速度。

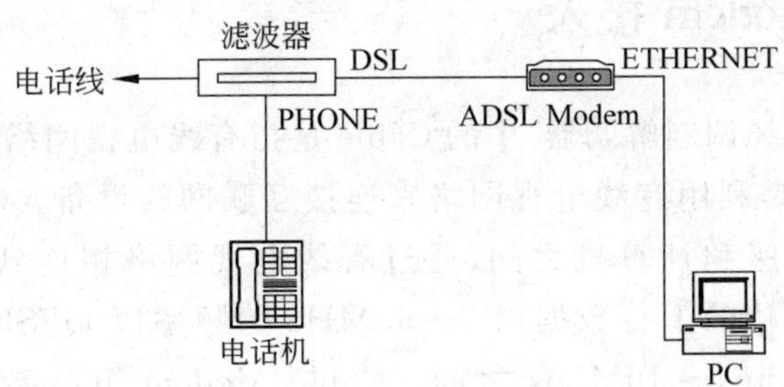

图 8.17　ADSL 接入示意图

ADSL 的主要特点如下:

(1) 在电话线上传输数据的同时可以拨打或接听电话;

(2) 信号的传输不通过电话交换机,不产生额外的电话费;

(3) 数据传输速率是根据线路质量自动调整,尽最大努力进行数据传输。

2002 年 7 月,国际电信联盟公布了 ADSL 的新标准,即 ADSL 2。2003 年 3 月,国际电信联盟公布了 ADSL 2 plus,又称 ADSL 2+。ADSL 2 与 ADSL 相比,其技术优势表现在下列几个方面。

(1) 速率提高、覆盖范围扩大。

(2) 增强了诊断工具,能进行线路故障诊断。

(3) 增强的电源管理技术。

(4) 速率自适应技术。

(5) 多线对捆绑技术。

(6) 信道化技术,根据不同介质信道划分不同带宽。

(7) 改进的互操作性。

(8) 快速启动。

(9) 全数字化模式。

(10) 支持基于包的服务。

8.6.3　小区宽带接入

小区宽带是一种局域网宽带,一般指光纤到小区,也就是整个小区共享这根光纤来连接 Internet。在小区上网用户较少的情况下,网络速度很快,甚至可达到 100Mbps,但随着小区用户数量的增加,网络速度会受到一定影响。

小区宽带接入是大中城市较普遍的一种宽带接入方式。因特网服务提供商通常采用光纤接入到小区或某栋大楼,为整个小区或整栋大楼提供共享上网带宽。这种接入方式通常由小区出面申请安装，因特网服务提供商不受理个人请求。小区宽带接入方式对用户设备要求最低，通常只需要用户的计算机拥有标准以太网网卡即可。

8.6.4 Cable Modem 接入

Cable Modem（电缆调制解调器）中的 Cable 是指有线电视网络，Modem 是调制解调器。电缆调制解调器是利用有线电视网络来连接互联网的设备。Cable Modem 一般串接在有线电视电缆插座和计算机之间，通过有线电视网络相连到有线电视台。Cable Modem 把用户需要上传的上行数据以 5～65MHz 的频率以 QPSK 的调制方式向上传送，通常速率在 300Kbps～10Mbps 之间。Cable Modem 下行数据的解调的方式是 64QAM 或 256QAM，通常速率可达 40Mbps。

目前，Cable Modem 接入技术在全球尤其是北美的发展势头很猛，每年用户数以超过 100%的速度增长，在中国，已有多个省市开通了 Cable Modem 接入。Cable Modem 接入是 ADSL 接入技术最大的竞争对手。

Cable Modem 接入方式可以分为两种，对称速率接入和非对称速率接入。对称速率接入的上行速率和下行速率相同，非对称速率接入的下行速率是其上行速率的 4 倍。

采用 Cable Modem 接入的主要缺点是 Cable Modem 使用的是总线型拓扑结构，网络上的所有用户共享带宽，随着使用人数的增加，每个用户的带宽将减少。Cable Modem 的价格及安装费用都比较昂贵，这都阻碍了 Cable Modem 接入在国内的普及。

8.6.5 DDN 接入

DDN（Digital Data Network，数字数据网）是一种利用光纤、数字微波或卫星等数字传输通道和数字交叉复用设备组成的数字数据传输网，它可以为用户提供各种速率的高质量数字专用电路和其他新业务，以满足用户多媒体通信和组建高速通信网的需要。

DDN 主要由 6 个部分构成：

(1) 光纤或数字微波通信系统；

(2) 智能结点或集线器设备；

(3) 网络管理系统；

(4) 数据电路终端设备；

(5) 用户环路；

(6) 用户端计算机或终端设备。

DDN 的主要作用是向用户提供永久性和半永久性连接的数字数据传输信道，不仅可以用于计算机之间的通信，而且也可用于传送数字化传真，数字话音，数字图像信号或其他数字化信号。永久性连接的数字数据传输信道是指用户间建立固定连接，传输速率不变的独占带宽电路。半永久性连接的数字数据传输信道对用户来说是非交换性的。但用户可提出申请，由网络管理人员对其提出的传输速率、传输数据的目的地和传输路由进行修改。

DDN 的主要优点如下：

(1) 用数字电路，传输质量高，延迟小；

(2) 采用全透明传输，可靠性高；

(3) 在一个介质上可开展传真、接入因特网、会议电视等多种服务；

(4) 是虚拟专用网建设的基础，用户可以建立自己的网管中心来管理网络。

DDN 的主要缺点是用户使用专线上网，需要租用一条专用通信线路，租用费用太高，一般个人用户不能承受。

8.6.6 ISDN 接入

ISDN(Integrated Services Digital Network，综合业务数字网)是一个数字电话网络国际标准，是一种典型的电路交换网络系统。ISDN 不仅可以用来打电话，还可以提供诸如可视电话、数据通信、会议电视等多种业务，从而将电话、传真、数据、图像等多种业务综合在一个统一的数字网络中进行传输和处理，因此而称为综合业务数字网。

ISDN 的开通范围比 ADSL 和小区宽带接入要广泛得多，对于没有宽带接入的用户，ISDN 是高速上网的最好解决办法。由于 ISDN 线路属于数字线路，所以用 ISDN 来打电话效果都比普通电话要好得多。ISDN 通过普通的铜缆以更高的速率和质量传输语音和数据，GSM 移动电话标准也可以基于 ISDN 传输数据。由于 ISDN 是全部数字化的电路，所以 ISDN 能够提供稳定的数据服务和连接速度，相比模拟线路而言抗干扰能力明显增强。

ISDN 的主要优点如下：

(1) 综合的通信业务，可以在上网的同时拨打电话、收发传真；

(2) 由于使用数字化信道，所以传输质量高；

(3) 使用灵活方便，只需一个入网接口可以使用多种数据传输服务；

(4) 上网速率相比 PSTN 要快得多。

ISDN 的主要缺点如下：

(1) 相对于 ADSL 和 DDN 等接入方式来说，线路传输速率较慢；

(2) 采用计时收费，不适合全天候在线用户；

(3) ISDN 相关设备价格比较昂贵。

8.7 无线局域网

8.7.1 无线局域网概述

无线局域网(Wireless Local Area Networks，WLAN)是指利用无线技术传输数据、话音和视频等信号的局域网络。作为传统局域网的一种延伸，无线局域网把接入点从固定位置解放出来，使信号接入点可以根据需要随时变换。无线局域网使用无线信道来接入网络，为通信的移动化、个人化和多媒体化提供了技术基础，称为宽带接入的有效手段之一。

无线局域网第一个标准发布于1997年，该标准定义了介质访问接入控制层和物理层相关规范。物理层中规定无线局域网工作在2.4GHz的ISM(Industrial Scientific Medical，工业科学及医学)频段上，总数据传输速率设计为2Mbps。标准还规定了两个设备之间的通信可以是自由直接连接，也可以是在基站或者访问点的协调下进行连接。

1999年，IEEE加上了两个补充版本，即IEEE 802.11a和IEEE 802.11b。IEEE 802.11a定义了一个工作在5GHz的ISM频段的数据传输速率可达54Mbps的物理层；IEEE 802.11b定义了一个工作在2.4GHz的ISM频段的数据传输速率为11Mbps的物理层。由于2.4GHz的ISM频段为世界上绝大多数国家所使用，所以IEEE 802.11b取得了较为广泛的应用。

无线局域网的相关标准还有，IEEE 802.11g、IEEE 802.11i和IEEE 802.11n。

IEEE 802.11g标准采用IEEE 802.11a的传输速率，数据传输的安全性较好。IEEE 802.11g采用两种调制方式来调制信号，即IEEE 802.11a中使用的OFDM调制方式和IEEE 802.11b中使用的CCK调制方式。这样规定的最大优势是能与IEEE 802.11a和IEEE 802.11b标准兼容。虽然IEEE 802.11a有较快的数据传输率，但无线网络运营商为能继续使用已有的符合IEEE 802.11b标准的设备的投入，通常都选用IEEE 802.11g标准作为无线局域网的标准。

IEEE 802.11i标准是结合IEEE 802.1x中的用户端口身份验证和设备验证，对无线局域网中介质访问接入控制层进行修改与整合。IEEE 802.11i定义了严格的加密格式和鉴别机制，以改善无线局域网的安全性。IEEE 802.11i标准主要包括两项内容：Wi-Fi保护访问技术和强健安全网络。目前，Wi-Fi联盟采用IEEE 802.11i标准作为WPA标准版本，并于2004年初开始实行。IEEE 802.11i标准在无线网络建设中的是相当重要的，数据的安全性是无线局域网设备制造商和无线局域网运营商首要考虑的因素。

IEEE 802.11n标准主要是结合物理层和介质访问接入控制层的优化来充分提高无线局域网技术的吞吐量。IEEE 802.11n标准将物理层的吞吐量提高到600Mbps，为了与较高的数据吞吐量匹配，IEEE 802.11n标准对介质访问接入控制层采用了Block确认、帧聚合等技术，大大提高介质访问接入控制层的效率。

无线局域网的各个标准的比较如表8.1所示。

表8.1 无线局域网标准对比

<table>
<tr><th>标 准 号</th><th>IEEE 802.11a</th><th>IEEE 802.11b</th><th>IEEE 802.11g</th><th>IEEE 802.11n</th></tr>
<tr><td>标准发布时间</td><td>1999.9</td><td>1999.9</td><td>2003.6</td><td>2009.5</td></tr>
<tr><td rowspan="3">工作频率范围/GHz</td><td>5.150～5.350</td><td rowspan="3">2.4～2.4835</td><td rowspan="3">2.4～2.4835</td><td>2.4～2.4835</td></tr>
<tr><td>5.475～5.725</td><td rowspan="2">5.150～5.850</td></tr>
<tr><td>5.725～5.850</td></tr>
</table>

续表

标　准　号	IEEE 802.11a	IEEE 802.11b	IEEE 802.11g	IEEE 802.11n
非重叠信道数	8 或 12	3	3	15
最高速率/Mbps	54	11	54	300～600
实际吞吐量/Mbps	24	6	24	>100
受干扰几率	低	高	高	低
环境适应性	较好	差	好	很好
调制方式	OFDM	CCK/DSSS	CCK/OFDM	MIMO/OFDM
兼容性	IEEE 802.11a	IEEE 802.11b	IEEE 802.11b/g	IEEE 802.11a/b/g/n

8.7.2 无线局域网的特点

无线局域网由于其灵活的移动性而广受用户欢迎，其主要优点如下。

(1) 较高的灵活性和移动性。在有线局域网中，网络设备的安放位置受网络位置的限制，而无线局域网在无线信号覆盖区域内的任何一个位置都可以接入网络。无线局域网还具有较高的移动性，连接到无线局域网的用户可以随时移动且能同时与网络保持连接。

(2) 网络安装便捷。无线局域网可以免去或最大限度地减少网络布线的工作量，一般只要安装一个或多个接入点设备，就可建立覆盖整个区域的局域网络。

(3) 网络规划和调整方便。对于有线局域网来说，办公地点或网络拓扑的改变通就必须重新建网。重新建网就必须重新布置线路，而重新布线是一个昂贵、费时、浪费和琐碎的过程，无线局域网可以避免或减少以上情况的发生。

(4) 故障定位容易。有线局域网一旦出现物理故障，尤其是由于线路连接不良而造成的网络中断，往往很难查明，而且检修线路需要付出很大的代价。无线局域网则很容易定位故障，只需更换故障设备即可恢复网络连接。

(5) 易于扩展。无线局域网有多种配置方式，可以很快从只有几个用户的小型局域网扩展到上千用户的大型网络，并且能够提供结点间的漫游服务，这是有线网络无法实现的。

由于无线局域网有以上诸多优点，因此其发展十分迅速。最近几年，无线局域网已经在企业、医院、商店、工厂和学校等场合得到了广泛的应用。

当然，无线局域网也存在一些不足之处，主要体现在下列几个方面。

(1) 性能。无线局域网是依靠无线电波进行传输的，但建筑物、车辆、树木和其他障碍物都可能阻碍电磁波的传输，所以会影响数据的传输性能；

(2) 速率。无线信道的传输速率比有线信道低得多，无线局域网目前最快的传输速率为 1Gbps，因此只适合个人用户和小规模局域网使用；

(3) 安全性。无线局域网的无线信号是发散的，很容易被监听而造成传输数据的泄密。

8.7.3 无线局域网的构成与技术要求

与有线局域网先比，无线局域网只需要无线网卡、无线接入点和无线天线3种额外设备就能正常工作，因此这3个设备也是构成无线局域网的重要部件。

(1) 无线网卡。无线网卡的作用和以太网的网卡的作用基本相同，它作为无线局域网的接口，能够实现无线局域网各客户机间的连接与通信。

(2) 无线接入点。无线接入点(Access Point，AP)是无线局域网的接入点或无线网关，它的作用类似于有线网络中的集线器。

(3) 无线天线。当无线网络中各网络设备相距较远时，随着信号的减弱，传输速率会明显下降而导致无法实现无线网络的正常通信，因此就要借助于无线天线对所接收或发送的信号进行增强。

无线局域网需要支持高速、突发的数据业务，在室内使用还需要解决多径衰落以及各子网间串扰等问题。这就要求无线局域网必须满足下列技术要求。

① 可靠性：无线局域网的数据分组的丢失率应小于10^{-5}，误码率应小于10^{-8}；

② 兼容性：室内无线局域网应尽可能与有线局域网相互兼容；

③ 数据速率：无线局域网的数据传输速率应该在1Mbps以上；

④ 通信保密：无线局域网必须采取有效的措施提高数据安全性能；

⑤ 移动性：支持全移动网络或半移动网络；

⑥ 节能管理：无数据收发时处于休眠状态，有数据收发时再激活达到节省电力的目的；

⑦ 小型化：小型化及廉价的无线接入设备可以扩大无线局域网的应用范围；

⑧ 电磁环境：无线局域网应考虑电磁对人体和周边环境的影响问题。

8.7.4 无线局域网的应用

作为有线网络的无线延伸，无线局域网可以应用在生活社区、游乐园、旅馆、机场车站等休闲区域，可以应用在政府办公大楼、校园、企事业等单位。对于难于布线的环境、临时需要宽带接入及流动工作站等情况，建设无线局域网是最好的选择。一般来讲，无线局域网可以用到下列各个领域。

(1) 销售行业应用。由于销售行业的商品的流通量非常大，日常工作包括订单处理、送货单、入库等需要在不同地点现场将数据录入数据库中。采用无线局域网就可以在超市的各个角落利用无线网络连接数据库服务器，现场处理各种单据。

(2) 物流行业应用。随着物流业务的数字化，物流公司一般都有一个网络处理中心，而对于运输车辆、装卸货物的情况、快递配送的情况，需要及时将数据录入并传输到网络处理中心。物流企业部署无线局域网后可以顺利完成上述目标。

(3) 电力行业应用。电力行业的一个重要问题是如何对地理位置相对比较偏僻的变电站进行测控，而无线局域网能满足这个要求。无线局域网能监测并记录变电站的运行情况，给中心监控机房提供实时的监测数据，也能够将中心机房的调控命令传入到各个变电站。这是无线局域网在电力系统遍布到千家万户，但又无法完全用有线网络来检测与控制的一个典型应用。

(4) 服务行业应用。随着计算机设备的移动化、小型化，用户在进入酒店后需要连接互联网处理邮件，这时酒店的无线局域网接入是必不可少的。由于无线局域网的移动性、便捷性等特点，更是受到了多数酒店的选择。这种情况也会出现在机场和车站等人员密集的场所。

(5) 教育行业应用。无线局域网可以让教师和学生进行教学的互动。学生可以在教室、宿舍、图书馆利用移动终端机向老师提问、提交作业等，老师可以随时回应。学生和教师都可以利无线局域网在校园的任何一个角落访问校园网。

(6) 证券行业应用。无线局域网的普及使得炒股者不再利用股票机看行情，无线局域网能够让客户实时看行情，时时交易，这也吸引了更多的投资者。

(7) 办公室应用。无线局域网可以让人们在中小型办公室或者在家里任意的地方上网办公，收发邮件。随时随地可以连接上 Internet。无线局域网的出现，使得人们的自由空间变得更大。

对于一些中大型企业，有较多的办公大楼，楼与楼之间、部门与部门之间需要通信。如果建设有线局域网，费用昂贵且建设周期长，而无线局域网不需要综合布线，同样能够实现相应的要求。

第9章

互联网技术

互联网是由一些使用公用语言并互相通信的计算机连接而成的全球网络，也就是由广域网、局域网及许多计算机按照一定的通信协议组成的国际计算机网络，是一种公用信息的载体。为了使网络互联有效，必须正确选择网络互联体系结构，典型的网络互联的参考模式有：美国国防部高级研究计划局的 DARRR，XEROX 公司的 PUP，国际标准组织的 OSI 互联模式，CCITT 为公用数据网互联提出的 x. 25 等。美国国防部高级研究计划局的 DARRR 中的 TCP/IP 协议已成为事实上的标准，被各界公认为异种计算机互联网络最为可行的协议。

9.1 Internet 简介

9.1.1 Internet 基础知识

Internet 是计算机交互网络的简称，又称网间网。Internet 是利用通信设备和线路将全世界上不同地理位置的功能相对独立的数以千万计的计算机系统互连起来，以功能完善的网络软件(网络通信协议、网络操作系统等)实现网络资源共享和信息交换的数据通信网。

从 Internet 的定义可知，互联网包含三个方面的含义：

(1) 通过全球唯一的网络逻辑地址和传输介质在逻辑上连成一个网络，逻辑地址是指 Internet Protocol(IP，因特网互联协议)。

(2) 可以通过 TCP/IP(Transmission Control Protocol/Internet Protocol，传输控制协议/因特网互联协议)进行通信。

(3) 为用户带来高水平、全方位的服务，这些服务建立在 Internet 基础之上。

Internet 的前身是美国国防部高级研究计划局(ARPA)主持研制的 ARPANET。美国军方为保证自己的计算机网络在受到袭击时，即使部分网络被摧毁，其余部分仍能保持通信联系，建设了一个叫做"阿帕网(ARPANET)"的军用网，当时仅连接了 4 台计算机，供科学家们进行计算机联网实验。首次连接的计算机分别来自于美国加利福尼亚大学洛杉矶分校、斯坦福大学研究学院、加利福尼亚大学和犹他州大学。

到1970年6月，麻省理工学院、哈佛大学、加州圣达莫尼卡系统发展公司和BBN等大学、公司和研究机构加入进来。1972年1月，斯坦福大学、麻省理工学院林肯实验室、卡内基梅隆大学等继续加入进来。随后的几个月内，美国国家航空和宇宙航行局、兰德公司和伊利诺利州大学等也纷纷加入。1983年，美国国防部将阿帕网分为军用网和民用网，民用网发展演变为今天的互联网(Internet)。

由于TCP/IP体系结构的发展，互联网在20世纪70年代的时候迅速发展起来。TCP/IP体系结构最初是有鲍勃·卡恩提出来的，然后由史坦福大学的卡恩和温特·瑟夫等人进一步发展完善。20世纪80年代，美国国防部采用了这个结构。1983年，世界上大多数国家采用TCP/IP体系结构，从而得到了全世界的认可。

1978年，UUCP在贝尔实验室被提出。1979年，在UUCP的基础上创建了新闻组网络系统。新闻组为在全世界范围内交换信息提供了一个新的方法。但是新闻组并不是互联网的一部分，因为新闻组不使用TCP/IP协议，它主要连接全世界的UNIX系统，新闻组是网络发展中重要一步。

与此类似，BITNET连接到世界教育组织的IBM的大型机上并于1981年开始提供邮件服务，这也是互联网发展中的一个重要部分。

互联网的检索在1989年首次问世，由Peter Deutsch及其合作团队创造。他们为FTP站点建立了一个档案，命名为Archie。McFill大学是第一个拥有Archie的大学。

1991年，第一个连接互联网的接口在Minnesota大学被开发出来。学校的初衷是开发一个简单的菜单系统，可以通过局域网访问校园网上的文件和信息。

1989年，Tim Berners与他的团队在欧洲粒子物理研究所提出了一个分类互联网信息的协议。1991年这个协议并命名为WWW(World Wide Web，环球信息网)。

互联网最早是由政府投资建设，因此早期只是限于研究部门、学校和政府部门使用，所有的商业行为是不被允许的。直到20世纪90年代，商业网络开始发展起来，才打破这种局面。Dephi是最早提供在线网络服务的国际商业公司，1992年开始提供电子邮件服务和全方位的网络服务。1995年，AOL(美国在线)和CompuServe(美国在线服务机构)等也开始了网上服务。

1987年9月14日，北京计算机应用技术研究所发出了中国第一封电子邮件，邮件的内容是："Across the Great Wall we can reach every corner in the world.(越过长城，走向世界)"，这标志着中国人开始使用互联网。

1988年，中国科学院高能物理研究所采用x.25协议与欧洲的DEC net连接，实现了计算机国际远程连网及与欧美地区的电子邮件通信。

1992年12月底，清华大学校园网(TUNET)建成并投入使用，是中国第一个采用TCP/IP体系结构的校园网。

1993年3月2日，中国科学院高能物理研究所接入美国斯坦福线性加速器中心(SLAC)的64Kbps专线正式开通，这条专线是中国连入Internet的第一根专线。

1994年4月20日，NCFC工程连入Internet的64Kbps国际专线开通，实现了与Internet的全功能连接。中国被国际上正式承认为拥有Internet全部功能的第77个国家。

1990 年 11 月 28 日，中国在 SRI-NIC 注册登记了中国的顶级域名 CN，从此中国的网络有了自己的身份标识。

1994 年 5 月 21 日，中国科学院计算机网络信息中心完成了中国国家顶级域名(CN)服务器的设置，改变了中国的 CN 顶级域名服务器一直放在国外的历史。

1996 年 2 月 中国科学院决定将以 NCFC 为基础发展起来的中国科学院互联网络正式命名为"中国科技网(CSTNET)"。

1993 年 3 月 12 日，提出和部署建设国家公用经济信息通信网(简称金桥工程)。

1995 年 8 月，金桥工程初步建成，在 24 省市开通联网(卫星网)，并与国际网络实现互联。

1996 年 9 月 6 日，中国金桥信息网连入美国的 256Kbps 专线正式开通。中国金桥信息网宣布开始提供 Internet 服务，主要提供专线集团用户的接入和个人用户的单点上网服务。

1995 年 1 月，邮电部电信总局分别在北京和上海开通 64Kbps 专线，开始向社会提供 Internet 接入服务，中国互联网进入商用化阶段。

1995 年 5 月，中国电信筹建中国公用计算机互联网(CHINANET)，并于 1996 年 1 月提供服务。

1994 年 7 月初，由清华大学等 6 所高校建设的"中国教育和科研计算机网"开通，通过 NCFC 的国际出口与 Internet 互联。

1997 年 10 月，中国公用计算机互联网(CHINANET)实现了与中国科技网(CSTNET)、中国教育和科研计算机网(CERNET)、中国金桥信息网(CHINAGBN)的互联互通。

1997 年 11 月，中国互联网络信息中心(CNNIC)发布了第一次《中国互联网络发展状况统计报告》，从此以后每年发布一次。

1999 年 9 月，招商银行率先在国内全面启动网上银行服务，成为国内首个实现 该功能的商业银行。

9.1.2 IPv4 与 IPv6

IPv4 是互联网协议(Internet Protocol)开发过程中的第 4 个修订版本，是 IP 协议中第一个被广泛应用的版本。IPv4 与 IPv6 都是标准化互联网络的核心协议，IPv4 是目前使用最广泛的互联网协议版本。直到 2011 年，IPv6 仍处在计划部署的初级阶段。

IPv4 使用 32 位地址，因此地址空间中有 2^{32} 个地址。但是，某些地址是为特殊用途所保留的(例如专用网络、多播地址)，这使得互联网上可用的地址数量变少。随着地址不断分配给，IPv4 地址基本使用完毕，虽然基于分类网络、无类别域间路由和网络地址转换等方法可以减缓 IPv4 的分配速度，但目前 IPv4 的地址基本分配完毕。

IPv4 协议的数据包格式如图 9.1 所示，数据包首部长度一般为 20B。IPv4 数据包中有一些可选项，通过这些可选项能使 IPv4 数据包的首部最长扩展到 60B。

IPv4 数据包由首部固定格式和传输数据两部分组成。数据部分一般用来传送其他的协议(例如 TCP、UDP、ICMP),数据部分最长可为 65515B。但是,实际传输过程中,数据链路层会限制 IP 数据包的长度。在以太网中,存在一个 MTU(Maximum Transfer Unit,最大传输单元),MTU 规定数据帧的长度最大为 1518B。以太网的帧首部需要 18B 来表示信息,这种情况下 IP 数据包的最大长度只能是 1500B。某些特殊的网络协议只能支持更短的数据包长,这时 IP 协议提供一个数据包分割的可选功能,较长字节的 IP 数据包会被分割成许多短的 IP 数据包,每个短的数据包携带一个包含分割信息的标志。发送方将长字节的 IP 数据包分割,逐一发送,接送方按照对应的 IP 地址和分割标志将这些短 IP 数据包组装还原成长 IP 数据包。

<table>
<tr><td>0</td><td>7 8</td><td>15 16</td><td></td><td>31</td></tr>
<tr><td>版本号(4位)</td><td>头长度(4位)</td><td>服务类型TOS(8位)</td><td colspan="2">总长度(16位)</td></tr>
<tr><td colspan="3">标识(16位)</td><td>标志(3位)</td><td>片偏移(13位)</td></tr>
<tr><td colspan="2">生存时间TTL(8位)</td><td>上层协议标识(8位)</td><td colspan="2">头部校验和(16位)</td></tr>
<tr><td colspan="5">源IP地址(32位)</td></tr>
<tr><td colspan="5">目标IP地址(32位)</td></tr>
<tr><td colspan="5">选项</td></tr>
<tr><td colspan="5">数据</td></tr>
</table>

图 9.1 IPv4 数据包格式

IPv6 是 IETF(Internet Engineering Task Force,互联网工程任务组)设计用于替代现行 IPv4 版本的下一代 IP 协议。IPv6 正处在不断发展和完善的过程中,在不久的将来将取代 IPv4,将使互联网拥有更多 IP 地址。

理论上,IPv6 网络拥有 2^{128} 个网络地址,但是与 IPv4 一样,IPv6 同样会造成大量的 IP 地址浪费。也就是说 IPv6 的网络实际并没有 2^{128} 个能充分利用的地址。造成这种情况主要有连个原因,一是实现 IP 地址的自动配置,网络的子网的前缀必须是 64 位,但是很少有某一个单一的网络能容纳 2^{64} 个计算机或网络终端设备;二是 IPv6 的地址分配采用聚类的方法,这种情况下网络地址的浪费不可避免。

尽管如此,IPv6 网络还是可以扩大网络连接的事物范围。IPv6 网络不仅可以为计算机服务,还可以将众多的外部硬件设备(例如家用电器、传感器、远程照相机、汽车等)连接到网络中来,IPv6 网络是无时不在,无处不在的深入人类社会每个角落的网络。

IPv6 协议的数据首部长度固定为 40B,去掉了 IPv4 协议中所有的可选项,只包括 8 个必要的字段。虽然 IPv6 协议中数据包地址长度扩大为 IPv4 的 4 倍,但 IPv6 协议数据包首部长度仅为 IPv4 协议数据包首部长度的两倍,IPv6 协议数据包首部格式如图 9.2 所示。

IPv6 协议数据包首部包含的字段含义分别为:

Version(版本号):4 位长度,表明 IP 协议版本号;

Traffic Class(通信类别):8 位长度,表示 IPv6 数据流通信类别或优先级;

Flow Label(流标记):20 位长度,表示需要 IPv6 路由器特殊处理的数据流;

Payload Length(负载长度):16 位长度,表示可以传输的最大负载字节数;

Next Header(下一包头):8 位长度,表示 IPv6 数据包的包头类型;

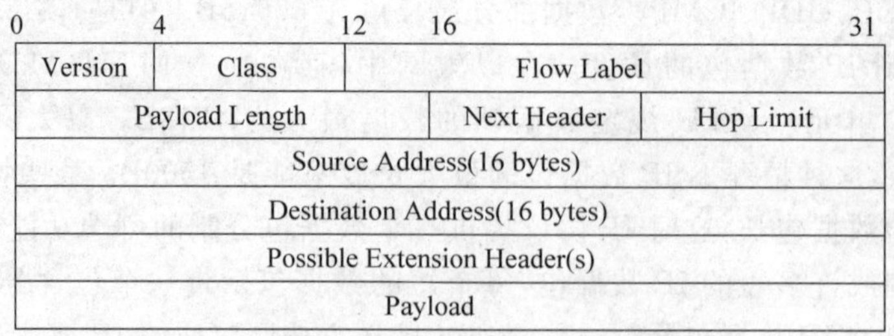

图 9.2　IPv6 数据包格式

Hop Limit(跳段数限制)：8 位长度,表示数据包的生命期,即转发跳数;

Source Address(源地址)：128 位长度,发送方主机地址;

Destination Address(目的地址)：128 位长度,表示信宿地址(计算机或路由器等)。

与 IPv4 协议相比,IPv6 协议具有以下几个优势:

- IPv6 具有更大的地址空间;
- IPv6 使用更小的路由表;
- IPv6 增强了对组播和流媒体控制的支持;
- IPv6 增加了自动配置的支持;
- IPv6 具有更高的安全性;
- IPv6 允许扩充;
- IPv6 更好的头部格式;
- IPv6 增加了新的选项。

9.1.3　域名与地址解析

Internet 是全球最大的由众多网络互联而成的开放计算机网络。Internet 可以连接各种各样的计算机系统和计算机网络,不论微机还是大、中型计算机,不论是局域网还是广域网,不管它们在世界上什么地方,只要共同遵循 TCP/IP 协议,就可以连入 Internet。本节从 Internet 的基础和 Internet 的应用两个方面对 Internet 做一个简单的介绍。

域名解析是把域名指向网站空间 IP,让人们通过注册的域名可以方便地访问到网站一种服务。域名解析也叫域名指向、服务器设置、域名配置以及反向 IP 登记等。说得简单点就是将好记的域名解析成 IP,服务由 DNS 服务器完成,是把域名解析到一个 IP 地址,然后在此 IP 地址的主机上将一个子目录与域名绑定。

IP 地址是网路上标识您站点的数字地址,为了方便记忆,采用域名来代替 IP 地址标识站点地址。域名解析就是域名到 IP 地址的转换过程。域名的解析工作由 DNS 服务器完成。

在域名注册查询那里注册了域名之后如何才能看到自己的网站内容,用一个专业术语就叫"域名解析"。

在相关术语解释中已经介绍,域名和网址并不是一回事,域名注册好之后,只说明你对这个域名拥有了使用权,如果不进行域名解析,那么这个域名就不能发挥它的作用,经过解析的域名可以用来作为电子邮箱的后缀，也可以用来作为网址访问自己的网站，因此域名投入使用的必备环节是“域名解析”。

域名是为了方便记忆而专门建立的一套地址转换系统，要访问一台互联网上的服务器，最终还必须通过 IP 地址来实现，域名解析就是将域名重新转换为 IP 地址的过程。一个域名对应一个 IP 地址，一个 IP 地址可以对应多个域名；所以多个域名可以同时被解析到一个 IP 地址。域名解析需要由专门的域名解析服务器(DNS)来完成。

比如，一个域名为 ***. com，如果要访问网站，就要进行解析，首先在域名注册商那里通过专门的 DNS 服务器解析到一个 Web 服务器的一个固定 IP 上：211.214.1. ***，然后，通过 Web 服务器来接收这个域名，把***. com 这个域名映射到这台服务器上。那么，输入***. com 这个域名就可以实现访问网站内容了，即实现了域名解析的全过程。

人们习惯记忆域名，但机器间互相只认 IP 地址，域名与 IP 地址之间是对应的，它们之间的转换工作称为域名解析，域名解析需要由专门的域名解析服务器来完成，整个过程是自动进行的。

域名解析协议(DNS)用来把便于人们记忆的主机域名和电子邮件地址映射为计算机易于识别的 IP 地址。DNS 是一种 C/S 的结构，客户机就是用户用于查找一个名字对应的地址，而服务器通常用于为别人提供查询服务。

当应用过程需要将一个主机域名映射为 IP 地址时，就调用域名解析函数，解析函数将待转换的域名放在 DNS 请求中，以 UDP 报文方式发给本地域名服务器。本地的域名服务器查到域名后，将对应的 IP 地址放在应答报文中返回。同时域名服务器还必须具有连向其他服务器的信息以支持不能解析时的转发。若域名服务器不能回答该请求，则此域名服务器就暂成为 DNS 中的另一个客户，向根域名服务器发出请求解析，根域名服务器一定能找到下面的所有二级域名的域名服务器，这样以此类推，一直向下解析，直到查询到所请求的域名。

尽管利用 IP 地址就可以在计算机之间进行通信，但是 IP 地址是用数字表示的，不便于记忆，另外从 IP 地址上看不出拥有该地址的组织的名称或性质，同时也不能根据组织名称或类型来猜测其 IP 地址。所以，很多主机还有一个像 baidu. com 这样易于记住的名字。这个名字的正式名称就叫做域名。

域名采用分层次方法命名，每一层有一个子域名。子域名之间用点号隔开，从右到左分别为最高层域名(或称为顶级域名)、机构名、网络名、主机名。例如，swu. edu. cn 是一个域名，edu 表示网络域 cn 下的一个子域，swu 则是 edu 的一个子域。同样，一台计算机也可以命名，成为主机名。在表示一台计算机时，把它的主机名放在其所属域名之前，用圆点分隔开，形成主机地址，便可以在全球范围内区分不同的计算机了。例如，pc. cs. swu. edu. cn 就是中国教育网西南大学计算机系的一台名为 PC 的主机。

为了保证域名系统的通用性，Internet 制定了一组正式通用的代码作为顶级域名，如表 9.1 所示。

表 9.1 顶级域名代码

域名代码	意　义	域名代码	意　义
com	商业组织	art	突出文化活动单位
edu	教育机构	firm	公司、企业
gov	政府部门	info	提供信息服务单位
mil	军事部门	nom	代表个人
org	非盈利组织	rec	突出消遣娱乐活动单位
net	网络机构	store	销售公司或企业
int	国际组织	web	突出 WWW 活动单位

常用的国家和地区的域名如表 9.2 所示。

表 9.2 常用国家和地区的域名

域名代码	国家和地区	域名代码	国家和地区	域名代码	国家和地区
au	澳大利亚	fl	芬兰	nl	荷兰
be	比利时	fr	法国	no	挪威
ca	加拿大	hk	中国香港	nz	新西兰
cn	中国	ie	爱尔兰	ru	俄罗斯
de	德国	in	印度	se	瑞典
dk	丹麦	it	意大利	tw	中国台湾
es	西班牙	jp	日本	uk	英国
ch	瑞士	kp	韩国	us	美国

9.1.4 虚拟专用网

虚拟专用网(Virtual Private Network,VPN)指的是在公用网络上建立专用网络的技术。虚拟的意义是指整个 VPN 网络任意两个结点之间的连接并没有传统专网所需的端到端的物理链路,而是架构在公用网络网络平台上的逻辑网络,用户数据在逻辑链路中传输。

在传统的企业网络中,要进行异地局域网之间的互连,常采用的方法是租用 DDN 专线或帧中继,但是这样的方法会产生高昂的网络通信费用。由于 VPN 是临时建立的安全专用虚拟网络,用户节省了租用专线的费用,资金投入较少,这也是 VPN 价格广受欢迎的原因之一。

目前,VPN 主要采用 4 项技术来保证数据安全,即隧道技术(Tunneling)、加解密技术(Encryption and Decryption)、密钥管理技术(Key Management)和使用者与设备身份认证技术(Authentication)。这 4 项技术中,隧道技术是最重要的技术。

(1) 隧道技术。隧道技术类似于点对点连接技术,它在公用网建立一条数据通道(隧道),让数据包通过这条隧道传输。隧道是由隧道协议形成的,分为第二、三层隧道协议。第二层隧道协议是先把各种网络协议封装到 PPP 中,再把整个数据包装入隧道协议中。这种双层封装方法形成的数据包靠第二层协议进行传输。

第三层隧道协议是把各种网络协议直接装入隧道协议中，形成的数据包依靠第三层协议进行传输。常见的第三层隧道协议有 VTP、IPSec 等。IPSec 定义了一个系统来提供安全协议选择、安全算法选择、确定服务所使用密钥等服务，从而在 IP 层提供数据安全保障。

(2) 加解密技术。加解密技术是网络通信中常见的一项技术，在虚拟专用网可直接利用该项技术。

(3) 密钥管理技术。密钥管理技术的主要任务是在公用数据网上如何安全地传递密钥而不被窃取，目前密钥管理技术又分为 SKIP 与 ISAKMP/OAKLEY 两种。SKIP 主要是利用 Diffie-Hellman 的演算法则在网络上传输密钥；而在 ISAKMP 中，双方都拥有密钥(公钥和私钥)。

(4) 使用者与设备身份认证技术。使用者与设备身份认证技术常使用用户名与密码认证技术。

9.2 Internet 的应用

Internet 提供了海量的、瞬息万变的信息资源，已经成为人们获取信息的一种方便、快捷、有效的手段。Internet 的应用包罗万象，其中搜索引擎、文件传输、邮件收发等是最常用的，下面分别介绍这些应用。

9.2.1 搜索引擎

搜索引擎是 Internet 上的一个网站，它的主要任务是在 Internet 上主动搜索 Web 服务器信息并将其自动索引，其索引内容存储于可供查询的大型数据库中。当用户输入关键词时，该网站会告诉用户包含该关键词信息的所有网站或网页地址，并提供通向该网站或网页的链接。

对于各种搜索引擎，它们的工作过程基本一样，主要包括个方面：

① 派出“网页搜索程序”在网上搜寻所有的信息，并将它们带回搜索引擎；

② 将信息进行分类整理，建立搜索引擎数据库；

③ 通过 Web 服务器软件，为用户提供浏览器界面下的信息查询。

目前各种各样的中英文搜索引擎有十几种或更多，比较常用的有以下几种：

(1) Google (http://www.google.com/)。Google 开发出了世界上最大的搜索引擎(如图 9.3 所示)，提供了最便捷的网上信息查询方法。通过对 30 亿网页进行整理，Google 可为世界各地的用户提供适当的搜索结果，而且搜索时间通常不到 0.5s，现在 Google 每天需要提供 2 亿次查询服务。

(2) Yahoo! (http://www.yahoo.com)。Yahoo! 是目前最常用的搜索引擎之一(如图 9.4 所示)。Yahoo! 使用简单，可直接输入关键字查找，也可以按分类主题进行分类查询。

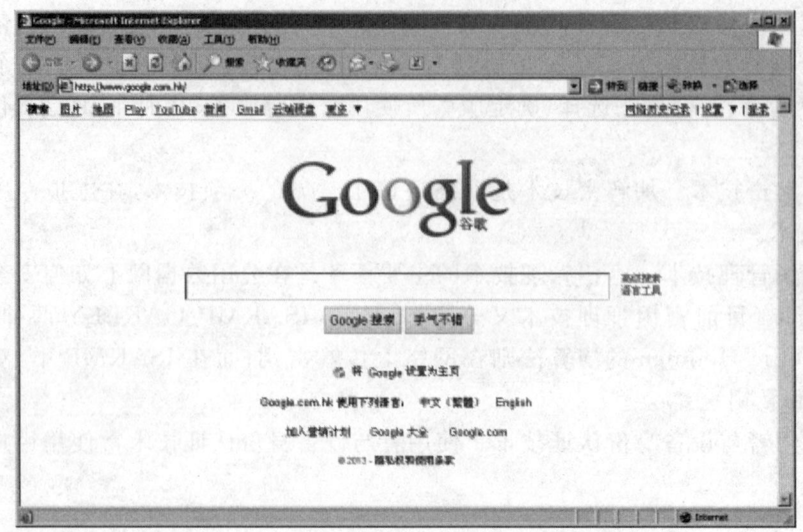

图 9.3　Google 搜索界面

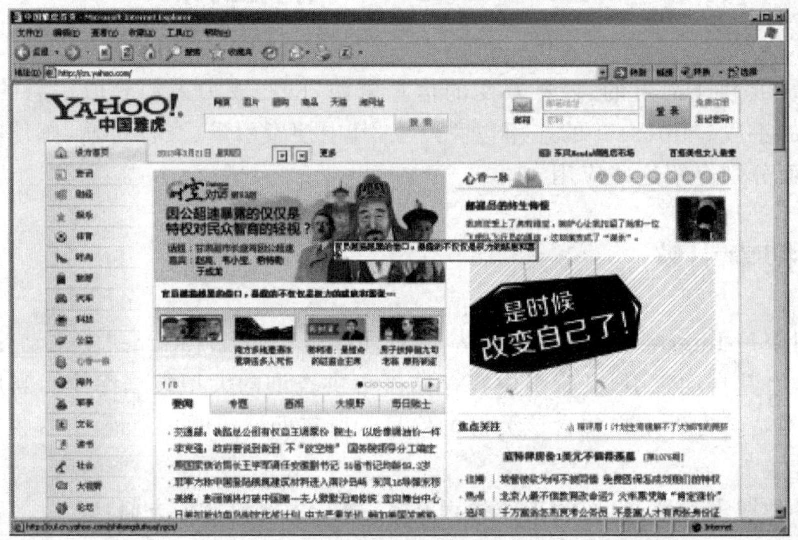

图 9.4　Yahoo 搜索界面

(3) 雅虎中国(http://www.yahoo.cn)。"雅虎中国"是雅虎在中国正式注册的网站(如图 9.5 所示),它支持主题式分类目录查找和关键字查找。雅虎的中文网站收录了 Internet 上成千上万的中文网站,不论用户要找的网站是用国际码简体字、大五码繁体字还是图形中文,只要是中文网站,都可以在这里找到。

(4) 百度中文搜索引擎 (http://www.baidu.com/)。百度搜索引擎拥有目前世界上最大的中文搜索引擎(如图 9.6 所示),其采用智能化中文语言处理技术,具有信息量大、相关性好、刷新率高、速度快、可扩展性好、高准确性、高查全率、更新快以及服务稳定的特点,深受用户的喜爱。它拥有目前世界上最大的中文信息库,总量超过 3 亿页以上,并以每天超过 20 万网页的速度增大。

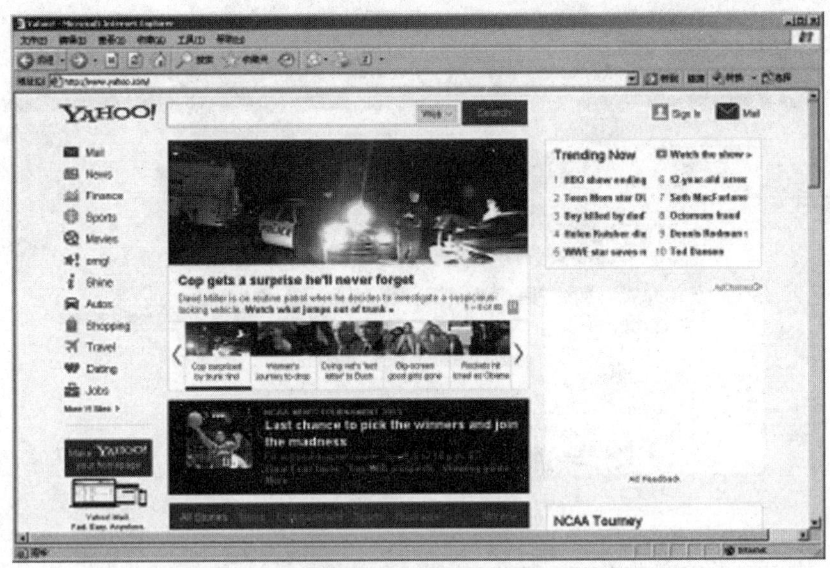

图 9.5　中国雅虎搜索界面

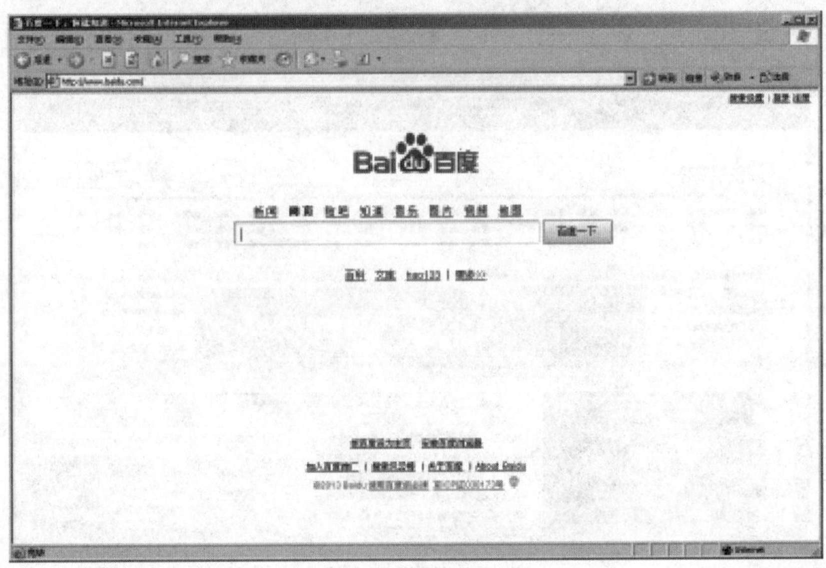

图 9.6　百度搜索界面

(5) 搜狗(http://www.sogou.com/)。搜狐公司于 1998 年推出中国首家大型分类查询搜索引擎(如图 9.7 所示),经过数年的发展,每日浏览量超过 800 万,到现在已经发展成为中国影响力最大的分类搜索引擎。

(6) 网易(http://www.163.com/)。网易搜索引擎(如图 9.8 所示)最大的特色之一是采用“开放式目录”管理方式,在功能齐全的分布式编辑和管理的支持下,现有 5000 多位各界专业人士参与可浏览分类目录的编辑工作,极大地适应了互联网信息爆炸式增长的趋势。

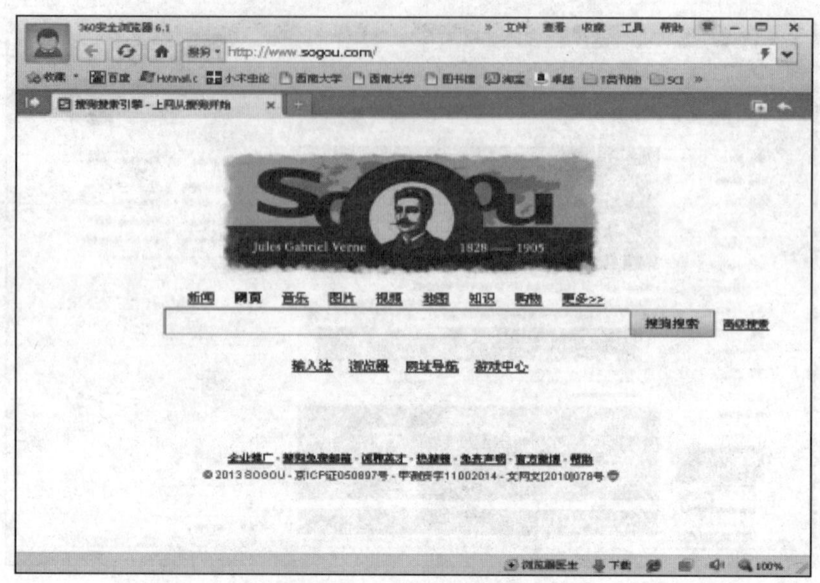

图 9.7　搜狗搜索界面

图 9.8　网易搜索界面

(7) 搜搜(http://www.soso.com/)。搜搜搜索引擎(如图 9.9 所示)目前已成为中国网民首选的三大搜索引擎之一,主要为网民提供实用便捷的搜索服务,同时承担腾讯全部搜索业务。搜搜致力打造一个个性化、社区化、智能化、移动化的创新搜索平台,以提升在线生活服务质量。

(8) 必应(http://cn.bing.com/)。必应(Bing)是微软公司推出的搜索引擎(如图 9.10 所示),提供网页、资讯、图片、视频、地图、词典翻译等各项搜索服务,查找并组织用户所需的答案,以便更快地做出更明智的决策。

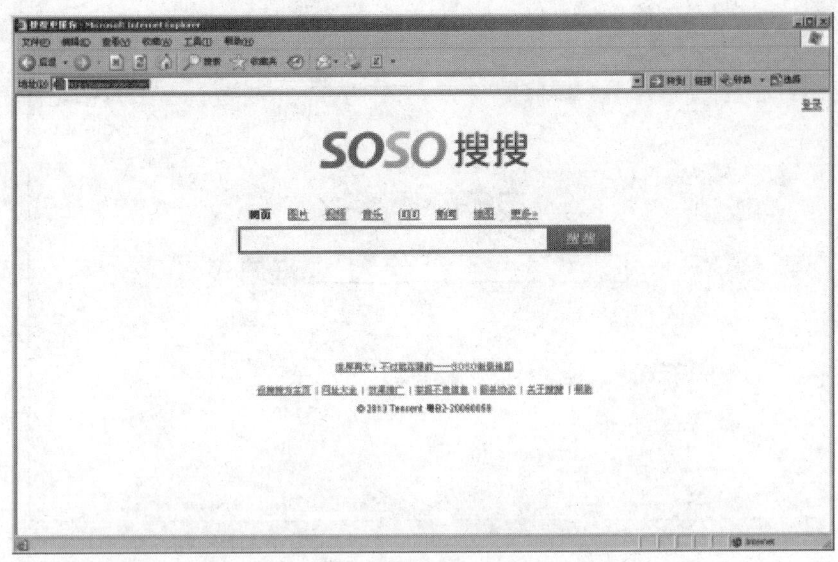

图 9.9　搜搜搜索界面

图 9.10　必应搜索界面

(9) 360 搜索(http://www.so.com/)。360 搜索通过一个统一的用户界面帮助用户在多个搜索引擎中选择和利用合适的搜索引擎来实现检索操作,搜索界面如图 9.11 所示。360 搜索目前主要包括新闻搜索、网页搜索、微博搜索、视频搜索、MP3 搜索、图片搜索、地图搜索、问答搜索、购物搜索,通过互联网信息的及时获取和主动呈现,为广大用户提供实用和便利的搜索服务。

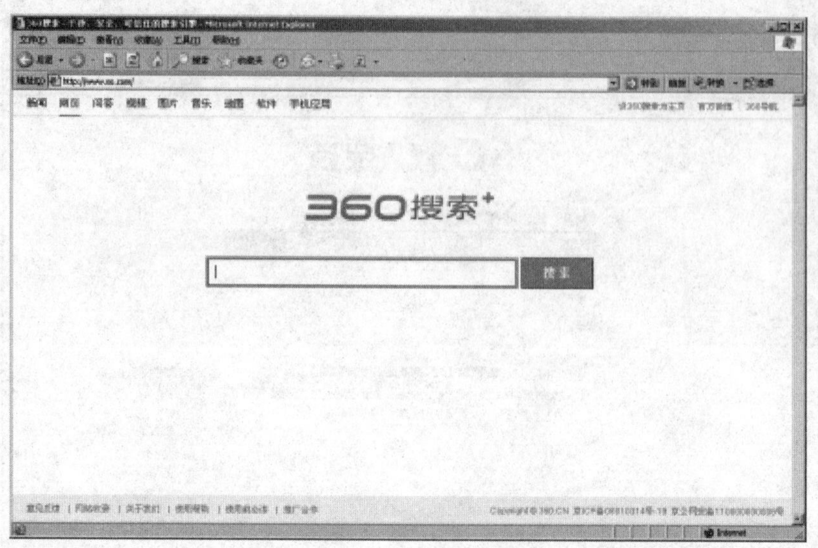

图 9.11　360 搜索界面

9.2.2　文件传输

文件传输(File Transfer Protocol,FTP)是 Internet 上颇具吸引力的一项服务,FTP 服务由它本身的协议命名。它是一种实时的联机服务,在工作时先要登录到对方的计算机上,然后进行文件的上传和下载。

启动 FTP 程序与远程计算机相互传输文件时,提供 FTP 服务的有两个程序:本地机上的 FTP 客户程序提出传输文件的请求;运行在远程计算机上的 FTP 服务器负责响应请求并把指定的文件上传到服务器上或下载到本地计算机上。

实现 FTP 的工具软件有很多,目前还在不断地推出性能更好、功能更强的 FTP 软件。现在流行的 FTP 软件都支持断点续传功能(在传输过程中因通信等原因中断传送后,重新连接时接着上次的中断处继续传送)和多线程下载功能。如迅雷、网际快车(FlashGet)、网络传送带、CuteFTP、FlashFXP 等。

(1) 迅雷。"迅雷"是一种新型的基于多资源超线程技术的下载软件(如图 9.12 所示),它下载完全免费,安装也不需要注册,因此应用非常广泛。它除了可以大幅提高下载速度、降低死链比例、支持多结点断点续传、支持不同的下载速率、支持 Firewall、支持各结点自动路由、支持多点同时传送等功能外,迅雷还支持智能结点分析,即迅雷可以智能分析出哪个结点上传速度最快,从而提高用户的下载速度。

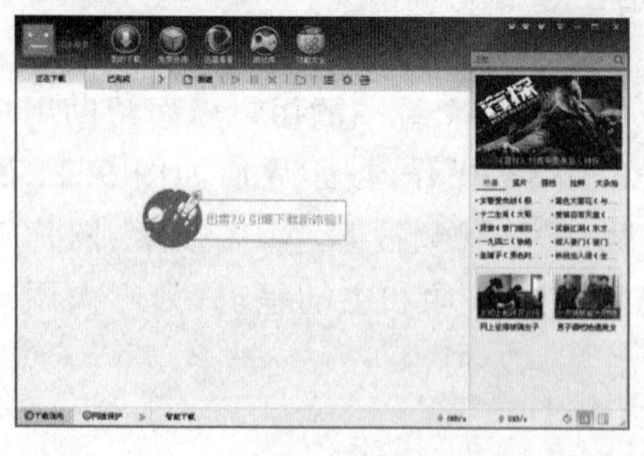

图 9.12　迅雷操作界面

(2) 网际快车(FlashGet)。网际快车简单易用,下载速度快,支持多任务、多线程、断点续传功能，还具有右键菜单关联、拖放设定任务、下载分类保存等功能，运行界面如图 9.13 所示。网际快车的任务数和线程数可根据网络连接速度设定，并采用较为先进的 MHT 和 P4S 下载技术，下载速度是普通下载的 8～10 倍以上，支持 HTTP、FTP、BT 等常见协议和多种流媒体协议。

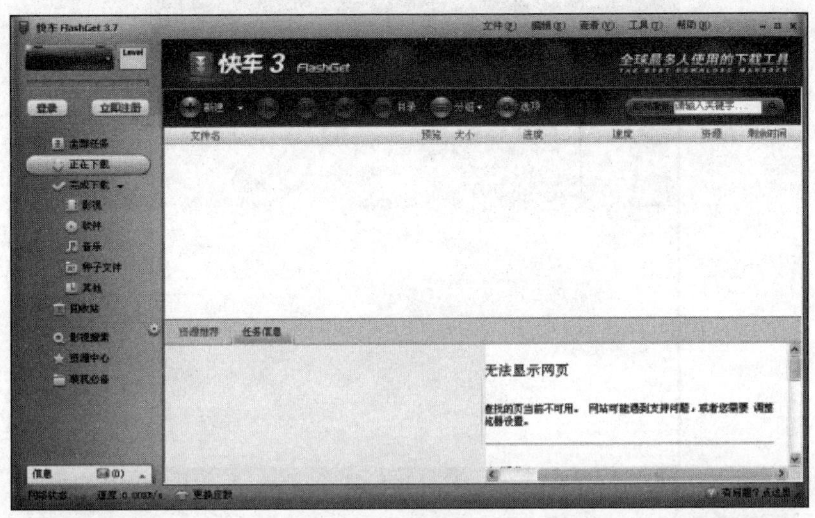

图 9.13　网际快车操作界面

(3) 网络传送带(Net Transport)。网络传送带是一个高效稳定且功能强大的下载工具，下载速度快，CPU 占用率低，尤其在宽带上特别明显，运行界面如图 9.14 所示。网络传送带主要功能有内建简易文件管理器，帮助用户更好地分类和轻松地组织下载文件；简单的多用户管理，不同的用户不同的任务数据；内建的站点探测器能轻而易举地浏览 FTP 站点的目录结构，可以有选择地进行大批文件下载。

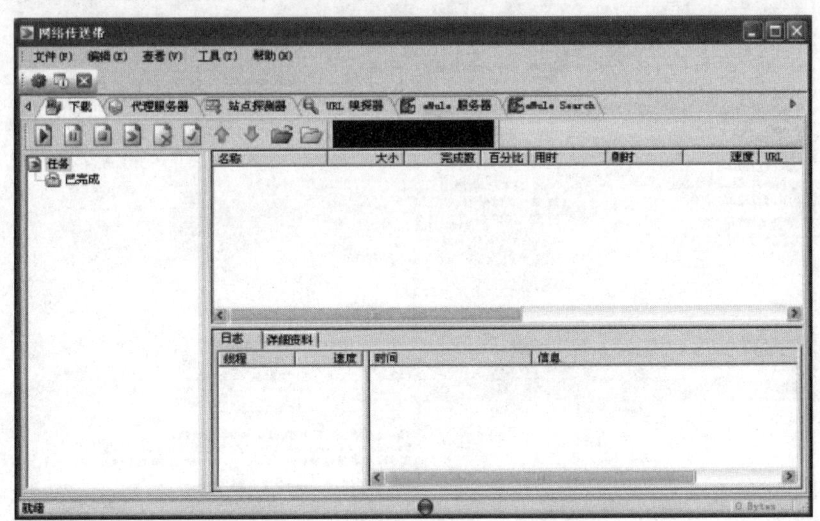

图 9.14　网络传送带操作界面

(4) CuteFTP。CuteFTP 是目前最好的 FTP 客户端程序之一，使用容易且很受用户欢迎，下载文件支持续传，可下载或上传整个目录，也可以上传下载队列，上传断点续传，整个目录覆盖和删除等，运行界面如图 9.15 所示。

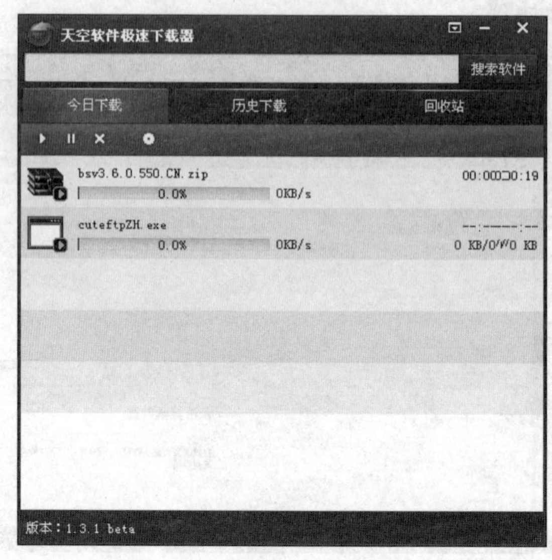

图 9.15　CuteFTP 操作界面

(5) FlashFXP。FlashFXP 是一个功能强大的 FXP/FTP 软件，融合了一些其他优秀 FTP 软件的优点，运行界面如图 9.16 所示。FlashFXP 支持文件夹的文件传送、删除；支持上传、下载及第三方文件续传；可以跳过指定的文件类型，只传送需要的文件；可以自定义不同文件类型的显示颜色；可以缓存远端文件夹列表，支持 FTP 代理及 Socks 3&4。

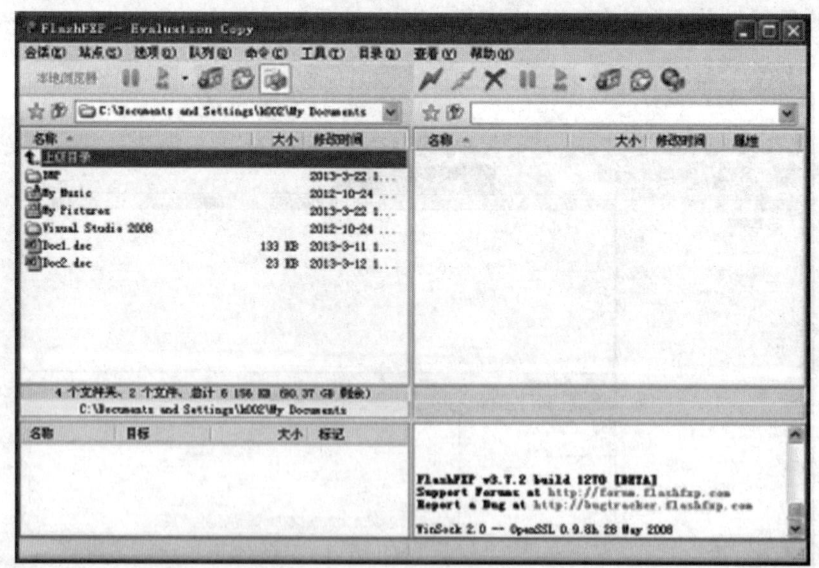

图 9.16　FlashFXP 操作界面

9.2.3 邮件收发

Internet 服务中，电子邮件(E-mail)使用得最为广泛，每天有几千万人在发送电子邮件。与传统邮件相比，电子邮件速度快，所传递的信息可以包括文字、图形、声音、视频等。

(1) 电子邮件的工作过程。电子邮件与通过邮局收发的信件从功能上来讲是类似的，它们都是一种信息的载体，是用来帮助人们沟通的工具，两者间只是实现的方式有所不同。

在 Internet 上有很多类似邮局的计算机来转发和处理电子邮件，称为邮件服务器，其中发送邮件服务器与接收邮件服务器和用户直接相关。发送邮件服务器采用简单邮件传输协议(SMTP：Simple Message Transfer Protocol)协议将用户编写的邮件转交到收件人手中，所以又叫 SMTP 服务器。接收邮件服务器采用邮局协议(POP3：Post Office Protocol)，用于将其他人发送的电子邮件暂时寄存，直到邮件接收者从服务器上取到本地机上阅读，接收邮件服务器又叫 POP3 服务器。

(2) 电子邮件地址格式。收发电子邮件，要拥有一个属于自己的“邮箱”，也就是 E-mail 账号，E-mail 账号可向 ISP 申请，同时还要有一个密码，在收邮件时会用到，它主要用来控制他人的访问和使用。使用电子邮件时，每个用户都有一个唯一的 E-mail 地址，E-mail 地址格式如下：

```
"用户账号"@ "主机地址"
```

其中@符号读作“at”。例如某用户在 ISP 申请了一个电子邮件账号 fuxin，该账号是建立在邮件服务器 163.com 上的，则电子邮件的地址就是 fuxin@163.com。

(3) 电子邮件工具。用户还可以在客户端安装一个负责收发电子邮件的程序，称为用户代理。可供用户选择的用户代理程序很多，如 UNIX 下的 UNIX Mail、Pine(收发双方都是在各自的邮件服务器上直接操作)；Windows 系统下的 Eudora、Netscape、Foxmail、Outlook Express 等(收发是通过 SMTP 和 POP 协议间接访问邮件服务器实现的)，Foxmail 的使用界面如图 9.17 所示。

不论选择什么用户代理，其基本功能包括邮件的起草和编辑；邮件的收发；邮件的读取和检索；邮件回复与转发；退信说明、邮件管理、转储和归纳；邮箱的管理；邮件账号的管理等。

9.2.4 浏览器

要想浏览网页，在 WWW 中畅游，就必须在本地计算机(客户端)上安装一种称为浏览器的软件。WWW 浏览器的使用很直观，并能在许多平台上运用。用户只需在客户端的浏览器上使用鼠标或键盘，选择超文本或输入搜索关键字，WWW 服务器就会按照信息链提供的线索为用户寻找有关的信息，并把结果回送到客户端的浏览器，显示给用户。WWW 浏览器不仅是 HTML 文件的浏览软件，也是一个能实现 FTP、Mail、News 的全功

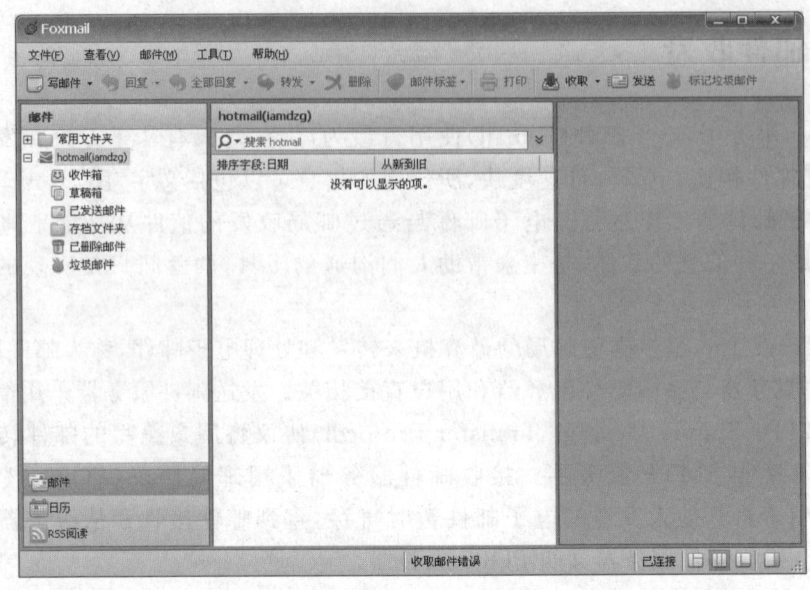

图 9.17 Foxmail 使用界面

能的客户软件。

(1) Internet Explorer 8 浏览器。Internet Explorer 8 浏览器内置网页加速器，具有简洁的界面，可靠的安全性，良好的标签处理方式及一些非常实用的创新功能。但专为 Internet Explorer 8 编写的插件程序非常少，用户无法充分地扩展浏览器的功能。如果需要扩展浏览器的功能，必须选用其他开发商开发的基于 IE 内核的浏览器。

(2) 360 安全浏览器。360 安全浏览器是 360 安全中心推出的一款基于 IE 内核的浏览器(如图 9.18 所示)，是凤凰工作室和 360 安全中心合作的产品。360 安全浏览器拥有全国最大的恶意网址库，采用恶意网址拦截技术，可自动拦截挂马、欺诈、网银仿冒等恶意网址。360 安全浏览器独创沙箱技术，在隔离模式即使访问木马网页也不会感染。

图 9.18 360 安全浏览器

(3) 火狐浏览器(Firefox Mobile)。火狐浏览器是一款基于移动平台的手机与平板专用浏览器,可随时随地进行上网冲浪,运行界面如图 9.19 所示。它是第一款支持"请勿跟踪"功能的移动浏览器,这个特性可以让用户避免网站对其在线行为的监测,带给用户较安全的网络环境。火狐浏览器是一个开源网页浏览器,使用 Gecko 引擎,由 Mozilla 基金会与数百个志愿者所开发。

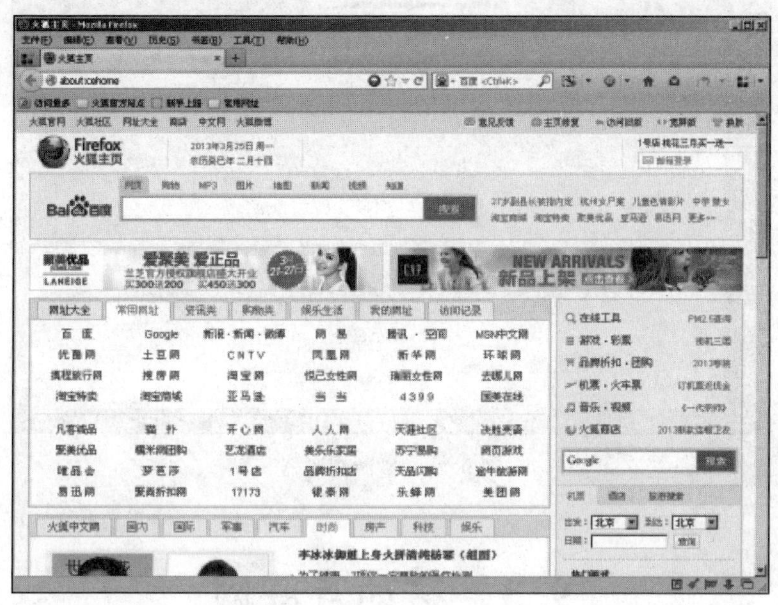

图 9.19 火狐浏览器

(4) 谷歌浏览器(Chrome)。谷歌浏览器是一款快速轻松且安全的浏览器,其设计简洁,使用方便,运行界面如图 9.20 所示。谷歌浏览器支持多标签浏览,每个标签页面都独立运行,在提高安全性的同时,一个标签页面的崩溃也不会导致其他标签页面被关闭。此外,谷歌浏览器基于强大的 JavaScript V8 引擎,这远远领先于其他浏览器。

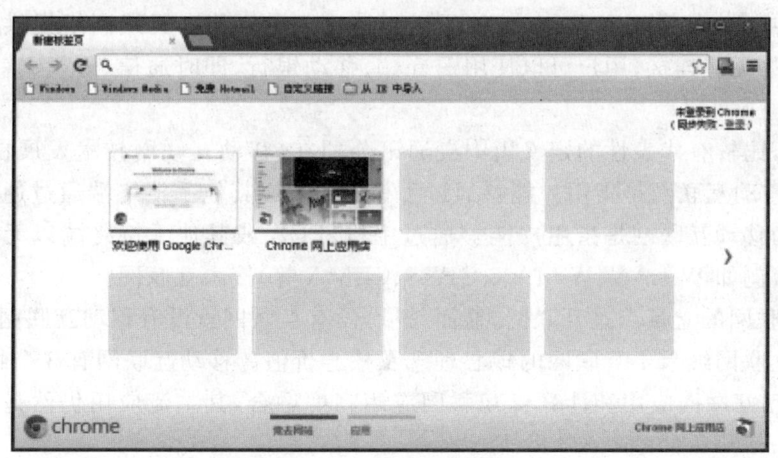

图 9.20 谷歌浏览器

(5) 遨游浏览器。傲游浏览器是一款多功能、个性化多标签浏览器，运行界面如图 9.21 所示。傲游浏览器能有效减少浏览器对系统资源的占用率，提高网上冲浪的效率。最新版本的傲游浏览器是支持多平台的云浏览器，主要有云推送、云下载和云引擎等功能。

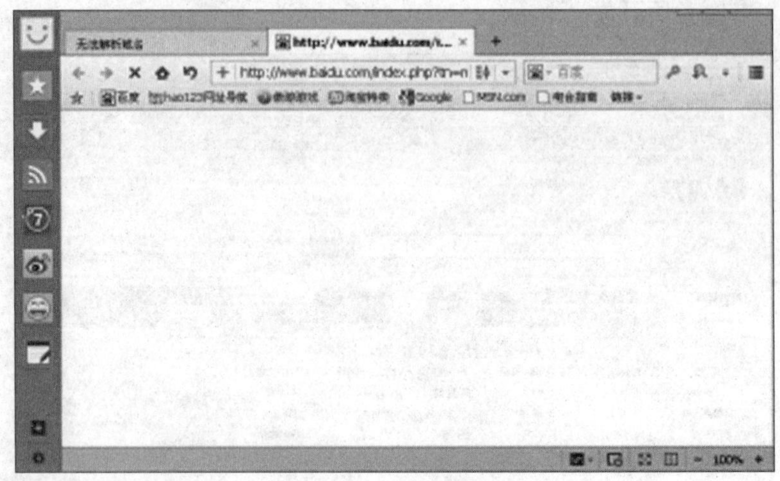

图 9.21　遨游浏览器

9.3　移动互联网

9.3.1　移动互联网的概念

移动互联网是通信网和互联网的结合，不同的组织机构对其定义不同。

国外比较权威的定义来源于 Information Technology 论坛，定义为：无线互联网是指通过无线终端，如手机和 PDA 等使用世界范围内的网络。无线网络提供了任何时间和任何地点的无缝连接，用户可以使用 E-mail、移动银行、即时通信、天气、旅游信息及其他服务。

在我国，比较有代表性的定义由中兴通讯公司在《移动互联网技术发展白皮书》中指出：狭义的移动互联网是指用户能够通过手机、PDA 或其他手持终端通过通信网络接入网络；广义的移动互联网是指用户能够通过手机、PDA 或其他手持终端以无线的方式通过各种网络(例如 W-LAN、WiMAX、GPRS、CDMA 等)接入互联网。

移动互联网的立足点是互联网，显而易见，没有互联网就没有移动互联网。从本质上来说，移动互联网继承了互联网的核心理念及核心价值。移动互联网有 3 个特征：

(1) 移动互联网应用和计算机互联网应用高度融合，其主流应用仍然是计算机互联应用的平移；

(2) 移动互联网继承了互联网上的商业模式，后向收费是主体，运营商代收费项目萎缩；

(3) 移动互联网有某些互联网巨头来快速布局(例如：Google、Facebook、YouTube和腾讯等)。

目前，移动互联网上网方式主要有WAP和WWW两种，其中WAP是主流。WAP的站点主要包括两类站点，一类是运营商建立的官方网站(例如：中国移动建立的移动梦网)，另一类是非官方的独立WAP网站，虽然建立在运营商的无线网络上，但是独立于运营商。

移动互联网对的发展大约经历了3个阶段。

第一阶段(2002—2006年)：这个阶段称为Mobile Internet 1.0，基于WAP、封闭的移动互联网时代，借鉴互联网的经验，将一部分内容直接移植到手机上。由于无线网络的带宽有限，只能提供文本服务，主要由运营商经营。

第二阶段(2006—2010年)：这个阶段称为Mobile Internet 2.0，是手机和互联网融合的移动互联网时代，用户属性多元化和产业主导权争夺激烈。网络宽带和终端处理能力增强，各类互动应用层出不穷，呈现终端业务一体化。

第三阶段(2010年至今)：这个阶段称为Mobile Internet 3.0，在这个阶段移动互联网实现无处不在的信息服务，基于用户统一的身份认证，为客户提供多层面和深入日常生活的各类信息服务，形成新的产业核心力量。网络带宽和终端处理能力取得突破，不再成为业务瓶颈。用户识别实现基于统一的身份认证的信息服务，主导商主要基于客户关系。

移动通信和互联网是当今世界发展最快、市场潜力最大、前景最诱人的两大业务，它们的增长速度都是无法预料到的，而移动互联网是两者的集合，可以预见移动互联网将会创造奇迹。移动互联网的优势决定其用户数量庞大，截至2012年9月底，全球移动互联网用户已达15亿。

9.3.2 移动互联网的特点

移动互联网是一种基于用户身份认证、环境感知、终端智能和无线泛在的互联网应用业务集成。移动互联网将互联网的各种应用业务通过一定的变换在各种用户终端上进行定制化和个性化展示，具有其自身的特点。

(1) 技术开放性。开放性是移动互联网的基本特性，移动互联网基于信息技术和通信技术，这两者都是具有开放性的技术，因此移动互联网也具有开放性。

(2) 业务融合化。在移动互联网中，用户的服务需求越来越多样化和个性化，而单一的网络服务不能满足用户的需求，网络技术的发展为业务的融合化提供了可能性和技术支持。融合技术正在将多个原本分离的业务整合起来，使得移动互联网的服务越来越丰富多彩。

(3) 终端的集成性和智能化。由于移动互联网是计算机技术和通信技术的集成，移动终端既是通信终端也是功能强大的计算机平台。随着电子技术的发展，移动终端会越来越智能化且具有较高的集成度。

(4) 网络异构化。移动互联网支持的各种宽带互联网络及其他网络，不同的网络组织结构不同，但都遵循IP协议。移动互联网虽然架构在不同的网络上，但是能因为IP协议而共同工作。

(5) 较高的便携性。用户使用移动终端设备的时间远远高于使用计算机的时间，这决定使用移动终端设备上网可以比计算机上网更加方便快捷，这主要依靠移动终端设备的小型化和便携性。

(6) 较强的隐私性。移动终端设备的隐私性远高于计算机用户的要求，较强的隐私性决定了移动互联网终端应用的特点是数据共享时能有效的保障客户身份的合法性，同时也要保证信息的安全性。

(7) 终端与网络的局限性。移动互联网业务在应用时受到网络和终端设备的限制。在网络处理能力方面，一般会受到无线传输环境和技术等因素影响，而移动终端的电池容量、芯片处理能力等因素都制约其发展。

9.3.3 移动互联网的核心技术

移动互联网的关键技术有SOA(Service-Oriented Architecture，面向服务的体系结构)、Web 2.0、Widge、AJAX(Asynchronous JavaScript and XML，异步JavaScript和XML)、P2P/P4P、SaaS等，除此之外还包含MIP、SIP、RTP和RTSP等协议。

1. SOA

SOA一个组件模型，它将应用程序的不同功能单元(通常称为服务)通过这些服务之间定义好的接口和规则联系起来。接口是采用中立的方式进行定义的，它应该独立于实现服务的硬件平台、操作系统和编程语言。这使得构建在各种这样的系统中的服务可以以一种统一和通用的方式进行交互。

SOA具可重用性、松耦合性、明确定义的接口、无状态的服务设计和基于开放标准设计等五大特点。

2. Web 2.0

Web 2.0是与Web 1.0相比较而存在的一类互联网应用。Web 1.0的主要特点在于用户通过浏览器获取信息，而Web 2.0则更注重用户的交互作用，用户既是网站内容的浏览者，也是网站内容的制造者。网站内容的制造者是说互联网上的每一个用户不再仅仅是互联网的浏览者，同时也是互联网信息的创建者。

基于Web 2.0模式移动互联网具有以下几个特点。

(1) 用户分享：用户可以不受时间和地域的限制分享各种观点，用户可以获取自己需要的信息也可以发布自己的信息资源；

(2) 信息聚合：网络资源信息会不断积累而不会消失；

(3) 产生社群：大量的用户会对某些问题感兴趣而聚集起来而形成群体；

(4) 平台具有开放性：移动互联网络平台对于用户来说是开放的，用户会积极的参与其中。

3. Widget

Widget(Software widget)是一个桌面小插件、小应用，是一种可重用的代码。也可以理解为一种轻量级的相对简单好用的小应用或用户界面。移动互联网用户常用是Web Widget 和 Desktop widget。

Web Widget 是一种 HTML 代码,可以嵌入到网页上,Desktop Widget 运行在计算机操作系统环境。Widget 由 Widget 引擎、Widget 应用和 Widget 能力集组成。Widget 引擎提供了一个跨操作系统的应用程序平台,Widget 应用是面向用户的小程序,使用脚本语言开发,开发周期短,Widget 能力集有 Widget 引擎封装和调用,供不同行业用户使用。用户在移动终端设备上安装 Widget 引擎后就能在平台上运行各种 Widget 应用。目前 Widget 已经成为他的互联网的主要应用形式之一。

4. AJAX

AJAX 是一种用于创建更好交互性 Web 应用程序的技术。利用 AJAX 技术,设计人员可直接使用 JavaScript 的 XMLHttpRequest 对象来直接与服务器进行通信,通过 XMLHttpRequest 对象,用户的 JavaScript 可在不重载页面的情况与 Web 服务器交换数据。

AJAX 在浏览器与 Web 服务器之间使用异步数据传输方式,这使得网页只需要从服务器请求少量的信息而不是更新整个页面。AJAX 技术可使因特网应用程序更小、更快,更友好。

AJAX 技术的核心是 JavaScript 中的 XmlHttpRequest 对象。XmlHttpRequest 对象在 Internet Explorer 5 及其以后的版本才被支持,是一种异步传输技术。也就是说,XmlHttpRequest 对象可以使用 JavaScript 向服务器提出请求并要求服务器处理但基本不占用用户太大的带宽。

5. P2P/P4P

P2P(Peer to Peer,对等网络)是指一种新的通信模式,每个参与者具有同等的能力,可以发起一个通信会话,也可以响应一个服务请求。换句话说,网络中的每台计算机既是客户端也使服务器。

P2P 是直接将每个以后连接起来,让用户通过网络点对点的交流。P2P 技术使得网络上的沟通变得更容易、更直接,消除数据传输的中间环节。P2P 技术符合网络最初设计的目的,给了用户提供了一个完全自主的超级信息资源库。

P4P(Proactive network Provider Participation for P2P)是 P2P 技术的升级版,意在加强服务供应商与客户端程序的通信,降低骨干网络传输压力和运营成本,并提高改良的 P2P 文件传输的性能。与 P2P 随机挑选 Peer 不同,P4P 协议可以协调网络拓扑数据,能够有效选择 Peer,从而提高网络路由效率。

网络工作在 P2P 下时,数据结点和传输是随机的,P4P 则是智能选取数据交换对象,通过智能运算选择某些路由器来进行数据交换,最大限度上解决结点和网络负载不均衡现象,这种方式能大大提高数据传输能力。

6. SaaS

SaaS(Software as a service,软件运营服务模式)是随着互联网技术的发展而兴起的一种完全创新的软件应用模式,是一种通过 Internet 提供软件的模式。厂商将应用软件统一部署在自己的服务器上,客户根据自己需求,通过互联网向厂商定购所需的应用软件服务，按订购服务时间向厂商支付相应的费用，并通过互联网获得服务。在这种模式中，用户不用再购买软件，而改用向提供商租用基于Web的软件，来管理经营活动，且不需要对软件进行维护，服务提供商会管理和维护软件。某些软件提供商向用户提供互联网应用时，也提供软件的离线操作和本地数据存储服务，用户都可以随时随地使用软件与服务。对于中小型企业来说，SaaS是一种较好的模式，能减少企业购买、构建和维护基础设施及应用软件费用。

9.3.4 移动互联网的应用

移动互联网发展迅速，3G技术也得到普遍的应用，移动网络的宽带化成为发展重点，运营商对移动互联网业务也越来越重视。移动互联网业务不仅体现在移动性和及时性上，用户追求的是更丰富的业务、更个性化的服务和更高的服务质量。目前移动互联网应用还处于初级发展阶段，移动互联网的主要应用模式包含下列几个方面。

(1) 移动社交。移动社交是移动用户的数字化生存平台。在移动互联网的世界里，服务社区化将成为焦点，不同的社区可以让用户有不同的体验，这会加剧用户对移动互联网的依赖性。

(2) 移动广告。移动广告是移动互联网的主要盈利来源，移动广告是一项具有广阔应用前景的业务形式，将会成为下一代移动互联网繁荣发展的主要推动力量。

(3) 手机游戏。手机游戏将成为大众娱乐的领航者，占领较大份额的游戏市场。随着硬件技术和软件技术的发展，移动终端设备将发生较大的革新，给用户带来强烈的震撼。

(4) 手机电视。手机电视将成为现代人的信息来源之一，手持电视用户目前主要集中在年轻人群中，但是随着通信技术的发展，使用群体将逐渐扩大。

(5) 移动电子阅读。移动电子阅读将带来全新的阅读方式，用户可以利用狭缝时间进行有效的阅读。因为移动终端设备功能的扩展、屏幕显示技术的提高、内存容量的提升、付款方便快捷等优势，移动电子阅读将会成为一种主流的阅读方式。

(6) 移动定位服务。移动定位服务可以为用户提供个性化的需求，能满足人们对位置信息的需求，移动定位服务的需求将快速增加。

(7) 手机搜索。手机搜索将成为移动互联网发展的推进器，是人们获得信息的另一种有效途径。手机搜索引擎整合搜索概念、智能搜索、语义互联网等概念，综合了多种搜索方法，可以提供范围更宽广的垂直和水平搜索体验，更加注重提升用户的使用体验。

(8) 手机内容共享服务。手机内容共享服务将成为提供更多的信息资源共享服务，用户可以将手机图片、音频、视频等信息进行全球共享，这项服务也被认为是未来3G业务的重要组成部分。

(9) 移动支付。移动支付是电子支付的重要手段之一，支付手段的电子化和移动化是大势所趋，移动支付业务的发展表明移动通信行业与金融行业密不可分。

(10) 移动电子商务。移动电子商务是电子商务的重要组成部分，移动电子商务可以为用户随时随地提供所需的服务、应用、信息和娱乐，利用手机终端方便快捷的选择和购买商品与服务。

9.4 物 联 网

9.4.1 物联网概述

物联网(Internet of Things，IoT)在1999年提出，也被称为Web of Things。物联网一般被认为是互联网的应用扩展。2005年，在突尼斯举行的信息社会世界峰会上，ITU(International Telecommunications Union，国际电信联盟)发布了《ITU互联网报告2005：物联网》，正式提出了“物联网”的概念。报告指出，无所不在的“物联网”通信时代即将来临，世界上所有的物体从轮胎到牙刷、从房屋到纸巾都可以通过因特网主动进行交换。射频识别技术(RFID)、传感器技术、纳米技术、智能嵌入技术将在物联网中得到更加广泛的应用。

报告给出的定义有两层含义，首先，物联网的核心和基础仍然是互联网，是互联网延伸和扩展；其次，网络的终端延伸和扩展到了任何物品与物品之间，它们之间也可以进行信息交换和通信。

我国目前对物联网的简介定义是，物联网是一个基于互联网、传统电信网等信息承载体，让所有能够被独立寻址的普通物理对象实现互联互通的网络。它具有普通对象设备化、自治终端互联化和普适服务智能化3个重要特征。

和传统的互联网相比，物联网有其特殊性。首先，它是各种感知技术的广泛应用。物联网上部署了海量的多种类型传感器，每个传感器都是一个信息源，不同类别的传感器所捕获的信息内容和信息格式不同。传感器获得的数据具有实时性，按一定的频率周期性的采集环境信息，不断更新数据。其次，它是一种建立在互联网上的泛在网络。物联网技术的重要基础和核心仍旧是互联网，通过各种有线和无线网络与互联网融合，将物体的信息实时准确地传递出去。在物联网上的传感器定时采集的信息需要通过网络传输，由于其数量极其庞大，形成了海量信息，在传输过程中，为了保障数据的正确性和及时性，必须适应各种异构网络和协议。最后，物联网不仅仅提供了传感器的连接，其本身也具有智能处理的能力，能够对物体实施智能控制。物联网将传感器和智能处理相结合，利用云计算、模式识别等各种智能技术，扩充其应用领域。从传感器获得的海量信息中分析、加工和处理出有意义的数据，以适应不同用户的不同需求，发现新的应用领域和应用模式。

从技术架构上来看，物联网可分为感知层、网络层和应用层。感知层由各种传感器构成，包括各种生物传感器、二维码标签、RFID标签和读写器、摄像头、GPS等，感知层的作用相当于人的感觉器官，是物联网识别物体、采集信息的来源，其主要功能是识别物体，采集信息。网络层由各种局域网、互联网、网络管理系统和云计算平台等组成，相当于人的神经中枢和大脑，负责传递和处理感知层获取的信息。应用层是物联网和用户的接口，它与行业需求结合，实现物联网的智能应用。

物联网的思想理念于1995年在比尔·盖茨的《未来之路》一书中出现。1999年，美国Auto-ID首先提出“物联网”的概念，即把所有物品通过射频识别等信息传感设备与互联网连接起来，实现智能化识别和管理。

2003年，美国《技术评论》提出传感网络技术将是未来改变人们生活的十大技术之首。

2005年11月17日，在突尼斯举行的信息社会世界峰会(WSIS)上，国际电信联盟(ITU)发布《ITU互联网报告2005：物联网》，引用了“物联网”的概念。物联网的定义和范围已经发生了变化，覆盖范围有了较大的拓展，不再只是指基于RFID技术的物联网。

2009年1月28日，奥巴马就任美国总统后，与美国工商业领袖举行了一次“圆桌会议”，IBM首席执行官彭明盛首次提出“智慧地球”概念并建议政府投资。随即美国将新能源和物联网列为振兴经济重点。

2009年8月，温家宝总理在视察中科院无锡物联网产业研究所时，对于物联网应用也提出了一些看法和要求。此后不久，物联网被正式列为国家五大新兴战略性产业之一，物联网在中国受到了全社会极大的关注。

9.4.2 物联网的核心技术

与物联网技术紧密相关的有传感器技术、RDIF技术和嵌入式技术。

(1) 传感器技术是计算机应用中的关键技术。传感器是一种检测装置，能感受到被测量的信息，并能将检测的信息按一定规律变换成为电信号或其他所需形式的信息输出，以满足信息的传输、处理、存储、显示、记录和控制等要求。它是实现自动检测和自动控制的首要环节。

传感器按用途可以分为压力敏和力敏传感器、位置传感器、液位传感器、能耗传感器、速度传感器、加速度传感器、射线辐射传感器、热敏传感器。按照工作按原理分可以分为振动传感器、湿敏传感器、磁敏传感器、气敏传感器、真空度传感器、生物传感器等。

(2) RFID(Radio Frequency Identification，射频识别)技术是一种通信技术，可通过无线电信号识别特定目标并读写相关数据，而无须识别系统与特定目标之间建立机械或光学接触。根据设备工作的频率不同，又分为低频(125～134.2kHz)RFID、高频(13.56MHz)RFID和超高频RFID。随着物联网的发展，RFID技术的应用越来越广泛。

RFID设备是一种简单的无线系统，只有两个基本器件，用于控制、检测和跟踪物体。整套系统由一个阅读器和多个应答器(RFID标签)组成。早些时候，应答器是指能够回答自身信息的电子模块，随着射频技术的发展，应答器逐步发展为智能标签。

RFID技术是一种非接触式的自动识别技术，通过射频信号自动识别目标对象并获取相关数据，识别工作无须人工干预，可工作于各种恶劣环境。RFID技术还可以识别高速运动物体并可同时识别多个标签，操作快捷方便。

基于RFID技术的产品大体上可以分为3类：无源RFID产品、有源RFID产品和半有源RFID产品。

无源 RFID 产品发展最早，也是发展最成熟且市场应用最广的产品，第二代居民身份证是其最典型的代表。无源 RFID 产品在日常生活中随处可见，属于近距离接触式产品，主要工作频率有 125kHz、13.56MHz、433MHz 和 915MHz 这 4 种。

有源 RFID 产品是最近几年发展起来的产品，由于有源 RFID 产品具有远距离自动识别的特点，因此具有巨大的应用空间和市场潜力。有源 RFID 产品在远距离自动识别领域（例如智能停车场、智慧城市和智慧地球）和物联网中具有不可替代的地位。有源 RFID 产品主要工作在 915MHz 和 2.45GHz 两个频率段。

半有源 RFID 产品结合了有源 RFID 产品和无源 RFID 产品的优势，能在 125kHz 的较低频率下发挥 2.45GHz 的工作优势。半有源 RFID 技术也称为低频激活触发技术，利用低频近距离精确定位，微波远距离识别和上传数据，来解决单纯的有源 RFID 和无源 RFID 没有办法实现的功能。半有源 RFID 技术是一项易于操控且适合自动化控制的应用技术，识别工作无须人工干预，既支持只读工作模式也支持读写工作模式且无需接触或瞄准。

(3) 嵌入式系统技术是综合了计算机软硬件、传感器技术、集成电路技术、电子应用技术为一体的复杂技术。从航天航空的卫星系统到人们日常生活用品，基于嵌入式系统技术的智能终端产品随处可见。嵌入式系统正在改变着人们的生活，推动着工业生产以及国防工业的发展。如果把物联网比作一个人，传感器相当于人的眼睛、鼻子、皮肤等感觉器官，网络相当于人的神经系统，而嵌入式系统则是人的大脑，把接收的信息进行处理。嵌入式系统是一种专用计算机系统，通常作为设备的一部分而存在。嵌入式系统通常存储在 ROM 中，几乎所有带有数字接口的设备（例如：微波炉、录像机、汽车等）都有 ROM 且都使用嵌入式系统，某些复杂的嵌入式系统还自带操作系统，但这对系统的硬件要求很高。

由此可以知道嵌入式系统具有如下几个特征。

① 系统内核小：嵌入式系统一般是应用于小型电子装置的，系统资源相对有限，所以内核较之传统的操作系统要小得多。

② 专用性强：嵌入式系统的针对性很强，设备的软硬件结合非常紧密，不同的硬件不能进行系统移植。

③ 系统精简：嵌入式系统不区分系统软件和应用软件，软件功能不能过于复杂，这样不仅可以控制系统成本也可以保证系统的安全性。

④ 高实时性：高实时性的系统软件是嵌入式软件的基本要求，软件要求固态存储以提高速度。

9.4.3 物联网的应用

物联网用途广泛，遍及智能交通、环境保护、政府工作、公共安全、平安家居、智能消防、工业监测、环境监测、老人护理、个人健康、花卉栽培、水系监测、食品溯源、敌情侦查和情报搜集等多个领域。

物联网把信息技术充分运用在各行各业之中，把感应器嵌入或安装到电网、铁路、桥梁、隧道、公路、建筑、供水系统、大坝、油气管道等各种物体中，然后将其与现有的互联网整合起来，实现人类社会与物理系统的整合。在整合网络中，存在能力超强的中心计算机集群，能够对整合网络内的人员、机器、设备和基础设施实施实时的管理和控制。在此基础上，人类可以更加精细管理生产和生活，达到管理的最佳状态，提高资源利用率和生产力水平，改善人与自然间的关系。

1. “五粮液”产品追溯系统

五粮液作为中国最顶尖、最具代表性、销量最大的酒类品牌，一直是假冒犯罪的首要目标，因此五粮液集团在保护品牌方面的重视程度和投入力度均大大超过同行。2009年开始研制产品追溯系统并很快投入使用。

通过项目的实施，建设完成了一套“五粮液”产品的RFID防伪和追溯管理系统，树立RFID技术在食品类防伪的国内示范应用，包含从芯片设计制造、标签封装、包装生产、出入库、物流和销售、消费、公共平台验证、投诉与打假等各环节的一整套的防伪技术、工具和手段，逐步完善RFID技术在食品防伪和追溯管理主要功能，逐步形成行业应用标准，为我国商品流通市场中RFID的防伪应用摸索出一条可行的途径。

“五粮液”RFID防伪标签是集多项专利技术的超高频电子标签，具有全球唯一码、数字签名、防转移、防复制等特性。RFID标签采用以易碎纸为基材的金属天线生产加工工艺，既保证了对标签高读写性能要求，又能满足防伪的要求。

RFID采集系统整体优化和改善了“五粮液”包装车间、出入库、物流环节的操作流程，使包装流水线的运作和产品仓储和流通更加精确化、规范化、数据化和现代化。使用RFID系统，能为用户提供每一瓶酒的产品属性信息和生产、入库、流转的业务操作信息，包括标签验证结果信息、单品物流信息、箱体物流信息，系统出错统计信息等。

2. 智能公交站牌系统

随着公共交通事业的发展，高科技给人们出行带来的便捷也日益受到各地重视。智能公交站牌系统覆盖整个城市的公交系统，采用局域范围内组网技术进行信息传输，在一个城市的公交运营中心搭建一个中心监控平台，每个公交站牌安装一个基站，这些基站用来与配有RFID卡的公交车进行数据传输，实现实时跟踪定位。基站与中心平台采用GPRS传输技术，RFID卡与基站之间采用无线射频技术进行数据传输，有效距离约为100～200m。智能公交站牌系统灵活性强、综合成本低，性能稳定，且不会产生任何费用。

智能公交站牌系统包括车载定位器、电子站牌、调度台、移动中心服务器、通信服务器、数据存储服务器和信息发布服务器这7个部分。

智能公交站牌系统的主要功能是，电子站牌信息显示屏上显示离本站最近的车辆的当前位置；中心电子地图具有车辆、路线、道路等有关数据的查询功能；、电子站牌可提示该线路的始、末车发车时间，预计从发车点到达该站的时间并可发布路况信息、广告信息等。

3. 智能停车管理系统

智能停车场管理系统采用RFID技术，其使用的RFID标签可读可写且读写距离可根据实际的需要选取。智能停车管理系统通过RFID阅读器自动读取RFID标签信息，对进出车辆的数据信息进行识别、采集、记录，同时进行相应的处理（例如：车辆放行、车辆进出停车场信息记录等)。与传统停车场管理系统相比，智能停车场管理系统很多优势。首先，系统采用超高频的设备，远距离读取 RFID 标签，无须人工刷卡，省去大部分操作，缩短了车辆出入时间，其次，系统可靠性高、稳定性好、维护费用低并具有数据备份和数据恢复能力，最后，RFID 标签的保密性高、防伪性能好，能确保停放车辆的安全，杜绝了人工操作的失误。

智能停车管理系统中，每辆汽车配有一张具有唯一代码的 RFID 电子标签卡，电子标签卡上记录了车辆、车主人员的相关信息。当车辆进出时，RFID 阅读器读取 RFID 标签卡上的信息，并把相应的信息传送到计算机上，计算机通过软件对 RFID 标签卡上的相关信息与数据库里的信息进行比较判断，如果信息一致，则计算机发送通过的指令，道闸打开允许车辆通过，同时计算机对该用户的 RFID 的标签卡进行相应的信息处理(例如车辆出入时间的记录)。如果读取的信息与数据库中的信息不一致，计算机将发送禁止通过的指令，道闸关闭禁止车辆通过。

第10章 计算机信息系统安全

随着计算机网络的发展和互联网的广泛应用，信息已经成为现代社会生活的核心。国家政府机构、企事业单位大多已建立了自己的局域网，而且通过各种方式与互联网相连，通过上网来树立形象、拓展业务，已经成为现代企业发展的重要手段。

电子政务、电子商务的快速发展，使数据安全问题越来越突出。据统计，我国90%以上的网站存在安全漏洞，很多网站都曾受到过黑客的攻击和计算机病毒的侵害，给国家和企业造成了巨大的损失。

计算机信息系统安全主要包括实体安全、运行安全、信息安全、网络安全几个方面。本章主要从实体安全、运行安全、网络安全、计算机病毒、软件知识产权等方面介绍计算机信息系统的安全知识。

10.1 计算机信息系统安全概述

计算机信息系统在信息收集、加工、处理、分析、存储及传输等方面扮演着越来越重要的角色，针对计算机信息系统的威胁也越来越多。怎样提高计算机信息系统的安全性是当前国际国内专家普遍思考的问题。

10.1.1 计算机信息安全的概念

计算机信息系统是指由人、机和软件组成的能自动进行信息收集、传输、存储、加工处理、分发和利用的系统。它由实体和信息两大部分组成。实体是指实施信息收集、传输、存储、加工处理、分发和利用的计算机及其外部设备和网络；信息是指存储于计算机及其外部设备上的程序和数据。信息的安全指信息在存储、处理和传输状态下均能够保证其保密、完整、可用和可控。

由于计算机信息系统涉及有关国家安全的政治、经济和军事情况以及一些企业与个人的机密级敏感信息，所以它成为威胁和攻击的主要对象。关于计算机信息系统安全的问题，正在形成计算机领域一门新的学科——计算机安全学。所谓计算机信息系统安全，国际标准化委员会对计算机信息系统安全定义提出了一个建议，即“为数据处理系统建立和采取的技术的和管理的安全保护，保护计算机硬件、软件、数据不因偶然的或恶意的原因而遭破坏、更改、显露”。

我国从法律上界定计算机信息系统安全为“保障计算机及其相关的和配套的设备、设施（网络）的安全，运行环境的安全，保障信息安全，保障计算机功能的正常发挥，以维护计算机信息系统的安全”。因此从这个描述可以看出，信息安全不单是一个技术问题、管理问题，还涉及法学、犯罪学等问题，主要包括实体安全（保护计算机设备、设施以及其他媒体免遭自然和人为破坏的措施、过程）、信息安全、运行安全和人的安全（主要是指计算机使用人员的安全意识、法律意识、安全技能等）。

10.1.2 计算机信息系统面临的威胁和攻击

计算机信息系统所面临的威胁和攻击，大体上可以分为两类：一类是对实体的威胁和攻击，另一类是对信息的威胁和攻击。计算机犯罪和计算机病毒则包括了对计算机信息系统实体和信息两个方面的威胁和攻击。

1. 对实体的威胁和攻击

对实体的威胁和攻击主要是指对计算机及其外部设备和网络的威胁和攻击，如各种自然灾害、人为破坏、设备故障、场地和环境的影响、电磁泄漏等。对实体的威胁和攻击，会造成财产的损失和机密信息严重破坏和泄漏。因此对系统实体的保护是防止对信息威胁和攻击的第一步。

2. 对信息的威胁和攻击

对信息的威胁和攻击主要有两种：一种是信息的泄漏，二是信息的破坏。

信息泄漏是指偶然地或故意地获得（侦收、截获、窃取或分析破译）目标系统中的信息，特别是敏感信息，造成泄漏事件。

信息破坏是指由于偶然事故或人为破坏，使信息的正确性和可用性受到破坏，如对系统的信息进行篡改、删除、添加、伪造和非法复制，造成大量信息的破坏、修改或丢失。

除了这两种威胁和攻击外，计算机犯罪和计算机病毒也是造成系统存在安全隐患的原因，在本章的后面小节中会详细介绍计算机犯罪和计算机病毒。

10.2 实体安全

计算机信息系统的实体安全是整个计算机信息系统安全的前提，它是指计算机及其相关外部设备、网络和设施的安全。

10.2.1 环境安全

计算机信息系统实体是计算机、外部设备和网络等组成的负载的系统。这些设备的可靠性和安全性与环境条件有着密切的关系。如果环境条件不能满足设备对环境的使用要求，就会降低计算机的可靠性和安全性。所以，环境安全主要从以下几方面考虑。

1. 温度和湿度条件

计算机中存在大量的电子元器件，温度过高易造成电子元器件失效，导致磁介质导磁率下降，丢失数据；温度过低会造成材料收缩不均而接触不良。所以计算机信息系统要求温度控制范围为21℃±3℃。

湿度的变化会影响计算机设备的可靠性和安全性。高湿度引起水蒸气附着于元器件表面上，影响元器件和电路的电器性能。低湿度极易产生静电。所以湿度的范围一般在40%～60%为宜。

2. 场地安全

根据《GB 9361—1988 计算机站场地安全要求》中对场地做了明确规定，选择计算机信息系统的场地应遵循以下原则：

(1) 应避开易燃易爆的场所，如化工库、油料库等附近。

(2) 应避开环境污染区，如石灰厂、水泥厂等附近。

(3) 应避开滑坡、泥石流、雪崩、溶洞等地质不牢靠的区域。

(4) 应避开雷击区、低洼、潮湿区域。

(5) 应避开强电磁干扰和强电流冲击场所。

(6) 应避开飓风、台风等高发区。

(7) 应避开强振动源和强噪声源场所。

10.2.2 设备安全

设备安全主要从以下几个方面去实施保护。

1. 防火、防盗和防毁

防火、防盗和防毁是防止计算机信息系统的设备、设施以及重要的信息和数据发生火灾，被犯罪分子偷盗和破坏。这方面的安全主要通过安装防盗设备、防火设备和建立规章制度来实现。

2. 静电保护

静电保护主要是防止由于静电造成计算机元器件(主要是 MOS 电路)的损坏，严重时静电还可能产生火花引起火灾。防止和消除静电主要采取的措施如下：一是确保采用合理的接地和屏蔽系统；二是采用防静电的地板做地面材料；三是机房内保持一定的湿度；四是用不易产生静电的材质做衣物和鞋底。

3. 供电安全

供电安全是指保障计算机的供电及其电源的质量。为确保计算机不间断运行，供电安全应做到以下几点：

(1) 应设专用供电线路，供电电源指标应符合 GB 2887—1982 中第 9 条的规定。

(2) 计算机供电电源设备应提供稳定、可靠的电源。

(3) 供电电源设备的容量应具有足够的富裕量。

(4) 可根据需要选用一定维持时间的 UPS 电源，以对付各种瞬变、电压显著下降及停电。

10.3 信 息 安 全

10.3.1 信息安全的概念

信息(Information)的概念对人们来说并不陌生,在实际生活和工作中,每个人时时刻刻都在与信息打交道,都在不断地接收信息、处理信息、利用信息。信息是什么?信息就是物质之间普遍存在的相互作用和相互联系的因果对应关系的表征。从本质上讲,信息是物质受到作用引起的自身状态的变化,是不可传递的。所以信息是从调查、研究和教育获得的知识,是新闻、知识、消息、事物、主题、声音、图像、文字,内容等,是代表数据的信号或字符,是代表物质的或精神的经验消息、经验数据、图片。现代社会中普遍存在信息,所以信息安全的重要性已经提到了一个新的高度。

信息安全是指在信息传输和应用过程中必须保障信息的秘密性和可靠性。其实质就是要保障信息系统和信息网络中的信息资源免遭破坏。根据信息的环境特征,信息安全可以分为科技信息安全、经济信息安全、军事信息安全,以及生态环境信息安全等。

信息安全又称为数据安全,信息安全技术必须保证信息在网络传输过程中的保密性、完整性、可用性和不可否认性。

(1) 保密性。保密性是指信息不泄露,不被非法利用。信息在网络传输过程中,只有信息的发件者和收件者知道信息的内容,即使有非授权用户截获了传输的数据包,也不能解读出真实的信息内容,实现保密性的方法一般是通过对信息的加密并根据授权用户的权限划分密级,等等。

(2) 完整性。完整性是指信息未经授权不能发生改变,在网络传输过程中未受损或破坏。只有得到授权者才能修改信息,并且能判断出信息是否已被篡改或根本就是伪造的。

(3) 可用性。可用性是指保证授权的用户需要时总能够及时得到信息和信息系统随时提供的服务,攻击者不能占用所有的资源阻碍授权者对系统中信息的利用。

(4) 不可否认性。不可否认性是指网络信息系统应能提供一种机制,确保信息的行为人对于自己的信息行为负责,不能抵赖自己曾经有过的行为,也不能否认曾经接到对方的信息。这在电子商务、电子政务和各种交易系统中是不可或缺的安全性要求。

信息安全技术中主要采用数据加密、数字签名、数字证书等来保证信息的安全。

10.3.2 信息安全标准

为了能有效地以工业化方式构造可信任的安全产品,1999 年 7 月,国际标准化组织采纳了由美、英、荷、法、德等国提出的信息技术安全评价公共准则(Common Criteria for IT Security Evaluation,CC)作为国际标准。CC 是目前最全面的信息技术安全评估标准。

1. CC 的由来

对一个安全产品(系统)进行评估,是件十分复杂的事,它对公正性和一致性要求很严。因此,需要有一个能被广泛接受的评估标准。为此,20 世纪 80 年代中期,在美国国防部国家计算机安全中心(NCSC)的主持下制定了一组计算机系统安全需求标准,共包括二十多个文件,每个文件都使用了彼此不同颜色的封面,统称为“彩虹系列”。其中最核心的是具有橘色书皮的“可信任计算机系统评测准则(TCSEC)”,简称为“橘皮书”。

按 TCSEC 的标准测试系统的安全性包含硬件和软件部分,而且该标准中将计算机系统的安全程度划分为 7 个等级,有 D、C1、C2、B1、B2、B3、A1。在橘皮书中,对每个评价级别的资源访问控制功能和访问的不可抵赖性、信任度及产品制造商应提供的文档作了一系列的规定,其中以 D 级为安全度最低级,称为安全保护欠缺级。不满足任何较高安全可信任的系统便划入 D 级。C1 级称为自主安全保护系统,通常具有密码保护的多用户工作站便属于 C1 级。C2 级称为受控制的存取控制系统,它具有以用户为单位的 DAC 机制,当前广泛使用的软件,如 UNIX 操作系统、ORACLE 数据库系统等,都能达到 C2 级。从 B1 级开始,要求具有强制存取控制和形式化模型技术的应用。B3、A1 级进一步要求对系统中的内核进行形式化的最高级描述和验证。一个网络所能达到的最高安全等级,不超过网络上其安全性能最低的设备(系统)的安全等级。

TCSEC 是 CC 的基础之一,除此之外还有欧洲的 ITSEC、加拿大的 CTCPEC,以及国际标准化组织 ISO SC27 WG3 的安全评价标准。

2. CC 的组成

CC 是使各种安全评估结果具有可比性,在安全评估过程中为信息系统及其产品的安全功能和保证措施提供一组通用要求,并确定一个可信级别。

CC 标准在内容上包含 3 个部分:简介和一般模型,安全功能要求,安全保证要求。

第一部分:简介和一般模型。它定义了 IT 安全评估的通用概念和原理,提出了评估的通用模型。

第二部分:安全功能要求。它是信息技术产品的安全功能需求定义,这是面向用户的,用户可以按照安全功能需求来定义产品的保护框架(PP),CC 要求对 PP 进行评价以检查它是否能满足对安全的要求。

第三部分:安全保证要求。这是面向厂商的,厂商应根据 PP 文件制定产品的安全目标文件(ST),CC 同样要求对 ST 进行评价,然后根据产品规格和 ST 去开发产品。

10.4 信息安全的防范技术

10.4.1 数据加密

1. 数据加密的基本概念

密码学是一门既古老又年轻的学科。说它古老,是因为早在几千年前,人类就已经有了通信保密的思想,并先后出现了易位法和置换法等加密方法。到了 1949 年,信息论的创始人香农(C. E. Shannon)论证了由传统的加密方法所获得的密文几乎都是可攻破的,这使得密码学的研究面临着严重的危机。

数据加密是指对数据进行一组可逆的数学变换。加密前的数据称为明文,加密后的数据称为密文。

将明文变换成密文的过程称为加密,加密在加密密钥的控制下进行,用于对数据加密的一组数学变换称为加密算法。密文数据通过网络公开传输,而只有合法的接收者拥有密钥,合法的接收者在收到密文后,施行与加密算法相逆的变换恢复出明文,这一过程称为解密。解密在解密密钥的控制下进行,用于对数据解密的一组数学变换称为解密算法。因为网络中传输的是密文数据,即使被非法截获,也无法解读其真实意义,从而达到信息在网络传输过程中的保密性的目的。同样,被篡改的数据以及密文数据在传输过程中发生的错误,都能够通过检测发现,从而保证了信息在网络传输过程中的真实性和完整性。

可见,加密和解密都需要有密钥和相应的算法,密钥一般就是一串数字,而加密和解密算法则是分别作用于明文或密文及相应密钥的一组数学变换。其加密和解密示意图如图 10.1 所示。

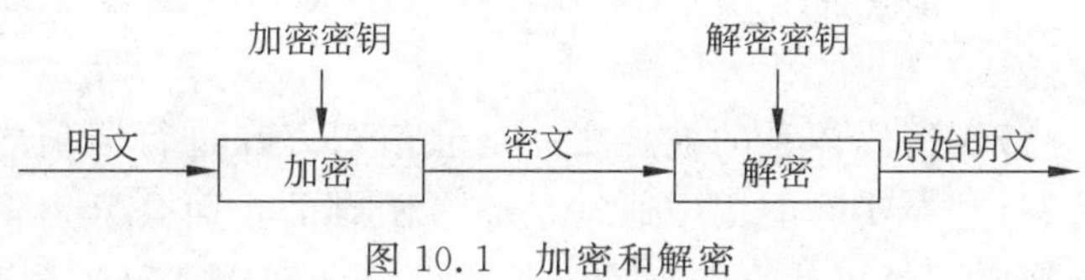

图 10.1 加密和解密

加密和解密的算法没有必要保证是保密的,唯一使得数据保密的因素就是密钥。

2. 加密算法的分类

(1) 对称密钥密码体系。在对称密钥密码体系中,加密密钥和解密密钥是相同的,或者可以简单地相互推导出来,所以加密密钥和解密密钥必须同时保密。在早期使用的加密算法大多是对称密钥密码体系,这种密码体系称为传统密码体系。假如甲向乙发送信息,甲乙双方用同一个密钥加密和解密的过程。对称密钥密码体系的主要问题是一开始收件者怎么得到密钥呢?

如果通过网络传送,那么这个密钥只能是明文,也就失去了保密性。因此必须事先通过一个安全信道交换密钥,所以对称密钥密码体系中密钥的分发和管理非常复杂。

最有代表性的对称加密算法是数据加密标准(Data Encryption Standard,DES)。该算法原来是 IBM 公司于 1971—1972 年研制成功的,它旨在保护本公司的机密产品,后被美国国家标准局选为数据加密标准,并于 1977 年颁布使用。ISO 现在已将 DES 作为数据加密标准。随着 VLSI 的发展,现在可利用 VLSI 芯片来实现 DES 算法,并用它做成数据加密处理器 DEP。

(2) 非对称密钥密码体系。非对称密钥密码体系科学地解决了密钥的分发问题,它的加密密钥和解密密钥是不同的,也不可以相互推导出来,因此也称为公开密钥密码体系。公开密钥密码体系中每个用户有两个密钥:公共密钥(公钥)和私有密钥(私钥),这两个密钥在数学上是相关的,但不可以在有效的时间内相互推导出来。每个用户的公钥是公开的,而私钥是保密的。发送信息方用对方的公开密钥加密,收信者用自己的私钥进行解密，例如甲向乙发送信息，发送方(甲方)用接收方(乙方)的公钥加密，而接收方(乙方)用自己的私钥解密的过程。其过程如图10.2所示。公开密钥加密算法的核心是运用一种特殊的数学函数"单向陷门函数"，该函数从一个方向求值是容易的，但其逆向计算却很困难，以至于在有限的时间里认为是不可行的。公开密钥密码技术它不仅保证了安全性又易于管理。由于用于加密的公钥是公开的，密钥的分发和管理就很简单，例如一个网络有 n 个用户，需要相互通信，仅需要 $2n$ 个密钥。其不足之处是由于算法实现的复杂性导致了其加解密的速度远低于对称密钥密码体系。

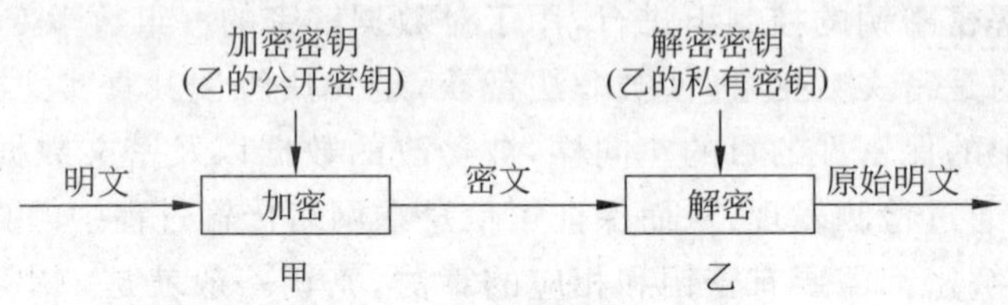

图10.2　非对称密钥密码体系

在公开密钥体制中，最著名的是RSA体制，它已被ISO推荐为公开密钥数据加密标准。

如前所述，对称密钥密码体系的缺陷之一是通信双方在进行通信之前需通过一个安全信道事先交换密钥，这在实际应用中通常是非常困难的。而公开密钥密码体系可使通信双方无须事先交换密钥就可建立起保密通信。但公开密钥密码体系算法要比对称密钥密码体系算法慢得多。在实际通信中，一般先利用公开密钥密码体系来保护和分配(交换)密钥，而利用对称密钥密码体系加密信息。公开密钥密码体系主要用于认证(比如数字签名，身份识别等)和密钥管理等。公开密钥密码体系的出现为解决对称密钥密码体系的密钥分配开辟了一条广阔的道路。

10.4.2　数字签名和数字证明书

1. 数字签名

在金融和商业等系统中，许多业务都要求在单据上加以签名或加盖印章，以证实其真实性，备日后查验。在利用计算机网络传送报文时，可将公开密钥法用于电子(数字)签名，来代替传统的签名。而为使数字签名能代替传统的签名，必须满足下述3个条件：

① 接收者能够核实发送者对报文的签名。

② 发送者事后不能抵赖其对报文的签名。

③ 接收者无法伪造对报文的签名。

数字签名技术是公开密钥体系加密技术发展的一个重要成果。随着信息时代的来临，数字签名就成了电子交往中的重要组成部分。数字签名是对传统签名的模拟，因此同样必须能够证明和鉴别当事者身份和具有法律效力。

数字签名与传统签名的本质差别是：传统签名中签名与所签署的文件是一个整体，不可分割、不可复制；而数字签名中签名与所签署的文件是电子形式，而电子形式是可以任意分割、复制的。数字签名是0和1的数字串，这个数字串是因消息而异。签名具有的基本特性是它必须能够用来证实签名的作者和签名的时间；在对消息进行签名时，必须能够对消息的内容进行鉴别。

数字签名的设计目标如下：

① 签名的比特模式依赖于消息报文，也就是说，数字签名是以消息报文作为输入计算出来的，签名能够对消息的内容进行鉴别；

② 数字签名对发送者来说必须是唯一的，能够防止伪造和抵赖；

③ 产生数字签名的算法必须相对简单、易于实现，且能够在存储介质上备份；

④ 对数字签名的识别、证实和鉴别也必须相对简单，易于实现；

⑤ 无论攻击者采用何种手法，伪造数字签名在计算上是不可行的。

(1) 简单数字签名。在这种数字签名方式中，发送者A可使用私用密钥Kda对明文P进行加密，形成$D_{Kda}(P)$后传送给接收者B。B可利用A的公开密钥Kea对$D_{Kda}(P)$进行解密，得到$E_{Kea}(D_{Kda}(P))=P$，如图10.3(a)所示。

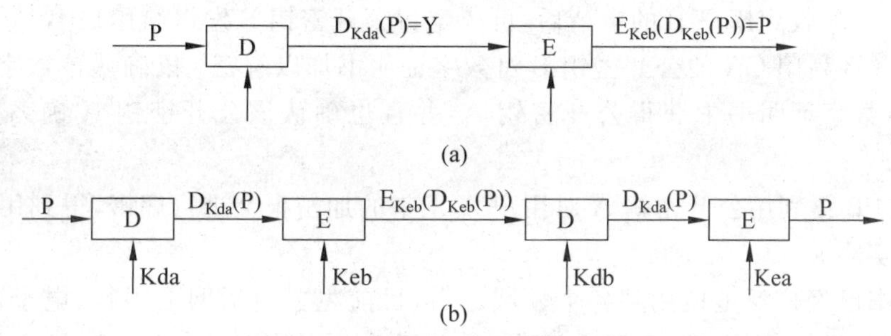

图10.3 数字签名示意图

(2) 保密数字签名。为了实现在发送者A和接收者B之间的保密数字签名，要求A和B都具有密钥，再按照图10.3(b)所示的方法进行加密和解密。

① 发送者A可用自己的私用密钥Kda对明文P加密，得到密文$D_{Kda}(P)$。

② A再用B的公开密钥Keb对$D_{Kda}(P)$进行加密，得到$E_{Keb}(D_{Kda}(P))$后送B。

③ B收到后，先用私用密钥Kdb进行解密，即$D_{Kdb}(E_{Keb}(D_{Kda}(P)))=D_{Kda}(P)$。

④ B再用A的公开密钥Kea对$D_{Kda}(P)$进行解密，得到$E_{Kea}(D_{Kda}(P))=P$。

目前已有大量的数字签名方案，如RSA数字签名方案就是有代表性的一种。RSA公钥体系既可以应用于加密，也可应用于数字签名，这是其加密和解密密钥的不对称特性的应用。公钥签名系统是利用加密系统相反的思想来实现签名的，将公开密钥密码体系中的加密算法作为签名算法，密钥保密，而用解密算法作为验证算法，密钥公开。

2. 数字证书

数字证书就是在网上建立的一种信任机制，是一种电子身份证，以保证互联网上网上银行和电子交易及支付的双方都必须拥有合法的身份，并且在网上能够有效无误的被进行验证。数字证书就是包含了用户身份信息的一系列数据，是一种是由一个由权威机构CA证书授权(Certificate Authority)中心发行的权威性的电子文档。类似于日常生活中的验证身份证的方式，在互联网交往中用数字证书来识别对方的身份。当然在数字证书认证的过程中，证书认证中心(CA)作为权威的、公正的、可信赖的第三方，其作用是至关重要的。在ITU制定的X.509标准中，规定了数字证明书的内容应包括：用户名称、发证机构名称、公开密钥、公开密钥的有效日期、证明书的编号以及发证者的签名。下面通过一个具体的例子来说明数字证明书的申请、发放和使用过程。数字证书颁发的一般过程如下：

(1) 用户A在使用数字证明书之前，应先向认证机构CA申请数字证明书，此时A应提供身份证明和希望使用的公开密钥A。

(2) CA在收到用户A发来的申请报告后，若决定接受其申请，便发给A一份数字证明书，在证明书中包括公开密钥A和CA发证者的签名等信息，并对所有这些信息利用CA的私用密钥进行加密(即对CA进行数字签名)。

(3) 用户A在向用户B发送报文信息时，由A用私用密钥对报文加密(数字签名)，并连同已加密的数字证明书一起发送给B。

(4) 为了能对所收到的数字证明书进行解密，用户B须向CA机构申请获得CA的公开密钥B。CA收到用户B的申请后，可决定将公开密钥B发送给用户B。

(5) 用户B利用CA的公开密钥B对数字证明书加以解密，以确认该数字证明书确系原件，并从数字证明书中获得公开密钥A，并且也确认该公开密钥A确系用户A的密钥。

(6) 用户B再利用公开密钥A对用户A发来的加密报文进行解密，得到用户A发来的报文的真实明文。

数字证书已经广泛地应用到各个领域之中，目前主要包括网上银行、电子商务、电子政务、网上招标投标、网上签约、网上订购、安全网上公文传送、网上缴费、网上缴税、网上炒股、网上购物和网上报关等。

10.4.3 身份认证

信息安全仅仅靠保密性还远远不够，身份认证也是很重要的。身份认证的作用是对用户的身份进行鉴别，是能够保护网络中的数据和服务不被未授权的用户所访问。比如，网上交易的双方很可能素昧平生，相隔千里。要使交易成功首先要能确认对方的身份。

基本的身份认证方法包括以下几个主要方面。

(1) 口令机制。口令是使时最广泛的一种身份识别方式。口令是相互约定的代码，一般是由数字、字母、特殊字符、控制字符等组成的字符串。它可由系统产生，也可由用户自己选定。系统所产生的口令不便于用户记忆，而用户自己规定的口令则通常是很容易记忆的字母、数字，例如生日、住址、电话号码，以及某人或宠物的名字等。这种口令虽便于记忆，但也很容易被攻击者猜中。这样就要求系统存储口令，一旦口令文件暴露，就可能泄密。为了克服这种缺陷，系统采用单向函数存储口令的单向函数值而不是存储口令。

(2) 基于磁卡的认证技术。磁卡是基于磁性原理来记录数据的，目前世界各国使用的信用卡和银行现金卡等，都普遍采用磁卡。这是一块其大小和名片大小相仿的塑料卡，在其上贴有含若干条磁道的磁条。一般在磁条上有3条磁道，每条磁道都可用来记录不同标准和不同数量的数据。如果在磁条上记录了用户名、用户密码、账号和金额，这就是金融卡或银行卡；而如果在磁条上记录的是有关用户的信息，则该卡便可作为识别用户身份的物理标志。为了保证持卡者是该卡的主人，通常在基于磁卡认证技术的基础上，又增设了口令机制，每当进行用户身份认证时，都先要求用户输入口令。

(3) 基于IC卡的认证技术。IC卡即集成电路卡的英文缩写。在外观上IC卡与磁卡并无明显差异，但在IC卡中可装入CPU和存储器芯片，使该卡具有一定的智能，故又称为智能卡或灵巧卡。IC卡中的CPU用于对内部数据的访问和与外部数据进行交换，还可利用较复杂的加密算法，对数据进行处理，这使IC卡比磁卡具有更强的防伪性和保密性，因而IC卡会逐步取代磁卡。智能卡与普通的磁卡的主要区别在于智能卡带有智能化的微处理器和存储器。智能卡已成为目前身份识别的一种更有效、更安全的方法。

(4) 基于生物标志的认证技术。利用个人特征进行认证具有很高的安全性。被选用的生理标志应具有这样3个条件：

① 足够的可变性，系统可根据它来区别成千上万的不同用户；

② 被选用的生理标志应保持稳定，不会经常发生变化；

③ 不易被伪装。

目前主要有指纹和手形识别、视网膜扫描、声音验证等。但由于代价高、可靠性低、存储空间大和传输过程中存在被窃听的危险，因此只能作为辅助措施应用。

① 指纹。指纹有着“物证之首”的美誉。尽管目前全球已有约60亿人口，但绝对不可能找到两个完全相同的指纹，而且它的形状不会随时间而改变，因而利用指纹来进行身份认证是万无一失的。又因为它不会像其他一些物理标志那样出现用户忘记携带或丢失等问题，而且使用起来也特别方便，因此，指纹验证很早就用于契约签证和侦查破案，既准确又可靠。

② 视网膜组织。视网膜组织通常又简称为眼纹。它与指纹一样，世界上也绝对不可能找到两个人有完全相同的视网膜组织，因而利用视网膜组织来进行身份认证同样是非常可靠的。用户的视网膜组织所含的信息量远比指纹复杂，其信息需要用256B来编码。利用视网膜组织进行身份验证的效果非常好，如果注册人数不超过200万，其出错率为0，所需时间也仅为秒级，现已在军事部门和银行系统中采用，目前成本还比较高。

③ 声音。每个人在说话时都会发出不同的声音，人对语音非常敏感，即使在强干扰的环境下，也能很好地分辨出每个人的语音。事实上，人们主要依据听对方的声音来确定对方的身份。现在又广泛采用与计算机技术相结合的办法来实现身份验证，其基本方法是，对一个人说话的录音进行分析，将其全部特征存储起来，通常把所存储的语音特征称为语声纹。然后再利用这些声纹制作成语音口令系统。该系统的出错率在0.1%～1%，制作成本较低，为数百到数千美元。

10.5 网络安全技术

10.5.1 网络面临的威胁

计算机网络技术的发展使计算机应用日益广泛和深入,同时也使计算机系统的安全问题日益复杂和突出。计算机网络所面临的威胁大体可分为两种：一是对网络中信息的威胁;二是对网络中设备的威胁。影响计算机网络安全的因素很多,有些因素可能是有意的,也可能是无意的;可能是人为的,也可能是非人为的;可能是外来黑客对网络系统资源的非法使用,归结起来,针对网络安全的威胁主要有3个：一是人为的无意失误;二是人为的恶意攻击;三是网络软件的漏洞和"后门"。但本节主要介绍人为的恶意攻击的两种形式黑客和恶意程序。

1. 黑客攻击

在英文中,Cracking 和 Hacking 都被翻译成"黑客行为",但二者是有区别的。Cracking 是指闯入计算机系统的行为。Cracker 指在未经授权的情况下闯入计算机系统并以使用、备份、修改或破坏系统数据/信息为目的的人,媒体又称之为"骇客"或"解密高手"。Hacking 的原意是指勇于探索、勇于创新、追求精湛完美的技艺的工作作风。Hacker 最初是指在美国大学计算团体中,以创造性地克服其所感兴趣领域,即找出程序设计或电气工程领域的局限和不足为乐的人。

黑客攻击也是一种主动型攻击,危害非常大。虽然黑客攻击的手法多种多样,但就目前来说,绝大多数中初级黑客们所采用的手法和共具仍具有许多共性归纳起来有以下几种：

(1) 网络报文嗅探。对于安全防护一般的网络来说,网络嗅探这种方法操作简单,而且威胁巨大。很多黑客都使用嗅探器进行网络入侵的渗透。网络嗅探器对信息安全的威胁来自其被动性和非干扰性,使得网络嗅探具有很强的隐蔽性,往往让网络信息泄密变得不容易被发现。

(2) IP 地址欺骗。IP 地址欺骗攻击是黑客们假冒受信主机(要么是通过使用目的网络 IP 地址范围内的 IP,要么是通过使用目的主机信任,并可提供特殊资源位置访问的外部 IP 地址)对目标进行攻击。

(3) 密码攻击。密码攻击通过多种不同方法实现,包括蛮力攻击(brute force attack)、特洛伊木马程序、IP 欺骗和报文嗅探。

(4) 拒绝服务攻击。拒绝服务攻击(Denial of Service,DoS)攻击是目前最常见的一种攻击类型。从网络攻击的各种方法和所产生的破坏情况来看,DoS 是一种简单而有效的进攻方式。它的目的就是拒绝服务访问,破坏组织的正常运行,最终使网络连接堵塞,或者服务器因疲于处理攻击者发送的数据包而使服务器系统的相关服务崩溃、系统资源耗尽。

(5) 应用层攻击。应用层攻击能够使用多种不同的方法来实现,最平常的方法是使用服务器上的应用软件(如 SQL Server、Send mail、PostScript 和 FTP)的缺陷。通过使用这些缺陷,攻击者能够获得计算机的访问权,以及该计算机上运行相应应用程序所需账户的许可权。

2. 恶意软件

恶意软件也称为流氓软件,是对破坏或者影响系统正常运行的软件的统称。恶意软件介于病毒软件和正规软件之间,同时具备正常功能(下载、媒体播放等)和恶意行为(弹广告、开后门),会给用户带来实质危害。恶意软件主要包括:广告软件、浏览器劫持、行为记录软件、自动拨号程序、网络钓鱼和垃圾邮件等。

(1) 广告软件(Adware)。广告软件是指未经用户允许,下载并安装在用户计算机上;或与其他软件捆绑,通过弹出式广告等形式牟取商业利益的程序。

(2) 浏览器劫持(Browser Hijack)。浏览器劫持是指通过浏览器插件、BHO(浏览器辅助对象)、Winsock LSP 等形式对用户的浏览器进行篡改,使用户的浏览器配置不正常,被强行引导到商业网站的程序。

(3) 行为记录软件(Track Ware)。行为记录软件是指未经用户许可,窃取并分析用户隐私数据,记录用户使用计算机习惯、网络浏览习惯等个人行为的软件。

(4) 恶意共享软件(Malicious Shareware)。恶意共享软件是指采用不正当的捆绑或不透明的方式强制安装在用户的计算机上,并且利用一些病毒常用的技术手段造成软件很难被卸载或采用一些非法手段强制用户购买的免费、共享软件。

(5) 搜索引擎劫持软件。搜索引擎劫持是指未经用户授权,自动修改第三方搜索引擎搜索结果的软件。

(6) 自动拨号程序(Dialer)。自动拨号程序自动下载并安装到用户的计算机上,隐藏在后台运行,会自动拨打长途或收费电话,以赚取用户高额电话费用。

(7) 网络钓鱼(Phishing)。网络钓鱼是指攻击者利用欺骗性的电子邮件和伪造的 Web 站点来进行网络诈骗活动,受骗者往往会泄露自己的私人资料,如信用卡号、银行卡账户、身份证号等内容。诈骗者通常会将自己伪装成网络银行、在线零售商和信用卡公司等,骗取用户的私人信息。

(8) 垃圾邮件(Spam)。垃圾邮件是非常熟悉和令人讨厌的,人们平常所收到的邮件中至少有一半以上的邮件都是不请自来的垃圾邮件。这些垃圾邮件中,有的是商业广告,有的则是一些带有病毒的文件和图片,还有些是不健康的交友宣传等。

这要求人们在进行信息系统建设时要注意系统的安全性,防止各种可能的威胁,包括对内部人员的防范,对于敏感数据的保护。此外,要应完善相关法律法规,使信息化建设有章可循,对可能的破坏的处置也有法可依!

10.5.2 防火墙技术

在建筑上,防火墙用于防止火势从建筑物的一部分蔓延到另一部分,而网络中防火墙的功能类似,用于防止外部网络的损坏波及内部网络,在不安全的网络环境中构造一个相对安全的子网环境。

1. 防火墙概述

防火墙技术源于单个主机系统的安全防范模式，即采用访问控制的方法，限制使用者访问系统或使用网络资源，以达到规范网络行为的目的。目前防火墙技术已成为网络安全技术中应用最广泛的技术之一。

防火墙的基本思想是让所有对系统的访问通过某一点，并且保护这一点，并尽可能地对外界屏蔽被保护网络的信息和结构。也就是说，防火墙定义了单个阻塞点，将安全能力统一在单个系统或系统集合中，在简化了安全管理的同时可强化安全策略。防火墙在网络中的位置如图 10.4 所示。

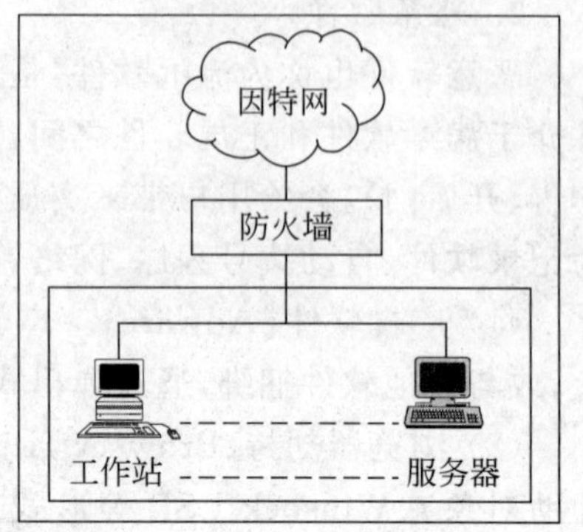

图 10.4　防火墙在网络中的位置

我国公安安全行业标准中对防火墙的定义为“设置在两个或多个网络之间的安全阻隔，用于保证本地网络资源的安全，通常包含软件部分和硬件部分的一个系统或多个系统的组合”，所以从逻辑上讲，防火墙是分离器、限制器和分析器；从物理角度看，防火墙的物理实现方式多样，通常是一组硬件设备和软件的多种组合。

2. 防火墙的功能

对防火墙系统有两个基本需求，即保证内部网的安全性、保内部网同外部网间的连通性，二者缺一不可。针对两个基本需求，一个良好的防火墙系统应具有如下功能。

(1) 实施网间访问控制，强化安全策略。能够按照一定的安全策略，对两个或多个网络之间的数据包和链接方式进行检查，并按照策略规则决定对网络之间的通信采取何种动作，例如通过、丢弃、转发等。

(2) 有效地记录因特网上的活动。实现审计和报警等功能；还可以实现记录因特网使用日志和流量管理等。

(3) 隔离网段，限制安全问题扩散。

(4) 防火墙本身应不受攻击的影响，有一定的抗攻击能力。

(5) 综合运用各种安全措施，使用先进健壮的信息安全技术，例如采用现代密码技术、一次性口令系统、反欺骗技术等。

(6) 人机界面良好，用户配置方便，易管理。

3. 防火墙的分类

防火墙的划分方式有很多，可以按网络的体系结构分，可以按应用技术分，也可以按拓扑结构分。

按访问控制的技术，防火墙可以分为两大类：包过滤防火墙和应用代理防火墙。

(1) 包过滤防火墙。数据包过滤是指在网络层对数据包进行分析、筛选和过滤。虽然普通路由器就能通过检查分组的网络层报头的信息来决定数据包的转发，而包过滤路由器(防火墙)是在规则表中定义各种规则来检查传输层 TCP 报头的端口号字节就可决定是否同意或拒绝包的转发。包过滤是实现防火墙功能的简洁而有效的方法，它速度快、造价低，由于包过滤在网络层、传输层进行操作，因此这种操作对应用层来说是透明的。

实现包过滤的关键是制定包过滤的规则，包过滤规则一般是基于源 IP 地址、目的 IP 地址、应用或协议类型以及源 TCP 端口号、目的 TCP 端口号来判断是否转发或丢弃。

包过滤防火墙的优点是它对于用户来说是透明的，处理速度快而且易于维护，通常作为内部网络的第一道防线。包过滤路由器通常没有用户的使用记录，这样就不能得到入侵者的攻击记录。而攻破一个单纯的包过滤式防火墙对黑客来说还是有办法的。“IP 地址欺骗”是黑客比较常用的一种攻击手段。黑客们向包过滤式防火墙发出一系列信息包，这些包中的 IP 地址已经被替换为一串顺序的 IP 地址，一旦有一个包通过了防火墙，黑客便可以用这个 IP 地址来伪装他们发出的信息；在另一种情况下黑客们使用一种他们自己编制的路由攻击程序，这种程序使用动态路由协议来发送伪造的路由信息，这样所有的信息包都会被重新路由到一个入侵者所指定的特别地址；破坏这种防火墙的另一种方法被称之为“同步风暴”，这实际上是一种网络炸弹。攻击者向被攻击的计算机发出许许多多个虚假的“同步请求”信息包，目标计算机响应了这种信息包后会等待请求发出者的应答，而攻击者却不做任何的响应。如果服务器在一定时间里没有收到响应信号的话就会结束这次请求连接，但是当服务器在遇到成千上万个虚假请求时，它便没有能力来处理正常的用户服务请求，处于这种攻下的服务器表现为性能下降，服务响应时间变长，严重时服务完全停止甚至死机。

(2) 应用代理防火墙。由于包过滤是在网络层、传输层对数据包进行监控，而用户对网络资源和服务的访问发生在应用层，因此必须在应用层上对用户身份认证和访问操作进行检查和过滤，应用代理防火墙能够将所有跨越防火墙的网络通信链路分为两段，使得网络内部的用户不直接与外部的服务器通信，防火墙内外的计算机系统间应用层的连接由两个代理服务器之间的连接来实现。代理服务器接收到用户的请求后会检查验证其合法性，如合法，代理服务器取回所需的信息再转发给用户。应用代理应该是双向的，它既可以作为外部网络主机用户访问内部网络服务器的代理，也可以作为内部网络主机用户访问外部网络服务器的代理。

代理服务器通常运行在两个网络之间，它对于客户来说像是一台真的服务器，而对于外界的服务器来说，它又是一台客户机。当代理服务器接收到用户对某站点的访问请求后会检查该请求是否符合规定，如果规则允许用户访问该站点的话，代理服务器会像一个客户一样去那个站点取回所需信息再转发给客户。代理服务器通常都拥有一个高速缓存，这个缓存存储有用户经常访问的站点内容，在下一个用户要访问同一站点时，服务器就不用重复地获取相同的内容，直接将缓存内容发出即可，既节约了时间也节约了网络资源。代理服务器会像一堵墙一样挡在内部用户和外界之间，从外部只能看到该代理服务器而无法获知任何的内部资源，诸如用户的 IP 地址等。

应用级防火墙还有应用级网关的工作方式，应用级网关以存储转发的方式检查和确定网络请求服务的用户身份是否合法，决定是转发还是丢弃服务请求。应用代理防火墙与应用级网关的不同之处在于，应用代理防火墙完全接管了用户与服务器的访问，隔离了用户主机与被访问服务器之间的数据包的交换通道。应用级网关比单一的包过滤更为可靠，而且会详细地记录所有的访问状态信息。但是应用级网关也存在一些不足之处，首先它会使访问速度变慢，因为它不允许用户直接访问网络，而且应用级网关需要对每一个特定的互联网服务安装相应的代理服务软件，用户不能使用未被服务器支持的服务，对每一类服务要使用特殊的客户端软件，更不幸的是，并不是所有的互联网应用软件都可以使用代理服务器。

10.5.3 入侵检测系统

1. 入侵检测的概念

入侵检测系统（Intrusion Detection System，IDS）是一种主动的网络安全防护措施，它从系统内部和各种网络资源中主动采集信息，从中分析可能的网络入侵或攻击。对一个成功的入侵检测系统来讲，它不但可使系统管理员时刻了解网络系统（包括程序、文件和硬件设备等）的任何变更，还能给网络安全策略的制订提供指南。更为重要的一点是，它易管理、配置简单，从而使非专业人员非常容易地获得网络安全。而且，入侵检测的规模还应根据网络威胁、系统构造和安全需求的改变而改变。入侵检测系统在发现入侵后，会及时做出响应，包括切断网络连接、记录事件和报警等。

入侵检测的第一步是信息收集，采集内容和对象为系统、网络、数据及用户活动的状态和行为。采集信息时需要在计算机网络系统中的不同网段和不同主机采集。

IDS主要执行如下任务：

（1）监视、分析用户及系统活动；

（2）系统构造和弱点的审计；

（3）识别反映已知进攻的活动模式并向相关人士报警；

（4）异常行为模式的统计分析；

（5）评估重要系统和数据文件的完整性；

（6）操作系统的审计跟踪管理，并识别用户违反安全策略的行为。

2. 入侵检测（IDS）的分类

入侵检测通过对入侵行为的过程与特征进行研究，使安全系统对入侵事件和入侵过程做出实时响应，可按照其采用的技术及系统所检测的对象进行分类。

（1）按分析技术分类。

① 异常检测技术。假定所有入侵行为都是与正常行为不同的。如果建立系统正常行为的轨迹，那么理论上可以把所有与正常轨迹不同的系统状态视为可疑企图。对于异常阈值与特征的选择是异常发现技术的关键。比如，通过流量统计分析将异常时间的异常网络流量视为可疑。异常发现技术的局限是并非所有的入侵都表现为异常，而且系统的轨迹难于计算和更新。

② 模式检测技术。假定所有入侵行为和手段（及其变种）都能够表达为一种模式或特征，那么所有已知的入侵方法都可以用匹配的方法发现。模式发现的关键是如何表达入侵的模式，把真正的入侵与正常行为区分开来。模式发现的优点是误报少，局限是它只能发现已知的攻击，对未知的攻击无能为力。

（2）按信息来源分类。入侵检测系统按其输入数据的来源来看，可以分为以下3类。

① 基于主机的入侵检测系统：其输入数据来源于系统的审计日志，一般只能检测该

主机上发生的入侵。

② 基于网络的入侵检测系统：其输入数据来源于网络的信息流，能够检测该网段上发生的网络入侵。

③ 采用上述两种数据来源的分布式入侵检测系统，能够同时分析来自主机系统审计日志和网络数据流的入侵检测系统，一般为分布式结构，由多个部件组成。

前两类入侵检测系统虽然能够在某些方面有很好的效果，但从总体来看都各有不足，孤立地去评估都是不可取的。分布式入侵检测系统则同时具有这两方面的技术，可以互相补充不足，达到真正全面检测和防护的作用。

10.5.4 网络安全防御策略

目前，在如何防止"黑客"入侵、计算机犯罪和信息泄露等计算机网络安全问题上，还存在着一定的认识上的误区，最常见的就是认为有了防火墙就可以保障网络的安全。其实对于计算机网络信息系统安全而言，这是不全面的。因为防火墙只是网络安全的一道防线，但并不能构成安全的充分条件，而防火墙作为网络安全的一道屏障，自身就具有易于被攻击的脆弱性。所以，当考虑网络信息系统的安全问题时，必须依据信息系统安全工程学的理论和方法，构造一个全方位的防御机制。

首先必须了解潜在的安全威胁以及"黑客"的入侵方式，然后制定相应的安全策略和网络安全机制，选择符合标准和通过认证的安全产品，从而建立、维护和运行一整套网络安全评测系统、实时网络监控系统等。

一个完善的计算机网络信息系统安全方案至少应该包括以下几个方面。

(1) 访问控制。通过对特定网段、服务建立访问控制体系，将绝大多数攻击阻止在到达攻击目标之前。

(2) 检查安全漏洞。通过对安全漏洞定期检查，即使攻击可到达攻击目标，也可使绝大多数攻击无效。

(3) 攻击监控。通过对特定网段、服务建立攻击监控体系，可实时检测出绝大多数的攻击，并采取相应的措施，如断开网络连接、记录攻击过程、跟踪攻击源等。

(4) 加密。主动的加密通信，可使攻击者不能了解、修改敏感信息，对于关键数据则进行级别较高的加密。

(5) 备份和恢复。良好的备份和恢复机制，可在攻击造成损失时，尽快地恢复数据和系统服务。

(6) 多层防御。攻击者在突破第一道防线后，多层防御可以延缓或阻断其到达攻击目标。

(7) 建立必要的管理机制。为信息系统安全体系提供管理、监控、保护及紧急情况的处理。

网络威胁的防御策略随着计算机技术和网络技术的不断发展应该及时升级、完善自身的防御措施。为保证网络的安全，可采取以下策略。

(1) 物理安全策略。物理安全策略的目的是保护计算机系统、网络服务器、打印机等硬件实体和通信链路免受自然灾害、人为破坏和搭线攻击；验证用户的身份和使用权限、防止用户越权操作；确保计算机系统有一个良好的电磁兼容工作环境；建立完备的安全管理制度，防止非法进入计算机控制室和各种偷窃、破坏活动的发生。

抑制和防止电磁泄漏（即 TEMPEST 技术）是物理安全策略的一个主要问题。目前主要防护措施有两类。一类是对传导发射的防护，主要采取对电源线和信号线加装性能良好的滤波器，减小传输阻抗和导线间的交叉耦合。另一类是对辐射的防护，这类防护措施又可分为以下两种：一是采用各种电磁屏蔽措施，如对设备的金属屏蔽和各种接插件的屏蔽，同时对机房的下水管、暖气管和金属门窗进行屏蔽和隔离；二是干扰的防护措施，即在计算机系统工作的同时，利用干扰装置产生一种与计算机系统辐射相关的伪噪声向空间辐射来掩盖计算机系统的工作频率和信息特征。

(2) 访问控制策略。访问控制策略是网络安全防范和保护的主要策略，它的主要任务是保证网络资源不被非法使用和非常访问。它是保证网络安全最重要的核心策略之一，是维护网络系统安全、保护网络资源的重要手段。

(3) 信息加密策略。信息加密策略：信息加密的目的是保护网内的数据、文件、口令和控制信息，保护网上传输的数据。网络加密常用的方法有链路加密、端点加密和结点加密 3 种。链路加密的目的是保护网络结点之间的链路信息安全；端到端加密的目的是对源端用户到目的端用户的数据提供保护；结点加密的目的是对源结点到目的结点之间的传输链路提供保护。

(4) 网络安全管理策略。网络安全管理策略：除了采用上述技术措施之外，加强网络的安全管理，制定有关规章制度，对于确保网络的安全、可靠地运行，将起到十分有效的作用。

网络的安全管理策略包括：确定安全管理等级和安全管理范围；制订有关网络操作使用规程和人员出入机房管理制度；制定网络系统的维护制度和应急措施等。

10.6 计算机病毒

在使用计算机时，有时会碰到一些莫名其妙的现象，如计算机无缘无故地重新启动；程序运行越来越慢或突然死机；屏幕出现一些异常的图像；硬盘中的文件或数据丢失；等等。这些现象有可能是因硬件故障或软件配置不当引起，但多数情况下是计算机病毒引起的。

10.6.1 计算机病毒的定义

计算机病毒的概念其实源起相当早，在第一部商用计算机出现之前好几年时，计算机的先驱者冯·诺依曼(John von Neumann)在他的一篇论文《复杂自动装置的理论及组织的进行》里，已经勾勒出病毒程序的蓝图。不过在当时，绝大部分的计算机专家都无法想象会有这种能自我繁殖的程序。

直到1986年，第一个计算机病毒C-BRAIN终于诞生了。业界都公认这是真正具备完整特征的计算机病毒始祖。这个病毒程序是由一对巴基斯坦兄弟：巴斯特(Basit)和阿姆捷特(Amjad)所写的，他们在当地经营一家贩卖PC的商店，由于当地盗版软件的风气非常盛行，因此他们的目的主要是为了防止他们的软件被任意盗版。只要有人盗版他们的软件，C-BRAIN就会发作，将盗版者的硬盘剩余空间给吃掉。

1994年2月18日颁布的《中华人民共和国计算机信息系统安全保护条例》中对计算机病毒的定义如下：计算机病毒，是指编制或者在计算机程序中插入的破坏计算机功能或者毁坏数据，影响计算机使用，并能自我复制的一组计算机指令或者程序代码。

简单地说，计算机病毒实际上是一组由人编写出来的危害计算机系统的程序，病毒一旦感染计算机系统便寄生于其中，等到时机成熟时便取得系统控制权，同时把自己复制到存储介质(如内存、硬盘、光盘优盘)中去。被复制的病毒程序可能会通过存储介质或网络散布到其他机器上，这样计算机病毒便传播开来。

10.6.2 计算机病毒的特征

一般正常的程序是由用户调用，再由系统分配资源，完成用户交给的任务。其目的对用户是可见的、透明的。而病毒具有正常程序的一切特性，它隐藏在正常程序中，当用户调用正常程序时，病毒先于正常程序执行，窃取到系统的控制权，病毒的动作、目的对用户时未知的，是未经用户允许的。所以病毒要传播破坏主要由于具有以下一些特征。

(1) 传染性。正常的计算机程序一般是不会将自身的代码强行连接到其他程序之上的。而病毒却能使自身的代码强行传染到一切符合其传染条件的未受到传染的程序之上。计算机病毒可通过各种可能的渠道，如存储设备、计算机网络去传染其他的计算机。当你在一台计算机上发现了病毒时，往往曾在这台计算机上用过的存储设备已感染上了病毒，而与这台机器相联网的其他计算机也许也被该病毒传染上了。是否具有传染性是判别一个程序是否为计算机病毒的最重要条件。

(2) 隐蔽性。病毒一般是具有很高编程技巧、短小精悍的程序。通常附在正常程序中或磁盘较隐蔽的地方，病毒程序与正常程序是不容易区别开来的。一般在没有防护措施的情况下，计算机病毒程序取得系统控制权后，可以在很短的时间里传染大量程序。而且受到传染后，计算机系统通常仍能正常运行，使用户不会感到任何异常。试想，如果病毒在传染到计算机上之后，机器马上无法正常运行，那么它本身便无法继续进行传染了。正是由于隐蔽性，计算机病毒得以在用户没有察觉的情况下扩散到上百万台计算机中。大部分的病毒的代码之所以设计得非常短小，也是为了隐藏。病毒一般只有几百或上千字节，所以病毒转瞬之间便可将这短短的几百字节附着到正常程序之中，使人非常不易被察觉。

(3) 潜伏性。大部分的病毒感染系统之后一般不会马上发作，它可长期隐藏在系统中，只有在满足其特定条件时才启动其表现(破坏)模块。只有这样它才可进行广泛地传播。如著名的“黑色星期五”在逢13号的星期五发作。当然，最令人难忘的便是26日发作的CIH。这些病毒在平时会隐藏得很好，只有在发作日才会露出本来面目。

(4) 破坏性。任何病毒只要侵入系统，都会对系统及应用程序产生程度不同的影响。良性病毒可能只显示些画面或出点音乐、无聊的语句，或者根本没有任何破坏动作，但会占用系统资源。这类病毒较多，如 GENP、小球、W-BOOT 等。恶性病毒则有明确的目的，或破坏数据、删除文件或加密磁盘、格式化磁盘，有的对数据造成不可挽回的破坏。这也反映出病毒编制者的险恶用心。

(5) 不可预见性。从对病毒的检测方面来看，病毒还有不可预见性。不同种类的病毒，它们的代码千差万别，但有些操作是共有的(如驻内存，改中断)。有些人利用病毒的这种共性，制作了声称可查所有病毒的程序。这种程序的确可查出一些新病毒，但由于目前的软件种类极其丰富，且某些正常程序也使用了类似病毒的操作甚至借鉴了某些病毒的技术。使用这种方法对病毒进行检测势必会造成较多的误报情况。而且病毒的制作技术也在不断的提高，病毒对反病毒软件永远是超前的。

10.6.3 计算机病毒的危害

计算机病毒的危害可表现在如下几个方面。

(1) 占用系统空间。既然病毒是一段程序，就必然会占用一定的磁盘空间和内存空间。虽然一个病毒程序可能并不大，但随着病毒的增加，空闲磁盘空间和内存空间将会迅速减小，以致使存储空间消耗殆尽。

(2) 占用处理机时间。病毒在执行时会占用处理机时间，随着病毒的增加，将会占用更多的处理机时间，这会引起系统运行的速度变得异常缓慢，进一步还可能完全独占处理机时间，而使计算机系统无法再向用户提供服务。

(3) 对文件造成破坏。计算机病毒可以使文件的长度增加或减少，文件的内容发生改变，甚至被删除，使文件丢失。它还可以通过对磁盘的格式化使整个系统中的文件全部消失。

(4) 使机器运行异常。计算机病毒可使计算机屏幕出现异常情况，如提供一些莫名其妙的指示信息，屏幕发生异常滚动，显示异常图形等；还可使机器发生异常情况，使系统的运行明显放缓，以至于完全停机。

计算机病毒的危害是多方面的，从小的方面来讲，它可以让计算机不能正常工作，将工作成果毁于一旦；从大的方面来讲，它可以使企业以及科研机构的计算机系统瘫痪，造成巨大损失。这方面的事例数不胜数。

1988 年 11 月 2 日，美国康奈尔大学的学生莫里斯将自己设计的“蠕虫”病毒侵入美军电脑系统，使 6000 多台计算机瘫痪 24 小时，损失 1 亿多美元。

1998 年被计算机病毒防范界公认为“CIH 计算机病毒年 ”。以前人们一直以为，病毒只能破坏软件，对硬件毫无办法。可是 CIH 病毒打破了这个神话，它是第一个能破坏硬件的计算机病毒，破坏程度是迄今为止最严重的。它主要感染 Windows 系统中的可执行程序，发作时可破坏计算机主板上的 BIOS 芯片中的系统程序，导致主板损坏，还可破坏硬盘中的所有数据。

1999 年 3 月美国发生了重大的计算机病毒灾难。一种叫“美丽杀手”的邮件病毒借助互联网进行了一次爆炸性传播，一天即传遍美国，大批网络由于计算机病毒的疯狂入侵，不堪重负而瘫痪，政府机关、企业、公共信息系统等损失惨重。

2000年5月爆发的"爱虫病毒"曾给全球企业造成高达几十亿美元的巨额损失。

目前，计算机病毒的总数已超过2万种，计算机病毒以每年超过50%的速度增长。对计算机病毒的防治已成为计算机发展的重要课题之一。我国法律明文规定故意设计或传播病毒是一种犯罪，情节严重的要追究法律责任。

10.6.4 计算机病毒的传播途径

由于计算机技术的迅速发展，当前病毒的传播途径多种多样，主要有以下几种途径。

(1) 通过移动存储设备进行传播。移动存储设备包括人们常用的软盘、磁带、光盘、移动硬盘、U盘(含数字照相机、MP3等)，病毒通过这些移动存储设备在计算机间进行传播。

(2) 通过电子邮件进行传播。病毒附着在电子邮件中，一旦用户打开邮件，病毒就会被激活并感染计算机，对本地进行一些有危害性的操作。常见的电子邮件病毒一般由合作单位或个人通过E-mail上报、FTP上传、Web提交而导致病毒在网络中传播。

(3) 利用系统漏洞进行传播，由于操作系统固有的一些设计缺陷，导致被恶意用户通过畸形的方式利用后，可执行任意代码，这就是系统漏洞。病毒往往利用系统漏洞进入系统，达到传播的目的。

(4) 通过MSN、QQ等即时通信软件进行传播。有时候频繁的打开即时通信工具传来的网址、来历不明的邮件及附件、到不安全的网站下载可执行程序等，都会导致网络病毒进入计算机。现在很多木马病毒可以通过MSN、QQ等即时通信软件进行传播，一旦某人的在线好友感染病毒，那么所有好友将会遭到病毒的入侵。

(5) 通过网页进行传播。网页病毒主要是利用软件或系统操作平台等的安全漏洞，通过执行嵌入在网页HTML超文本标记语言内的Java Applet小应用程序，JavaScript脚本语言程序，ActiveX软件部件网络交互技术支持可自动执行的代码程序，以强行修改用户操作系统的注册表设置及系统实用配置程序，给用户系统带来不同程度的破坏。

(6) 下载传播。据官方调查报告显示，下载已经是占近一半的网络行为，用"半壁江山"来形容毫不为过。现在互联网上鱼目混珠的现象太多，很多下载的资源中都会夹带木马、后门、蠕虫、病毒、插件，进而危害网民。

10.6.5 计算机病毒的分类

按照计算机病毒的特点及特性，计算机病毒的分类方法有许多种。因此，同一种病毒可能有多种不同的分法。在本小节主要按病毒的寄生方式、破坏情况和传播媒介来分。

1. 按照病毒寄生方式分类

将计算机病毒按寄生方式来分类。计算机病毒大致可分为3类：引导型病毒、文件型病毒和混合型病毒。

(1) 引导型病毒。引导型病毒会去改写(即一般所说的“感染”)磁盘上的引导扇区(BOOT SECTOR)的内容,软盘或硬盘都有可能感染病毒。再不然就是改写硬盘上的分区表(FAT)。如果用已感染病毒的软盘来启动的话,则会感染硬盘。

(2) 文件型病毒。文件型病毒主要以感染文件扩展名为.com、.exe和.bat等可执行程序为主。它的安装必须借助于病毒的载体程序,即要运行病毒的载体程序,方能把文件型病毒引入内存。已感染病毒的文件执行速度会减缓,甚至完全无法执行。有些文件遭感染后,一执行就会遭到删除。大多数的文件型病毒都会把它们自己的代码复制到其宿主的开头或结尾处,这会造成已感染病毒文件的长度变长。也有部分病毒是直接改写“受害文件”的程序码,因此感染病毒后文件的长度仍然维持不变。

(3) 混合型病毒。混合型病毒综合引导性和文件型病毒的特性,它的“性情”也就比引导型和文件型病毒更为“凶残”。这种病毒透过这两种方式来感染,更增加了病毒的传染性以及存活率。不管以哪种方式传染,只要中毒就会经死机或执行程序而感染其他的磁盘或文件,此种病毒也是最难杀灭的。

2. 按照计算机病毒的破坏情况分类

按照计算机病毒的破坏情况可分两类。

(1) 良性计算机病毒。良性病毒是指其不包含有立即对计算机系统产生直接破坏作用的代码。这类病毒为了表现其存在,只是不停地进行扩散,从一台计算机传染到另一台,并不破坏计算机内的数据。有些人对这类计算机病毒的传染不以为然,认为这只是恶作剧,没什么关系。其实良性、恶性都是相对而言的。良性病毒取得系统控制权后,会导致整个系统和应用程序争抢CPU的控制权,时时导致整个系统死锁,给正常操作带来麻烦。有时系统内还会出现几种病毒交叉感染的现象,一个文件不停地反复被几种病毒所感染。因此也不能轻视所谓良性病毒对计算机系统造成的损害。

(2) 恶性计算机病毒。恶性病毒就是指在其代码中包含有损伤和破坏计算机系统的操作,在其传染或发作时会对系统产生直接的破坏作用。这类病毒是很多的,如米开朗基罗病毒。当米氏病毒发作时,硬盘的前17个扇区将被彻底破坏,使整个硬盘上的数据无法被恢复,造成的损失是无法挽回的。有的病毒还会对硬盘做格式化等破坏。这些操作代码都是刻意编写进病毒的,这是其本性之一。因此这类恶性病毒是很危险的,应当注意防范。所幸防病毒系统可以通过监控系统内的这类异常动作识别出计算机病毒的存在与否,或至少发出警报提醒用户注意。

3. 按照传播媒介分类

按照计算机病毒的传播媒介来分类,可分为单机病毒和网络病毒。

(1) 单机病毒。单机病毒的载体是存储设备,常见的是从移动存储设备传入硬盘,感染系统,然后再传染其他移动存储设备,移动存储设备又传染其他系统。

(2) 网络病毒。网络病毒的传播媒介不再是移动式载体,而是网络通道,这种病毒的传染能力更强,破坏力更大。

4. 著名病毒介绍

在计算机病毒的发展历史中出现了一些著名的病毒。

(1) Elk Cloner(1982年)。它被看作攻击个人计算机的第一款全球病毒,也是所有令人头痛的安全问题先驱者。它通过苹果Apple Ⅱ软盘进行传播。这个病毒被放在一个游戏磁盘上,可以被使用49次。在第50次使用的时候,它并不运行游戏,取而代之的是打开一个空白屏幕,并显示一首短诗。

(2) Brain(1986年)。Brain是第一款攻击运行微软的受欢迎的操作系统DOS的病毒,可以感染感染360KB软盘的病毒,该病毒会填充满软盘上未用的空间,而导致它不能再被使用。

(3) Morris(1988年)。Morris该病毒程序利用了系统存在的弱点进行入侵,Morris设计的最初的目的并不是搞破坏,而是用来测量网络的大小。但是,由于程序的循环没有处理好,计算机会不停地执行、复制Morris,最终导致死机。

(4) 耶路撒冷(Jerusalem)(1988)。这个古董级病毒其实有个更广为人知的别称,叫做“黑色星期五”。为什么会有这么有趣的别称?道理很简单:因为只要每逢日期为13号又是星期五的日子,这个病毒就会发作。而发作时将会终止所有使用者所执行的程序,症状相当凶狠。

(5) 米开朗基罗(Michelangelo)(1991)。米开朗基罗的名字,对于一些早一点的计算机使用者而言,真可说是大名鼎鼎,如雷贯耳。著名的原因除了它拥有一代艺术大师米开朗基罗的名字之外,更重要的是它的杀伤力惊人:每年到了3月6日米开朗基罗生日(这也就是它为什么叫做“米开朗基罗”的原因)时,这个病毒就会以Format硬盘来为这位大师祝寿。于是乎,你辛苦建立的所有资料都毁于一旦。

(6) CIH(1998)。CIH病毒是迄今为止破坏性最严重的病毒,也是世界上首例破坏硬件的病毒。它发作时不仅破坏硬盘的引导区和分区表,而且破坏计算机系统BIOS,导致主板损坏。

(7) Melissa(1999年)。Melissa是最早通过电子邮件传播的病毒之一,当用户打开一封电子邮件的附件,病毒会自动发送到用户通讯簿中的前50个地址,因此这个病毒在数小时之内传遍全球。

(8) Love bug(2000年)。Love bug也通过电子邮件附近传播,它利用了人类的本性,把自己伪装成一封求爱信来欺骗收件人打开。这个病毒以其传播速度和范围让安全专家吃惊。在数小时之内,这个小小的计算机程序征服了全世界范围之内的计算机系统。

(9) “红色代码”(2001年)。被认为是史上最昂贵的计算机病毒之一,这个自我复制的恶意代码“红色代码”利用了微软IIS服务器中的一个漏洞。该蠕虫病毒具有一个更恶毒的版本,被称作红色代码II。这两个病毒都除了可以对网站进行修改外,被感染的系统性能还会严重下降。

(10) “冲击波”(2003年)。冲击波病毒的英文名称是Blaster,还被叫做Lovsan或Lovesan,它利用了微软软件中的一个缺陷,对系统端口进行疯狂攻击,可以导致系统崩溃。

(11)"震荡波"(2004 年)。震荡波是一个利用 Windows 缺陷的蠕虫病毒,震荡波可以导致计算机崩溃并不断重起。

(12)武汉男生(2006)。"武汉男生",俗称"熊猫烧香",这是一个感染型的蠕虫病毒,它能感染系统中 exe,com,pif,src,html,asp 等文件,它还能中止大量的反病毒软件进程并且会删除扩展名为 gho 的文件,该文件是一系统备份工具 GHOST 的备份文件,使用户的系统备份文件丢失。被感染的用户系统中所有.exe 可执行文件全部被改成熊猫举着 3 根香的模样,如图 10.5 所示。

图 10.5 感染"熊猫烧香"病毒的文件图标

10.6.6 计算机病毒的预防、检测与清除

1. 计算机病毒的预防

说到预防计算机病毒,正如不可能研究出一种像能包治人类百病的灵丹妙药一样,研制出万能的防计算机病毒程序也是不可能的。但可针对病毒的特点,利用现有的技术,开发出新的技术,使防御病毒软件在与计算机病毒的对抗中不断得到完善,更好地发挥保护计算机的作用。

计算机病毒的预防关键是从管理上、技术上入手做好预防工作,这两种方法的结合对防止病毒的传染是行之有效的。计算机病毒预防是指在病毒尚未入侵或刚刚入侵时,就拦截、阻击病毒的入侵或立即报警。目前在预防病毒中采用的技术主要有以下几种。

(1)将大量的消毒/杀毒软件汇集一体,检查是否存在已知病毒,如在开机时或在执行每一个可执行文件前执行扫描程序。这种工具的缺点是对变种或未知病毒无效;系统开销大,常驻内存,每次扫描都要花费一定时间,已知病毒越多,扫描时间越长。

(2)检测一些病毒经常要改变的系统信息,如引导区、中断向量表、可用内存空间等,以确定是否存在病毒行为。其缺点是无法准确识别正常程序与病毒程序的行为,常常报警,而频频误报警的结果是使用户失去对病毒的戒心。

(3)监测写盘操作,对引导区 BR 或主引导区 MBR 的写操作报警。若有一个程序对可执行文件进行写操作,就认为该程序可能是病毒,阻击其写操作,并报警。其缺点是一些正常程序与病毒程序同样有写操作,因而被误报警。

(4)对计算机系统中的文件形成一个密码检验码和实现对程序完整性的验证,在程序执行前或定期对程序进行密码校验,如有不匹配现象即报警。其缺点是易于早发现病毒,对已知和未知病毒都有防止和抑制能力。

(5)智能判断型。设计病毒行为过程判定知识库,应用人工智能技术,有效区分正常程序与病毒程序行为,是否误报警取决于知识库选取的合理性。其缺点是单一的知识库无法覆盖所有的病毒行为,如对不驻留内存的新病毒,就会漏报。

(6)智能监察型。设计病毒特征库(静态),病毒行为知识库(动态),受保护程序存取行为知识库(动态)等多个知识库及相应的可变推理机。通过调整推理机,能够对付新类型病毒,误报和漏报较少。这是未来预防病毒技术发展的方向。

2. 计算机病毒的检测

计算机病毒给广大计算机用户造成严重的甚至是无法弥补的损失，要有效地阻止病毒的危害，关键在于及早发现病毒，并将其清除。现在几乎所有的杀毒软件都具有在线监测的功能、例如金山网镖的病毒防火墙就能在机器启动时自动加载并动态地监测网络上传输的数据，一旦发现病毒可疑现象就能马上给出警告和提示信息。

计算机病毒的检测技术是指通过一定的技术手段判定出计算机病毒的一种技术。病毒检测技术主要有两种：一种是根据计算机病毒程序中的关键字、特征程序段内容、病毒特征及传染方式、文件长度的变化，在特征分类的基础上建立的病毒检测技术；另一种是不针对具体病毒程序的自身检验技术，即对某个文件或数据段进行检验和计算并保存其结果，以后定期或不定期地根据保存的结果对该文件或数据段进行检验，若出现差异，即表示该文件或数据段的完整性已遭到破坏，从而检测到病毒的存在。计算机病毒的检测技术已从早期的人工观察发展到自动检测某一类病毒，今天又发展到能自动对多个驱动器、上千种病毒自功扫描检测。目前，有些病毒检测软件还具有在不扩展由压缩软件生成的压缩文件内进行病毒检测的能力。现在大多数商品化的病毒检测软件不仅能检查隐藏在磁盘文件和引导扇区内的病毒，还能检测内存中驻留的计算机病毒。

3. 计算机病毒的清除

一旦检测到计算机病毒，就应该想办法将病毒立即清除，由于病毒的防治技术总是滞后于病毒的产生，所以并不是所有病毒都能马上得以清除。目前市场上的查杀毒软件有许多种，可以根据需要选购合适的杀毒软件。目前市场上常见的杀毒软件有以下几种。

(1) 卡巴斯基杀毒软件。卡巴斯基是由俄罗斯的卡巴斯基实验室设计开发的，卡巴斯基实验室成立于 1997 年，是一家国际信息安全软件提供商。它的产品分为家庭及个人用户产品，企业用户产品。其产品包装如图 10.6 所示。

图 10.6　卡巴斯基安全部队 2013 产品

① 家庭及个人用户产品。

- 卡巴斯基安全部队 2013 是公司的旗舰产品，主要针对家庭及个人用户，能够彻底保护用户计算机不受各类互联网威胁的侵害。
- 卡巴斯基反病毒软件 2013。卡巴斯基反病毒软件历经考验的反病毒技术为全球数百万用户提供着高效的基础安全保护。
- 卡巴斯基 PURE 是一款高度整合和优化的家庭网络安全解决方案。卡巴斯基 PURE 代表一种全新类别的产品，无论用户使用计算机从事工作还是娱乐，都能够为用户提供安全高效的数字环境。
- 卡巴斯基 Mac 反病毒软件 专为苹果计算机用户提供抵御网络威胁的先进保护，运行时不会影响设备的性能。
- 卡巴斯基手机安全软件是一款可靠且操作简单的安全解决方案，能够保护手机用户免受各类针对移动平台的恶意威胁和垃圾短信的侵扰。

② 企业用户产品。

- Kaspersky Endpoint Security 8 for Windows 基于卡巴斯基实验室最新最智能的复合式安全技术，提供用户最有力的反恶意软件保护，包含一系列安全工具，可以有效地阻挡各种当代威胁、检测恶意活动并降低企业安全漏洞。卡巴斯基实验室拥有最专业的团队以及遍布全球的监测系统，为企业用户打造强大的反恶意软件保护体系以及一系列先进的 IT 安全技术，包括应用程序控制、网页过滤以及设备控制。Kaspersky Endpoint Security 8 for Windows 融合了基于云的安全智能系统，不仅提供应对新型或未知威胁的实时更新，还支持应用程序白名单技术。
- Kaspersky Security Center 能够为任何规模的企业网络提供安全保护。无论是只有数台计算机的小型机构，还是拥有复杂企业网络管理架构的大型企业，卡巴斯基都能为其提供灵活的弹性反病毒管理模式。使用 Kaspersky Security Center 后，企业安全保护系统的安装变得简便和快捷，从而将卡巴斯基反病毒解决方案的使用和拥有成本都大大降低。

(2) 金山毒霸。金山毒霸是金山公司设计开发的一款杀毒软件，其当前的产品是新毒霸(悟空)。新毒霸(悟空)是金山网络科技有限公司开发的 PC 安全类产品，可以查杀和防御计算机上的木马病毒，保护计算机安全。2013 新毒霸的界面如图 10.7 所示。其主要特点如下。

图 10.7　2013 新毒霸(悟空)界面

- 全引擎。全新 KVM、火眼系统，病毒无所遁形！六引擎全方位杀毒，智能立体的杀毒模式，杀毒修复一体化，无懈可击的安全体验。
- 铠甲防御 3.0 全方位网购保护。全新架构，新一代的云主防：防御策略智能灵活、性能轻巧、极速。可疑行为拦截更精准、更快速。
- 全平台。首创 PC、手机双平台杀毒。
- 文件不到 10MB，全新交互体验。

(3) 360 杀毒。360 杀毒无缝整合了来自罗马尼亚的国际知名杀毒软件 BitDefender (比特梵德)病毒查杀引擎、国际权威杀毒引擎小红伞(4.0 正式版可选同时开启小红伞和 BitDefender 两大知名反病毒引擎)、360QVM 第二代人工智能引擎、360 系统修复引擎以及 360 安全中心潜心研发的云查杀引擎。五引擎智能调度，为您提供完善的病毒防护体系。360 杀毒可以第一时间防御新出现的病毒、木马。并且完全免费,无须激活码,轻巧快速不卡机,适合中低端机器,360 杀毒采用全新的"SmartScan"智能扫描技术,使其扫描速度奇快,能为计算机提供全面保护,二次查杀速度极快。在各大软件站的软件评测中屡屡获胜。迄今,360 杀毒是国内唯一包揽 VB100、AV-C、AV-Test 以及 Checkmark 权威认证"四大满贯"的杀毒软件。艾瑞数据显示,360 杀毒月度用户量已突破 3.7 亿,在个人版杀毒市场份额大幅领先,其运行界面如图 10.8 所示。

图 10.8　36 杀毒软件界面

除此之外还有诺顿杀毒软件、MCAFEE 杀毒软件等。

另外,国家已经制定有关计算机病毒的法律,认定制造和有意传播计算机病毒为严重犯罪行为。因此,计算机爱好者应认识到制造计算机病毒是违法行为,不从事制造和改造计算机病毒的犯罪行为。

10.7　计算机犯罪

计算机信息网络已经成为国防、金融、航空、财税、教育、尖端科技等领域不可或缺的重要支柱。黑客攻击、非法入侵、网上诈骗、网上盗窃等名目繁多的计算机犯罪活动却与日俱增,严重威胁着信息网络的安全。

根据《中华人民共和国人民警察法》、《中华人民共和国计算机信息系统安全保护条例》的规定,明确指出由公安机关主管计算机信息系统安全保护工作。为了更好地搞好公共信息网络安全保护工作,公安机关还成立了专门的公共信息网络安全监察机构来预防计算机犯罪。

什么是计算机犯罪?所谓计算机犯罪,指行为人以计算机作为工具或以计算机资产作为攻击对象,实施的严重危害社会的行为。

10.7.1　计算机犯罪的类型

计算机犯罪已经成为当前高科技犯罪的主要形式,犯罪的手法多种多样,计算机犯罪主要有以下几种形式。

1. 非法侵入计算机信息系统的犯罪

非法侵入计算机信息系统罪，是指违反国家规定，侵入国家事务、国防建设、尖端科学技术领域的计算机系统的行为，侵入计算机信息系统犯罪。从表面上看似乎仅是闯入计算机系统，无直接损害。但重要部门的计算机系统数据具有一定的保密性，一旦遭非法侵入，这些数据就会处于失密状态，危害相当严重。人们对遭遇损害的系统中所有的数据都需要进行安全认证，同时安全系统也需要重新构置，而且这种犯罪危害的对象不仅是计算机系统的所有人，而且还包括所有与被害计算机系统有直接联系的用户，损失相当严重，国际上通常将非法侵入计算机信息系统者称为"黑客"(有的译为"骇客")。许多专家认为，我国在迈向时代过程中所存在的安全隐患，将使我国的国家安全变得十分脆弱。因此，加强网络安全已刻不容缓。

2. 破坏计算机信息系统的犯罪

破坏计算机系统的犯罪包括3个罪名。即破坏计算机信息系统功能罪，破坏计算机信息系统数据和应用程序罪，制作、传播计算机病毒与破坏性程序罪。即利用各种手段，通过对计算机系统内部的数据进行破坏，从而导致计算机系统被破坏的行为。这种行为如下：

(1) 违反国家规定，对计算机信息系统的功能进行删除、修改、增加、干扰，造成计算机系统不能正常运行；

(2) 违反国家规定，对计算机信息系统中存储的数据和应用程序进行删除，修改和操作；

(3) 制作、传播计算机病毒等破坏性程序。

这类犯罪的手段是用计算机破坏性程序来取代计算机应用程序，对应用程序进行攻击，使其失去作用和价值。

3. 利用计算机实施的犯罪

所谓利用计算机犯罪，是指出于其他犯罪目的，以计算机为工具所实施的各种犯罪行为。在这类犯罪中，犯罪的手段行为和结果行为往往又触犯了侵入计算机信息系统罪、破坏计算机信息系统功能罪、破坏计算机信息系统数据和应用程序罪及制作、传播计算机病毒等破坏性程序罪，从而构成目的行为与手段行为和结果行为的牵连犯。从实践中已经发现的案件和计算机犯罪的发展趋势来看，利用计算机所实施的犯罪主要有以下几种：

(1) 利用计算机网络实施国家安全的犯罪。一是以美国为首的西方国家凭借技术上的优势，利用因特网加紧对我进行政治扩张、意识形态渗透和文化侵略，以配合其对我"西化、分化、弱化"的国际战略，对我国家安全构成严重威胁。二是通过计算机网络进行间谍、特务活动。由于国家大量的政治、经济、军事、科技等机密需要通过计算机来存储和管理，从而引发了各国在网络上的秘密战争。近年来具有国家背景的利用计算机网络窃取国家机密的活动愈演愈烈，已成为间谍、特务活动的主要形式。三是利用因特网建立反动网站，出版反动的电子刊物，发表反动文章，制造政治谣言和社会热点问题，攻击社会主义制度，诋毁我国政府及党和国家领导人，挑起社会矛盾，企图制造社会动乱。

(2) 用计算机进行经济犯罪和财产犯罪。随着经济网络化、金融网络化和商务活动化时代的到来，我国以自动报关、无纸贸易、社会经济信息、电子货币为订内容的"金关"、

"金桥"、"金卡"工程正在加紧实施,国家信息高速公路工程也在建设之中。计算机网络在给经济、社会和人民生活带来极大方便的同时,也为不法分子利用计算机网络进行经济和财产犯罪活动提供了机会,创造了空间。他们有的利用计算机进行盗窃、诈骗、贪污、侵占、挪用公款等犯罪活动,有的利用计算机网络进行洗钱,推销假冒伪劣产品、发布虚假广告,还有的利用网络窃取商业秘密、侵犯他人的知识产权,等等。可预见,在不久的将来,利用计算机和计算机网络所实施的经济犯罪和财产犯罪将会呈现急剧增多的趋势。

(3) 利用计算机及其网络制作、传播淫秽物品。随着多媒体和数字化技术的发展,计算机将逐步取代现有的音像、书刊等成为淫秽物品的主要载体,计算机网络将成为传播淫秽物品的主要渠道,网上扫黄将是一项长期而艰巨的任务。

10.7.2 计算机犯罪的特点

计算机犯罪主要有以下特点。

(1) 智能性。计算机犯罪的犯罪手段的技术性和专业化使得计算机犯罪具有极强的智能性。实施计算机犯罪时,罪犯要掌握相当的计算机技术,需要对计算机技术具备较高专业知识并擅长实用操作技术,才能逃避安全防范系统的监控,掩盖犯罪行为,所以计算机犯罪的犯罪主体许多是掌握了计算机技术和网络技术的专业人士。由于有高技术支撑,网上犯罪作案时间短,手段复杂隐蔽,许多犯罪行为的实施,可在瞬间完成,而且往往不留痕迹,给网上犯罪案件的侦破和审理带来了极大的困难。随着计算机及网络信息安全技术的不断发展,犯罪分子的作案手段日益翻新,甚至一些原为计算机及网络技术和信息安全技术专家的职务人员也铤而走险,其作恶犯科所采用的手段则更趋专业化。

(2) 隐蔽性。由于网络的开放性、不确定性、虚拟性和超越时空性等特点,使得计算机犯罪具有极高的隐蔽性,增加了计算机犯罪案件的侦破难度。据调查已经发现的利用计算机或计算机犯罪的仅占实施的计算机犯罪或计算机犯罪总数的5%~10%,而且往往很多犯罪行为的发现是出于偶然,例如同伙的告发或导致计算机出了故障,用于手工作业的方法处理业务是偶尔发现的。

(3) 复杂性。计算机犯罪的复杂性主要表现如下。

① 犯罪主体的复杂性。任何罪犯只要通过一台联网的计算机便可以在计算机终端与整个网络合成一体,调阅、下载、发布各种信息,实施犯罪行为。

② 犯罪对象的复杂性。计算机犯罪就是行为人利用网络所实施的侵害计算机信息系统和其他严重危害社会的行为。其犯罪对象也是越来越复杂和多样。有盗用、伪造客户网上支付账户的犯罪;电子商务诈骗犯罪侵犯知识产权犯罪;非法侵入电子商务认证机构、金融机构计算机信息系统犯罪;破坏电子商务计算机信息系统犯罪;恶意攻击电子商务计算机信息系统犯罪等。

(4) 匿名性。罪犯在接受网络中的文字或图像信息的过程是不需要任何登记,完全匿名,因而对其实施的犯罪行为也就很难控制。罪犯可以通过反复匿名登录,几经周折,最后直奔犯罪目标,而作为对计算机犯罪的侦查,就得按部就班地调查取证,等到接近犯罪的目标时,犯罪分子早已逃之夭夭了。

10.7.3 计算机犯罪实例

1. 世界上第一例计算机犯罪

世界上第一例计算机犯罪案例产生于1958年的美国硅谷，但直到1966年10月才被发现。1966年10月，唐·B.帕克在美国斯坦福研究所调查与电子计算机有关的事故和犯罪时，发现一位计算机工程师通过篡改程序的方法在银行存款余额上做了手脚。这个案件是世界上第一例受到法律追诉的计算机案件。

2. 中国第一例计算机犯罪

中国第一例计算机犯罪。1986年7月22日，港商李某前往深圳市人民银行和平路支行取款，计算机显示其存款少了2万元人民币。两个月后，迎春路支行也发生了类似情况，某驻深圳办事处赵某存入银行的3万元港币也不翼而飞。通过侦查发现上述两笔存款均被同一犯罪分子利用计算机知识伪造存折和隐形印鉴诈骗而去。

3. 其他一些计算机犯罪

1973年，纽约联合迪梅储蓄所的一位出纳用银行计算机篡改账目，从该银行储蓄中非法窃取150万美元。为了不被人察觉，他又给计算机中输入了假信息。

1985年5月，前联邦德国的四名罪犯利用计算机改变信用卡上的磁条密码，盗骗了10万马克。

1991年，我国某银行操作员盗取密押软件，利用计算机联机银行的有利条件，将186万美元巨款转出境外，据为己有。

2005年，上海乐购超市"无间道" 卧底收银员套走397万。超市盘点发现，货场里短缺的东西五花八门，可监控录像里又看不到任何蛛丝马迹。这些货物之所以神秘"蒸发"，竟源自收银台计算机中的一个非法程序软件，设计软件的是一名超市员工。这个程序"套"走超市营业款397万元，涉案员工多达43人。

2006年10月，犯罪嫌疑人李俊于开始制作计算机病毒"熊猫烧香"，2006年12月初，李俊在互联网上叫卖该病毒，同时也请王磊及其他网友帮助出售该病毒。主犯李俊犯破坏计算机信息系统罪，判处有期徒刑4年，其余3名从犯王磊、张顺、雷磊获刑一至两年半不等。

计算机犯罪的案例多的数不胜数，而且造成的损失常常是常规犯罪的几倍至几十倍，2005年，仅美国应对病毒、间谍、PC窃贼，以及其他与计算机相关的犯罪活动每年给美国企业造成了672亿美元的损失。

10.8 网络道德及相关法律法规

10.8.1 网络道德概述

网络作为一种新型的信息交流平台，已成为网民学习新知识、接受新思想、传播新信息的重要渠道，是人们认识世界、改造世界的一种新的技术手段。由于网络社会是一个可以产生异化的地方。因此，更要特别强调文明办网、文明上网，净化网络环境，努力营造文明健康、积极向上的网络文化氛围，营造共建共享的精神家园。

什么是网络道德？所谓网络道德，是指以善恶为标准，通过社会舆论、内心信念和传统习惯来评价人们的上网行为，调节网络时空中人与人之间以及个人与社会之间关系的行为规范。网络道德是时代的产物，与信息网络相适应，人类面临新的道德要求和选择，于是网络道德应运而生。网络道德是人与人、人与人群关系的行为法则，它是一定社会背景下人们的行为规范，赋予人们在动机或行为上的是非善恶判断标准。

网络道德规范作为一种实践精神，是人们对网络持有的意识态度、网上行为规范、评价选择等构成的价值体系，是一种用来正确处理、调节网络社会关系和秩序的准则。网络道德的目的是按照善的法则创造性地完善社会关系和自身，其社会需要除了规范人们的网络行为之外，还有提升和发展自己内在精神的需要。

网络道德是传统道德规范在互联网环境中的一种特殊表现方式。一切网络行为必须服从于网络社会的整体利益，要求当个人参与网络活动时，不得以任何形式损害网络社会的整体利益。尤其对于未成年人来说，上网的道德底线是“于己无害、于人无损”。

网民要加强自律。与传统道德比较，网络道德的一个突出特点或发展趋势，在于从道德他律到道德自律的明显变化。网络社会中的道德不像传统道德那样，主要依靠舆论来规范个体行为，而是靠网民以“慎独”为特征的道德自律。因此，网民要自我约束自己的网上行为，在网上只发布对社会有用和有益的信息，不做有损于网络道德的事。

10.8.2 网络用户道德行为规范

在信息技术日新月异发展的今天，人们无时无刻不在享受着信息技术给人们带来的便利与好处。然而，随着信息技术的深入发展和广泛应用，网络中已出现许多不容回避的道德与法律的问题。因此，在充分利用网络提供的历史机遇的同时，抵御其负面效应，大力进行网络道德建设已刻不容缓。针对互联网中存在的安全因素，网络用户应遵守的基本规范有如下几条：

(1) 不应该用计算机去伤害他人；

(2) 不应干扰别人的计算机工作；

(3) 不应窥探别人的文件；

(4) 不应用计算机进行偷窃；

(5) 不应用计算机作伪证；

(6) 不应使用或复制没有付钱的收费软件；

(7) 不应未经许可而使用别人的计算机资源；

(8) 不应盗用别人的智力成果；

(9) 应该考虑所编的程序的社会后果；

(10) 应该以深思熟虑和慎重的方式来使用计算机；

(11) 为社会和人类作出贡献；

(12) 避免伤害他人；

(13) 要诚实可靠；

(14) 要公正并且不采取歧视性行为；

(15) 尊重包括版权和专利在内的财产权；

(16) 尊重知识产权；

(17)尊重他人的隐私；

(18) 保守秘密。

而有 6 种网络行为被视为不道德行为，这 6 种行为如下：

(1) 有意地造成网络交通混乱或擅自闯入网络及其相连的系统；

(2) 商业性或欺骗性地利用大学计算机资源；

(3) 偷窃资料、设备或智力成果；

(4) 未经许可而接近他人的文件；

(5) 在公共用户场合做出引起混乱或造成破坏的行动；

(6) 伪造电子邮件信息。

所以网络用户在网络中应该自律遵守网络用户道德行为规范，实现文明使用网络。

10.8.3 软件知识产权保护

1. 知识产权的定义

目前，在世界范围内尚没有一个统一的从知识产权的内涵出发的知识产权定义。但总的来说，知识产权是指公民、法人或其他组织对其在科学技术和文学艺术等领域内，主要基于脑力劳动创造完成的智力成果所依法享有的专有权利。

广义上的知识产权包括下列客体的权利：文学艺术和科学作品，表演艺术家的表演以及唱片和广播节目，人类一切领域的发明，科学发现，工业品外观设计，商标，服务标记以及商品名称和标志，制止不正当竞争，以及在工业、科学、文学和艺术领域内由于智力活动而产生成果的一切权利。

狭义概念上的知识产权只包括著作权、专利权、商标权、名称标记权、制止不当竞争，而不包括科学发现权、发明和其他科技成果权。

根据在斯德哥尔摩签订的《关于成立世界知识产权组织公约》第二条的规定，知识产权应当包括以下权利：

(1) 关于文学、艺术和科学作品的权利；

(2) 关于表演艺术家的演出、录音和广播的权利；

(3) 关于人们努力在一切领域的发明的权利；

(4) 关于科学发现的权利；

(5) 关于工业品式样的权利；

(6) 关于商标、服务商标、厂商名称和标记的权利；

(7) 关于制止不正当竞争的权利；

(8) 在工业、科学、文学和艺术领域里一切其他来自知识活动的权利。

这是一个广义的知识产权定义，目前，世界各国都在建设自己的知识产权保护法律体系。在美国，与出版商和多媒体开发商关系密切的法律主要有4部：《版权法》、《专利法》、《商标法》和《商业秘密法》。美国政府于1994年12月制定了《乌拉圭回合协议法》，对原有的知识产权法律作了适当修改。

信息时代的知识产权问题要复杂得多，法律条文之外的讨论、争议和争论为知识产权问题增加了丰富的内容，同时这些讨论、争议和争论的存在又是完善现有知识产权保护法律体系的必要前提。Michael C. McFarland在《知识产权、信息和公共利益》一文中列举了信息时代与电子数据相关的事务上可能存在的知识产权冲突，尤其是网络环境下的知识产权问题。美国立法中与网络知识产权保护相关的法律包括《数字千年版权法》、《反域名抢注法》等。其中，《反域名抢注法》保护公司商标不受到恶意注册域名行为的损害。

当前，有关知识产权的道义基础、因特网专利、数字时代的版权、信息的公平使用、联机社区法规、现有知识产权法律在数字化时代的使用等问题已引起人们的关注，表明了人们对信息时代知识产权问题的重视。

2. 知识产权的性质和特征

(1) 知识产权的法律确认性。知识产权法律确认性是它的一个特点，像商标必须经过商标注册，得到国家的认可，它才能够享有商标专用权。专利是要申请，经国家授权才能享有，它也具备了法律的确认。但是有一些内容并不是绝对的，比如说著作权，有学者认为法律规定著作权自作品完成之日起产生，这就是一个法律确认性。

(2) 知识产权的专有性。知识产权的专有性是指未经权利人许可，他人不得擅自使用，否则就构成对权利的侵犯。像商标、专利、商业秘密等都是具有专有性的。

(3) 知识产权的地域性。知识产权具有地域性，也就是说任何一个权利都是为他所认可和保护的一个国家来颁布的。知识产权也具有这样的特点，比如说在我国申请的专利，到了国外就并不必然享有专利权，他的范围是在中华人民共和国领域内受到保护。当然这种权利也可以通过其他形式来验身，比如说中国与其他国家共同参加的国际组织对于保护成员国的利益，其他国家而予法律许可或认可。

(4) 知识产权的时间性。知识产权的时间性也是表现在法律所确认的保护期限上，这种保护期限都是有限的，比如说，我国商标法规定，商标的有效期限为10年，当期限到期后，可以申请续展，再延伸10年。专利也是一样，我国对于发明专利的保护期限是20年，过了这个期限，这个发明就不再受专利法的保护而进入了公有领域。也就是说专利权人不再享有专有的使用权，而是社会上的任何人都可以使用这一专利。因此知识产权是具有时间性的。

3. 计算机软件的国内知识产权立法

我国在知识产权方面的立法始于20世纪70年代末，经过20多年的发展现在已经形成了比较完善的知识产权保护法律体系，它主要包括《中华人民共和国著作权法》、《中华人民共和国专利法》、《中华人民共和国商标法》、《出版管理条例》、《电子出版物管理规定》和《计算机软件保护条例》等。在网络管理法规方面还制订了《中文域名注册管理办法(试行)》、《网站名称注册管理暂行办法实施细则》和《关于音像制品网上经营活动有关问题的通知》等管理规范。

此外，我国还积极参加相关国际组织的活动，非常重视加强与世界各国在知识产权领域的交往与合作。1980 年 6 月 3 日，中国正式成为世界知识产权组织成员国。从 1984 年起，中国又相继加入了《保护工业产权巴黎公约》、《关于集成电路知识产权保护条约》、《商标国际注册马德里协定》、《保护文学和艺术作品伯尔尼公约》、《世界版权公约》、《保护录音制品制作者防止未经许可复制其录音制品公约》与《专利合作条约》等诸多公约。这样，不但使中国在知识产权保护方面进一步和国际接轨，同时也提高了中国现行知识产权保护的水平。

我国在《反不正当竞争法》、《刑法》、和《公司法》等法规中还制订了对商业秘密的法律包含条款。然而，现行的商业秘密法律在与国际管理接轨中尚存在保护力度不够、法律规则不完善等问题，需要进一步加强和完善。

目前，在我国，软件只能申请发明专利，申请条件较严，因此，一般软件通常用著作权法来保护。软件开发者依照《中华人民共和国著作权法》和《计算机软件保护条例》对其设计的软件享有著作权。

例如，2008 年，我国发生的"番茄花园侵犯微软著作权"一案，洪磊和大番茄一起制作的操作系统不仅对 Windows XP 进行主题、桌面、按钮等外观美化，也取消了微软的正版验证程序，同时对微软原版操作系统中一些不常用功能进行了关闭或卸载，而且打开了原版系统中的一些功能模块限制，加快了平台运行速度，并在安装完成系统平台后集成一些实用的小工具。番茄花园版 Windows XP 的作者因侵犯知识产权被拘，其他版本的修改版 XP 也都集体"歇业"，他们或关闭提供下载的网站，或删除所有自己制作的操作系统软件的下载链接，以免遭到调查。

我国在加入 WTO 之后，对知识产权的保护将会越来越重视。但软件的知识产权保护问题却较为复杂，它和传统出版物的版权保护既相似又有不同，需要各个方面的专家进行深入的研究，以拿出适合我国软件发展的对策。

10.8.4 中国相关法律法规

在信息安全领域，我国根据中国网络的实际情况制定了一系列的法律法规，主要有如下的法律法规。

1991 年 6 月，国务院发布《计算机软件保护条例》，新版于 2001 年 12 月 20 日以中华人民共和国国务院令第 339 号公布，根据 2011 年 1 月 8 日《国务院关于废止和修改部分行政法规的决定》第 1 次修订，根据 2013 年 1 月 30 日中华人民共和国国务院令第 632 号《国务院关于修改〈计算机软件保护条例〉的决定》第 2 次修订。该《条例》分总则、软件著作权、软件著作权的许可使用和转让、法律责任、附则 5 章 33 条，自 2002 年 1 月 1 日起施行。1991 年 6 月 4 日国务院发布的《计算机软件保护条例》予以废止。

1992 年 4 月颁布了《计算机软件著作权登记办法》。为促进我国软件产业发展，增强我国信息产业的创新能力和竞争能力，国家著作权行政管理部门鼓励软件登记，并对登记的软件予以重点保护。该办法适用于软件著作权登记、软件著作权专有许可合同和转让合同登记。

1994 年 2 月，国务院发布《中华人民共和国计算机信息系统安全保护条例》。条例中指出信息系统安全保护的对象、适用的范围、安全保护制度、安全监督职责和法律责任。

1996 年 2 月 1 日，国务院发布《中华人民共和国计算机信息网络国际互联网管理暂行办法》，并于 1997 年 5 月 20 日作了修订；管理办法中包含计算机信息网络的相关术语、概念，从事互联网经营活动所具备的条件等。

1997 年 12 月，公安部发布《计算机信息系统安全专用产品检测和销售许可证管理办法》。管理办法是为了加强计算机信息系统安全专用产品(以下简称安全专用产品)的管理，保证安全专用产品的安全功能，维护计算机信息系统的安全。

1997 年 12 月 30 日，公安部颁发了经国务院批准的《计算机信息网络国际互联网安全保护管理办法》，这是对 1996 年的暂行办法的一个修订。

2000 年 4 月，公安部发布《计算机病毒防治管理办法》。管理办法是为了加强对计算机病毒的预防和治理，保护计算机信息系统安全，保障计算机的应用与发展而制定。

2000 年 1 月，国家保密局发布《计算机信息系统国际联网保密管理规定》。保密管理规定是为了加强计算机信息系统国际联网的保密管理，确保国家秘密的安全，根据《中华人民共和国保守国家秘密法》和国家有关法规的规定而制定的。

2000 年 9 月，国务院发布《互联网信息服务管理办法》。本管理办法是为了规范互联网信息服务活动，促进互联网信息服务健康有序发展而制定。

2000 年 12 月，全国人大常委会关于《关于维护互联网安全决定》。决定是为了保障互联网的运行安全和信息安全，促进我国互联网的健康发展，维护国家安全和社会公共利益，保护个人、法人和其他组织的合法权益。

2004 年 8 月，全国人大通过了《中华人民共和国电子签名法》，签名法是为了规范电子签名行为，确立电子签名的法律效力，维护有关各方的合法权益而制定。

2005 年 12 月，公安部发布《互联网安全保护技术措施规定》。保护技术措施是为了加强和规范互联网安全技术防范工作，保障互联网网络安全和信息安全，促进互联网健康、有序发展，维护国家安全、社会秩序和公共利益而制定。

2006 年 5 月，国务院发布《信息网络传播权保护条例》。保护条例是为了保护著作权人、表演者、录音录像制作者(以下统称权利人)的信息网络传播权，鼓励有益于社会主义精神文明、物质文明建设的作品的创作和传播而制定。

2010 年 1 月，工业和信息化部发布《通信网络安全防护管理办法》。管理办法是为了加强对通信网络安全的管理，提高通信网络安全防护能力，保障通信网络安全畅通而制定。

同时，在我国《刑法》第 285 条至 287 条，针对计算机犯罪给出了相应的规定和处罚：非法入侵计算机信息系统罪——《刑法》第 285 条规定，“违反国家规定，侵入国家事务、国防建设、尖端技术领域的计算机信息系统，处三年以下有期徒刑或拘役”。

破坏计算机信息系统罪——《刑法》第 286 条规定 3 种罪，即破坏计算机信息系统功能罪、破坏计算机信息系统数据和应用程序罪和制作、传播计算机破坏性程序罪。

《刑法》第 287 条规定，“利用计算机实施金融诈骗、盗窃、贪污、挪用公款、窃取国家秘密或者其他犯罪的，依照本法有关规定定罪处罚 ”。

总之，中国关于信息安全的法律法规正在逐步完善中，这些法律法规能更好地保障信息系统的安全和保障公民的权利和义务。

参考文献

[1] 罗先文,曹列斌.计算机应用基础教程[M].重庆:重庆大学出版社,1999.

[2] 罗先文.软件工程[M].重庆:重庆大学出版社,2004.

[3] 冯博琴.大学计算机基础[M].2版.北京:清华大学出版社,2005.

[4] 赵致琢.计算科学导论[M].3版.北京:科学出版社,2004.

[5] 杨振山,龚沛曾,等.计算机文化基础[M].3版.北京:高等教育出版社,2004.

[6] J O TIMOTHY. Computer Essentials[M].影印版,高等教育出版社,2004.

[7] 徐士良.计算机公共基础[M].北京:清华大学出版社,2004.

[8] 杨继.大学计算机基础教程及实验指导[M].北京:中国水利水电出版社,2005.

[9] 严蔚敏.数据结构[M].C语言版.北京:清华大学出版社,2002.

[10] 张晓乡,俞会新.多媒体计算机技术[M].北京:中国水利水电出版社,2004.

[11] 王移芝,罗四维.大学计算机基础[M].2版.北京:高等教育出版社,2006.

[12] 罗先文,王益斌.大学计算机基础[M].北京:中国水利出版社,2010.